Swift 5

从零到精通iOS开发训练营

·张益珲 编著·

清华大学出版社

北 京

内 容 简 介

本书由专业的 iOS 开发工程师根据新发布的 Swift 5.5 编程语言精心编撰，书中兼备核心语法、编程技巧与应用实践 3 大主题。本书第一部分从 Xcode 开发工具及 Swift 学习环境的搭建开始，重点介绍 Swift 的语言特性和应用场景，提供了大量编程练习，帮助读者尽快掌握 Swift 语言的精髓。第二部分介绍 Swift 开发 iOS 应用的基本技能，包括独立 UI 控件的应用、视图界面逻辑的开发、动画与布局技术、网络与数据处理技术以及新的 SwiftUI 编程技术等，旨在带领读者独立开发一款 iOS 应用程序。第三部分为应用部分，这部分安排了实战项目（简易计算器、生活记事本、中国象棋游戏），项目的安排由简到难，旨在全面锻炼读者的实际开发能力，使用 Swift 进行开发实践。本书还在每一章中插入了模拟面试题，以帮助读者应对 iOS 开发职位的面试。

通过本书的学习，读者可以轻松地掌握使用 Swift 语言开发一款 iOS 软件从理论到实践的全部技术细节。本书适合使用 Swift 开发 iOS 应用的新手，以及有 Objective-C 基础，想学习 Swift 的 iOS 开发人员学习，也适合作为培训机构与大中专院校移动开发课程的教学用书或面试指导书。

图书在版编目（CIP）数据

Swift 5 从零到精通 iOS 开发训练营 / 张益珲编著.—北京：清华大学出版社，2021.8（2024.4重印）
ISBN 978-7-302-58864-1

Ⅰ. ①S… Ⅱ. ①张… Ⅲ. ①程序语言—程序设计 Ⅳ. ①TP312

中国版本图书馆 CIP 数据核字（2021）第 159581 号

责任编辑：王金柱
封面设计：王 翔
责任校对：闫秀华
责任印制：宋 林

出版发行：清华大学出版社
　　　　网　　　址：https://www.tup.com.cn，https://www.wqxuetang.com
　　　　地　　　址：北京清华大学学研大厦 A 座　　　　邮　　　编：100084
　　　　社 总 机：010–83470000　　　　邮　　　购：010-62786544
　　　　投稿与读者服务：010-62776969，c-service@tup.tsinghua.edu.cn
　　　　质 量 反 馈：010-62772015，zhiliang@tup.tsinghua.edu.cn
印 装 者：三河市天利华印刷装订有限公司
经　　销：全国新华书店
开　　本：190mm×260mm　　　　印　　张：29.75　　　　字　　数：762 千字
版　　次：2021 年 10 月第 1 版　　　　印　　次：2024 年 4 月第 4 次印刷
定　　价：119.00 元

产品编号：089357-01

前　　言

　　自2014年Apple在全球开发者大会上发布了Swift编程语言，至今已经经历了5个大版本的迭代，随着Swift语言的更新与完善，开发者对其的热情也越来越高，越来越多的公司在开发iOS软件项目时都将Swift作为最先选择的编程语言。

　　从第一版Swift语言的发布开始，我就一直对这门新兴的编程语言有着浓厚的兴趣，几年前，当我第一次收到清华大学出版社王金柱编辑的邀请，建议写一本帮助新手入门Swift语言iOS开发的工具书时，忐忑的心情至今还记忆犹新。经过再三的考虑与矛盾，我最终决定接下这个任务。当然，不是我对自己的编程技能充满信心，只是觉得把学习过程中遇到的问题、走过的弯路、积累的经验整理成册提供给初学者是一件非常有意义的事情。后来经过半年多的努力，《Swift 3从入门到精通》顺利出版并且得到了不错的回应。尽管在写作的过程中充满了艰辛，但是看到自己的作品可以给读者带来切实的帮助，我也收获到了额外的喜悦与慰藉。后来，在各位读者的帮助下，我对书中出现的错误与不合理之处进行了多次纠正与优化，《Swift 4从入门到精通》得以与读者相见。

　　截至本书完稿，Swift编程语言已经更新到5.5版本，其间Swift语言改变了很多，也优化了很多，从1.0到3.0版本，Swift语言经历了质的变化，从3.0到5.0版本，Swift语言也迎来了完善与稳定。Swift语言是少有的在短时间内大版本更迭的编程语言，这也体现了这门语言不拘一格、大胆创新的特点。本书在《Swift 4从入门到精通》的基础上，优化了部分过时的内容，新增了Swift 5.5的新特性与SwiftUI技术的内容，更重要的是，总结了《Swift 4从入门到精通》一书读者的反馈，本书中的内容更加面向应用，并且插入了大量的面试题，并做了试题解析与面试指导。

　　本书分为三大部分。

　　第一部（第1~12章）将为读者介绍Swift语言的一些基础语法点，包括数据类型、流程控制语句、运算符、函数与闭包、枚举、结构体、类、属性与方法、对象构造与析构、内存管理、异常处理、扩展与协议以及Swift语言的新特性等。这12章内容将竭力为读者介绍Swift语言的语法特点与应用场景，并且每一章后面都附带有习题，供读者对本章所学的知识进行测试与应用。

　　第二部分（第13~18章）为iOS开发基础部分，目前Swift语言应用的主要场景为iOS应用的开发。这部分内容将系统地向读者介绍iOS的开发技能，包括独立UI控件的应用、视图界面逻辑的开发、动画与布局技术、网络与数据处理技术等。掌握了这些技能，理论上读者已经具备独立开发一款iOS应用程序的能力。与《Swift 4从入门到精通》一书不同的是，本书中新增了SwiftUI章节，SwiftUI技术将使得软件的界面开发更加容易。

　　第三部分（第19~21章）为实战部分，学习编程，实战是必经的一关。本书为读者安排了3个实战项目，项目的安排由简入难，并且各个项目的侧重点分布均匀，力图全面锻炼读者的实际开发能力。

　　除了三大部分循序渐进的技能学习外，在每一章的最后都加入了练习题与模拟面试。练习题可以帮助读者更好地理解和掌握当前章节所学习的内容，模拟面试可以帮助读者增加实战经验，进而提高应用能力。

本书是一本从基础到实战的Swift编程语言学习教程。如果你符合下面的特点，那么本书就是为你定制的：

（1）对iOS系统软件开发感兴趣，想要从事iOS软件开发的人员。

（2）对编程感兴趣，对Swift编程语言感兴趣的人员。

（3）熟悉Objective-C语言，想要尝试Swift语言的开发者。

（4）需要进行面试指导的Swift求职者。

此外，本书还提供了全部源代码，以方便读者上机演练，读者扫描以下二维码即可下载：

如果你在下载过程中遇到问题，可发送邮件至booksaga@126.com获得帮助，邮件标题为"Swift 5从零到精通iOS开发训练营"。

编程是一门动手性很强的技能，因此在学习本书时，读者首先需要搭建好自己的开发环境（本书第1章有介绍）。在学习书中内容时要对照代码进行实际操作，并且本书的配套资源中也有书中所引用的全部代码，读者在学习时可以进行参考对照。如果读者没有良好的Swift语言基础，在学习本书时，请务必根据章节的顺序安排进行学习，只有有了良好的语言基础，学习后面章节的时候才能得心应手。

本书能够顺利完成，首先要感谢家人对我写作的支持，感谢朋友们的无私帮助。最重要的是感谢清华大学出版社的王金柱编辑，王金柱编辑耐心地纠正了我许多写作中的问题，并且给了我许多非常有价值的建议，指导我完成了本书的编写。没有他的辛勤付出，本书不会出现在读者的面前。最后，感谢所有读者，我们都是编程路途中的学习者，你们的努力和认可让我坚定不移地去做分享知识这件有意义的事，希望我们能够一起努力，一起前进！

编　者

2021年6月27日

目　　录

第一部分　Swift 语言基础语法

第二部分 iOS 开发基础

第三部分　实战

第一部分　Swift 语言基础语法

本书的第一部分将向读者介绍Swift编程语言的基础语法。Swift是一门十分年轻的编程语言，其由苹果公司在2014年的WWDC（苹果开发者大会）上发布。虽然和其他主流语言相比，Swift有些年轻与稚嫩，但其设计思路更加现代化，并且在苹果公司的推动下，其获得了突飞猛进的发展。截至2020年09月，Swift语言发布到了5.3版本。

在Swift语言的发展过程中，Swift 3可谓是一个突破性的版本，其除了移除了一些旧的特性，增加了一些新的特性外，还对许多API接口的命名和结构进行了调整，使其更加契合Swift语言本身。如果读者想要学习Swift语言，又担心其更新变动过大导致学习成本的浪费，现在基本可以放下这个疑虑了。2017年9月，Swift语言版本更新到了4.0，和3.x版本相比，Swift 4.0增强了对内存访问安全的控制，增强了泛型的功能。Swift 4.2又在4.0版本的基础上进行了补充与优化。2019年，Swift 5版本发布，对字符串、函数、枚举、闭包等都做了语法增强，相信Swift语言的生态将会越来越丰富，其与传统的iOS程序开发语言Objective-C相比优势也将越来越大。

和Objective-C语言冗长的函数名相比，Swift语言显得十分简洁，而在功能上，Swift也丝毫不逊色于Objective-C，比较显著的一些特点是Swift语言支持元组类型，支持开发者定义运算符函数，支持简洁的流程控制语句以及强大的闭包技术。这些方面的优势都可以帮助开发者在代码编写中事半功倍。Objective-C语言的设计思路是传统的面向对象语言模式的，而Swift语言的设计思路是面向协议的函数式编程思想，并且Swift语言可以很完美地支持macOS与iOS系统软件的开发，本书第3部分就将以iOS应用软件实战为例介绍Swift语言在实战开发中的应用。

第 1 章

学习环境的搭建

工欲善其事，必先利其器。

——孔子

做任何事情之前都要将需要使用的工具准备妥当，木匠需要一把好锯，瓦匠需要一把好铲。对于软件开发者，一款强大易用的开发工具是工作中的必备利器。学习编程，首先要学习相应开发环境的搭建和开发工具的使用，并且编程必须在练习中掌握技能，在正式学习之前，安装好开发工具与熟悉开发环境是第一步。本章将向读者介绍Xcode开发集成工具的下载安装及简单使用。

通过本章，你将学习到：

- 申请个人的Apple ID账号。
- 在App Store上下载Xcode开发工具。
- 熟悉Xcode开发工具界面与使用。
- 使用Playground工具进行Swift代码演示与练习。
- 编写第一个Swift程序Hello World。

1.1 申请个人 AppleID 账号

苹果公司在2014年开发者大会上发布了新的编程语言——Swift，同时，苹果公司自家的开发工具Xcode也集成了支持Objective-C与Swift两种编程语言的开发环境。由于Swift语言开源的特性，未来支持Swift语言的开发工具会越来越多，Swift语言的应用场景也会越来越广泛。毋庸置疑的是，目前Xcode依然是最好用的Swift开发工具，本书也将使用Xcode开发工具来进行语言讲解与演示。

Xcode开发工具可以在App Store上免费下载。首先，读者需要有一个个人的Apple ID账号，如果没有，可以在官方网站进行申请（https://appleid.apple.com/account），页面如图1-1所示。

图 1-1　创建一个 Apple ID 账号

在上面的注册网站中，需要使用一个电子邮箱地址作为Apple ID账号，这里读者需要注意，提供的电子邮箱地址务必要准确，Apple ID的激活需要邮箱认证。注册过程中需要填写的密码保护问题也务必认真填写并妥善保存，如果不小心忘记了密码，密码保护问题将成为读者找回密码的一个重要途径。

1.2　下载与安装 Xcode 开发工具

App Store是Apple自家的应用市场软件，其集成了应用程序下载与安装一体化的功能，读者可以十分方便地使用它安装最新版的Xcode开发工具。打开App Store软件，在主界面的搜索栏中填入Xcode，之后按Enter键进行搜索，如图1-2所示。

图 1-2　App Store 主页

搜索结果页中的第一个软件就是Xcode开发工具，单击获取即可进行Xcode工具的下载与安装，如图1-3所示。

图 1-3　获取安装 Xcode 开发工具

需要注意在获取Xcode开发工具时，App Store软件会要求验证开发者账号，读者只需将1.1节中申请到的Apple ID账号和密码正确填入即可。

App Store上获取到的软件默认为最新的正式版软件，截至2020年10月，Xcode最新版本为Xcode 12.3，其包含Swift 5.3相关开发包。如果读者需要旧版本的Xcode开发工具或者需要某些Beta版的Xcode 开发工具，可以到苹果开发者中心的工具下载页面进行其他版本的下载（https://developer.apple.com/downloads/）。同样，要进入开发者中心，也需要读者使用Apple ID登录。

提　示
App Store 的服务器有时不太稳定，因此访问起来有时会很慢，读者也可以在https://developer.apple.com/downloads/网站上下载最新的 Xcode 开发工具免安装版，下载完成后直接解压即可使用。

1.3　Xcode 开发工具简介

Xcode开发工具的功能十分强大，可以进行macOS、iOS、tvOS、watchOS平台软件的开发，并且支持使用Objective-C与Swift两种语言环境，同时兼容C、C++语言环境。在下载安装Xcode工具后，其也会打包下载对应模拟器，以iOS开发为例，开发者可以十分方便地使用各种版本的iPhone和iPad模拟器来进行程序调试。

1. Xcode 开发工具的欢迎界面

打开Xcode开发工具，首先会出现软件的欢迎界面，如图1-4所示。

图 1-4　Xcode 开发工具的欢迎界面

各选项的含义说明如下：

- Create a new Xcode project：用于创建一个新的Xcode独立工程，是开发中新建工程常用的一个选项。
- Clone an exiting project：用于从仓库中拉取一个已经存在的项目。本书在语法讲解阶段，大部分会采用Playground来进行代码的演示，在iOS程序开发学习与项目实战阶段，会使用创建工程的方式来进行演示。页面中的Version标注了当前Xcode开发工具的版本，Xcode 12及以上版本都对Swift 5.3语言进行了支持。本书使用Xcode 12.0版本。
- Open a project or file：用来打开一个已经存在的工程或文件。
- Show this window when Xcode launches：用于设置每次启动Xcode开发工具时是否都展示这个欢迎界面。

2. 创建一个空的 Xcode 工程

我们先来创建一个空的Xcode工程，用来介绍Xcode编码主界面的构成。

单击Create a new Xcode project选项来创建一个新的Xcode工程，之后会弹出选择工程类型模板的窗口，如图1-5所示。

窗口导航栏为工程运行的平台，iOS应用于iPhone手机与iPad平板电脑软件的开发，watchOS应用于苹果手表软件的开发，tvOS应用于苹果电视软件的开发，OS X应用于Mac计算机软件的开发。这里我们选择OS X平台下的命令行模式，即Command Line Tool，单击Next按钮后，会弹出工程配置窗口，如图1-6所示。

图 1-5　选择工程类型模板

图 1-6　工程配置窗口

图1-6所示的工程配置窗口中各选项的说明如下：

- Product Name：用于填写工程的名称。
- Team：用于填写开发机构组织的名称，一般是软件开发公司的名称。
- Organization Identifier：用于填写机构组织的ID编号。
- Bundle Identifier：工程项目的唯一标识名，Xcode会自动根据组织和工程名称生成，开发者也可以根据需求来自定义这个标识名。Bundle Identifier十分重要，在上线应用生成证书、应用推送功能开发、应用组App Group功能开发时都需要与Bundle Identifier进行关联。
- Language：用于选择开发语言，Xcode工具支持Objective-C、C、C++和Swift这4种语言，iOS开发框架只支持创建Objective-C和Swift这两种语言的工程。这里选择Swift。

单击Next按钮进行工程的创建。之后还会弹出一个工程创建路径设置的窗口，选择工程要存放的路径后，单击Create按钮即可完成工程的创建。

3．Xcode 开发工具的主界面

Xcode开发工具的主界面如图1-7所示。

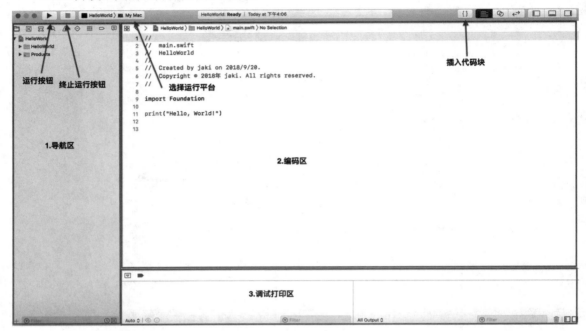

图 1-7　Xcode 开发工具的主界面

Xcode的主界面主要分为3部分，左侧是导航区，其主要作用是展示一些文件与内容的索引，比如文件目录索引、堆栈信息索引、断点信息索引、警告信息索引、搜索信息索引等，通过切换导航区上方的一排按钮可以进行导航内容的切换。右侧上部分为编码区，开发者可在其中进行代码的编写。右侧下部分为调试打印区，开发者可以在其中看到断点处的变量信息以及调试打印信息。Xcode开发工具主界面的左上角有两个功能按钮，其作用是运行工程与停止运行工程，其后边的下拉菜单供开发者根据需要选择不同的运行设备。右边的插入代码块按钮支持开发者进行代码块的自定义，方便快速输入。

当创建完Hello World工程模板后，读者就已经完成了一个简单的入门程序，打印"Hello,World"字符串，单击"运行"按钮运行工程，可以看到调试区中出现的打印信息，如图1-8所示。

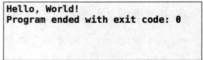

图 1-8　Xcode 的打印信息

1.4　使用 Playground 进行 Swift 代码演练

Playground文件与工程相比简约许多，其主要使用场景是Swift语法代码的学习与演示。在Xcode的菜单栏中，选择File→New→Playground选项可以创建一个Playground文件，如图1-9所示。

图 1-9　创建 Playground 文件

Playground文件模板有Blank、Game、Map和Single View这4种，我们选择创建一个空的模板，如图1-10所示。

图 1-10　创建空的 Playground 模板

创建完成后，可以看到Playground的界面清爽很多，并且没有了运行与结束运行按钮，当开发者在Playground中编写代码时，可以实时在右侧查看代码的运行情况，如图1-11所示。

图 1-11　Playground 演练板

通过图1-11可以看到，Playground右侧会将此行代码的相关运行情况反馈给开发者，例如变量计算的值、函数类型、函数运算的结果、打印信息等。对于编程语言的初学者来说，使用Playground可以方便快速地进行上手练习。上面示例的程序是使用Swift语言创建一个字符串变量str，并且对这个变量进行赋值，赋值为"Hello，playground"字符串，右侧展示的为此行代码变量的值。如果代码中有打印操作，除了在右侧展示打印结果外，Playground界面的下侧调试打印区也会对结果进行打印。Playground并非只是一个单文件，我们可以向其中添加其他文件以及资源，总体来说，Playground的设计还是非常强大的。

本章是本书的准备章节，从下一章开始，读者将真正进入Swift语言的学习。在语法学习阶段，读者可能会感到十分枯燥，也可能会感到收效甚微，请坚定信心，在语法阶段打下扎实的基础后，后面iOS的开发学习阶段将事半功倍，再经过本书第3部分的项目实战，读者就可以真正融会贯通，成为一名合格且优秀的Swift开发者！

第2章

量值与基本数据类型

无论数学的任一分支是多么抽象，总有一天会应用在这实际世界上。

—— 尼古巴斯·伊万诺维奇·罗巴切夫斯基

变量一词源于数学，在计算机中，它被用来表示可以改变的值或者计算结果的抽象概念。与变量对应的是常量，它也是一种抽象概念，只是大多数情况下常量表示的值或计算结果是不可改变的。在大多数高级编程语言中，常量和变量的含义往往是广义的，它们可以表示一个具体类型的值、一段代码块、一个内存地址或者一个函数方法，本书中将变量和常量统称为量值。

数据类型则是将具有相同属性的数据进行分类，计算机中所有内容的实质都是数据，计算机的工作原理就是将这些数据存储在内存中的某个位置，并且在需要使用时快速方便地找到它，然后对其进行各种运算操作。不同的数据所占有的内存空间可能会有很大的差异，例如整数数据与浮点数（小数）数据、字符串数据与集合数据等，为了使各类数据能够最优地分配内存，避免不必要的内存消耗，大多数编程语言都定义了一系列的数据类型，Swift也不例外。本章将向读者介绍Swift中支持的基本数据类型，如整型、浮点型、布尔型、元组、可选类型等。

通过本章，你将学习到：

- 常量与变量的意义、声明、命名规范、类型。
- 数学进制与计算机存储原理。
- 整型数据、浮点型数据、布尔型数据的应用。
- Swift语言中的元组类型和可选类型。
- 如何为类型取别名。

2.1 变量与常量

在Swift语言中，let关键字和var关键字分别用来表示常量和变量，无论是let还是var，其作用都是为某个具体量值取了一个名称，在编程中，这种方式叫作量值的声明。在量值的有效作用域内，开发者可以使用这些名称来获取具体的量值。编程中有两个基本的概念：量值和表达式。我们可以简单地将量值理解为结果，例如数字3就是一个整数型量值，字符串"hello"就是一个字符串型量值。而表达式可以理解为一个计算过程，其结果是一个量值，例如1+2就是一个表达式，其结果为量值3；"hello" + "world"也是一个表达式，其结果为量值"hello world"。大多数表达式都是由量值与运算符组成的，这些会在后面具体向读者介绍。

2.1.1 变量与常量的定义和使用

使用Xcode开发工具创建一个名为Swift_Basic的Playground文件，可以看到模板中自动生成了以下两行代码：

```
//引入 UI 开发框架
import UIKit
//定义一个变量，赋值为字符串"Hello, playground"
var str = "Hello, playground"
```

上面的代码中，第1行代码引入了iOS开发框架中的一个UI框架，后面的实战阶段会向读者详细介绍。第2行代码实际上进行了两步操作，首先声明了一个变量str，str就是此变量的名称，之后将"Hello，playground"字符串赋值给这个str变量。我们可以将以上代码分解为如下代码：

```
//1 声明字符串变量 str
var str:String
//2 对字符串变量 str 进行赋值
str = "hello,playground"
```

上面的代码中演示了为量值指定类型的语法，即在常量或者变量名后加冒号，冒号之后写上指定的类型名。Swift是一种类型安全语言，即常量或者变量在声明的时候必须指定明确的类型。看到这里，读者可能会有一些疑问，为何在Xcode生成的模板代码中没有指定str变量的类型，系统依然没有报错，原因要归功于Xcode编译器，Xcode编译器支持对Swift语言的类型自动推断，当声明变量时，如果直接给变量赋初值，则编译器会根据赋值的类型来确定变量的类型，之后变量的类型将不可更改。Swift中可以使用print()函数来进行打印操作，例如打印变量str，示例代码如下：

```
//量值的打印
print(str)
```

在使用常量或者变量时，开发者可以直接通过名称来调用对应的量值，示例代码如下：

```
//更改 str 变量的值
str = "newValue"
```

```
//在str字符串变量后边追加hello
str = str+"hello"
```

Swift语言也支持在同一行语句中声明多个常量或者变量，但是要遵守明确类型的原则，至于具体类型是开发者指定的还是编译器推断的并无关系，例如：

```
//声明定义了3个变量：整数类型变量a、浮点数类型变量b和字符串类型变量c
//编译器推断
var a=1,b=2.9,c="string"
//手动指定
var a2:Int=1,b2:Float=2.9,c2:String="string"
```

如果在同一行代码中声明多个变量并且都没有提供初始值，可以通过指定最后一个变量的类型对整体进行类型指定，例如：

```
//声明3个Int类型的变量
var one,two,three:Int
```

上面的代码中声明的one、two、three都是Int型变量。

提　示

（1）Swift语言是一种十分快速简洁的语言，其允许开发者省略分号，自动以换行来分隔语句，同时支持在一行中编写多句代码，此时需要使用分号对语句分隔，例如：

```
var str:String;str = "hello,playground";print(str)
```

（2）对Swift语言的类型推断是Xcode编译器一个十分优秀的特性，在实际开发中，开发者应该尽量使用这种特性。

（3）如果需要修改变量的值，直接对变量再赋值即可。需要注意的是，所赋值的类型必须和变量的类型保持一致。

2.1.2　变量和常量的命名规范

在Swift语言中，常量和变量的命名规则十分宽泛，可以包括Unicode字符和数字，需要注意的是，不可使用预留关键字来作为常量或者变量的名称，例如let、var这类关键字不可作为量值名来声明。另外，常量和变量的命名不可以数字开头，空格、数学符号、制表符、箭头等符号也不可用在命名中。

可以使用中文进行命名，示例如下：

```
//使用中文进行变量的命名
var 珲少 = "珲少"
```

也可以使用表情符号进行命名，如图2-1所示。

```
//使用表情符号进行命名
var 😄 = "开心"
```

图 2-1　使用表情符号进行变量的命名

也可以使用穿插数字进行命名，注意数字不能作为开头：

```
//含有数字的命名
var pen2 = "钢笔"
```

也可以使用下画线进行命名：

```
//使用下画线进行命名
var _swift_ = "swift"
```

虽然 Swift 支持的命名方式十分广泛，但在实际开发中，良好的命名风格可以大大提高编码效率与代码的可读性。Swift 语言官方文档采用驼峰命名的方式。所谓驼峰命名，是指以单词进行名称的拼接，名称的首字母一般为小写，之后每个单词的首字母大写，其他字母均小写，示例如下：

```
//驼峰命名
var userName = "珲少"
```

提　示

（1）Unicode（统一码、万国码、单一码）是计算机科学领域的一项业界标准，包括字符集、编码方案等。Unicode 是为了解决传统的字符编码方案的局限而产生的，它为每种语言中的每个字符设定了统一并且唯一的二进制编码，以满足跨语言、跨平台进行文本转换、处理的要求。Unicode 于 1990 年开始研发，1994 年正式公布。

（2）Swift 中的命名也有一些约定俗成的规则，例如量值属性首字母会小写，类名、枚举名、结构体名首字母会大写。

（3）如果在命名中真的需要使用预留的关键字进行命名，可使用`符号进行包装，但是除非万不得已，开发中尽量不要使用这种方式命名，包装示例如下：

```
//用预留关键字进行命名
var `var` = 2
```

2.2　关于注释

注释是写给开发者自己看的解释性文本，在代码进行编译时，注释语句并不会被编译进工程中，合理地运用注释可以使项目工程的结构更加清晰，团队合作更加顺畅。Swift 语言采用和 C 语言类似的注释方式，使用//符号来注释单行内容，同时也可以使用以/*开头、以*/结尾的方式进行多行注释，示例如下：

```
//单行注释
/*
多行注释
注释
注释
*/
```

Swift语言的注释还有一个十分有趣的特性，即可以进行注释的嵌套，示例如下：

```
//单行注释//注释中的注释
/*
 多行注释
 /*
    注释中的注释
 */
注释
注释
*/
```

2.3　初识基本数据类型

本节主要向读者介绍整型、浮点型、布尔型数据在Swift语言中的应用。

2.3.1　数学进制与计算机存储原理

所谓进制，是数学计算中人为规定的一套进位规则。生活中，人们习惯使用十进制进行数据计算，例如到文具店买3支铅笔，到菜市场买菜花费5元3角，等等。在数学与计算机领域，除了十进制之外，二进制、八进制、十六进制的应用也十分广泛，进制的实质是在数据计算时逢几进一（十进制是逢十进一，十六进制是逢十六进一，二进制就是逢二进一，以此类推，x进制就是逢x进位）。

计算机是由逻辑电路组成的，逻辑电路通常只有两个状态，即开关的接通与断开，正好可以表示两种状态（0和1）。对计算机而言，采用二进制不仅能够简化运算法则，提高运算效率，更具有很高的抗干扰能力和可靠性，因此二进制也被称为"机器的语言"。

Swift语言支持开发者使用多种进制进行数据的定义与计算，默认为十进制，如果有特殊需求，可以通过在数据前面加前缀的方式实现，示例如下：

```
var type_10 = 17;        //十进制的 17
var type_2 = 0b10001     //二进制的 17
var type_8 = 0o21        //八进制的 17
var type_16 = 0x11       //十六进制的 17
```

在进一步了解了数据类型的相关知识外，读者首先应该清楚几个概念，计算机内存中最小的数据运算单元是一个二进制位（bit），其只有两种状态：0或者1。字节（B）是最小的数据单元，1字节由8个二进制运算位组成。针对无符号数来说，1字节最大可以表示的数为二进制11111111，即十进制数255。读者如果有一些编程经验，一定会对ASCII码十分熟悉，ASCII码的存储空间即1字节大小，因此其最多可以表示256个字符。在字节之上，还有千字节（KB）、兆字节（MB）、吉字节（GB）、太字节（TB）等，它们之间的换算关系如下：

1B=8bit

1KB=2^{10}B

1MB=2^10KB

1GB=2^10MB

1TB=2^10GB

1PB=2^10TB

2.3.2 整型数据

Swift语言中的整型数据分为有符号整型数据与无符号整型数据。所谓有符号与无符号，通俗的理解即为分正负号与不分正负号。

对于无符号整型，Swift中提供了5种类型4种存储空间的数据类型，4种存储空间分别占用内存8位、16位、32位和64位。使用Xcode开发工具创建一个新的Playground，命名为BasicDataType，编写如下演示代码：

```
//8 位无符号整型数的最大值 255
var a1 = UInt8.max
//16 位无符号整型数的最大值 65535
var a2 = UInt16.max
//32 位无符号整型数的最大值 4294967295
var a3 = UInt32.max
//64 位无符号整型数的最大值 18446744073709551615
var a4 = UInt64.max
```

上面的代码中创建了4个变量a1、a2、a3、a4。在Swift语言中，整型数据类型实际上是采用结构体的方式实现的，其中max属性可以获取当前类型的最大值。读者可能会有疑问，在实际开发中，到底应该选择哪一种类型来表达无符号整型呢？上面有提到，Swift语言中的无符号整型实际上有5种，还有1种为UInt类型，这种类型编译器会自动适配，在64位的机器上为UInt64，在32位的机器上为UInt32，示例代码如下：

```
//获取数据类型所占位数，在 64 位机器上 UInt 占 8 字节 64 位
var a5 = MemoryLayout<UInt>.size
```

MemoryLayout是Swift标准库中定义的一个枚举，顾名思义其实用于获取内存相关信息，MemoryLayout<UInt>则是一种泛型的用法，调用其size属性可以获取某种数据类型所占内存空间的字节数。

有符号整型数据与无符号整型数据十分类似，只是其首位二进制位为符号位，不纳入数值计算，示例代码如下：

```
var maxInt8 = Int8.max    //127
var mimInt8 = Int8.min    //-128
var maxInt16 = Int16.max  //32767
var minInt16 = Int16.min  //-32768
var maxInt32 = Int32.max  //2147483647
var minInt32 = Int32.min  //-2147483648
var maxInt64 = Int64.max  //9223372036854775807
var minInt64 = Int64.min  //-9223372036854775808
var intSize = sizeof(Int)    //8 位
```

与max属性对应，min属性用于获取整型数据的最小值。

提　示

如果我们可以明确当前场景不会出现负数，则可以使用 UInt 类型，更多时候如果我们不能够保证，最好使用 Int 类型，即我们存储的数据是非负的，对数值统一使用 Int 类型有助于数据间的传递和转换。

2.3.3　浮点型数据

浮点型数据用来表示一些小数，浮点型数据分为单精度浮点型与双精度浮点型，分别用Float与Double表示，示例代码如下：

```
var b = MemoryLayout<Float>.size        //4 字节
var b1 = MemoryLayout<Float32>.size     //4 字节
var b2 = MemoryLayout<Float64>.size     //8 字节
var b3 = MemoryLayout<Float80>.size     //16 字节
var c = MemoryLayout<Double>.size       //8 字节
```

Swift语言支持使用科学计数法来表示数字，在十进制中，使用e来表示10的n次方，在十六进制中，使用p来表示2的n次方，示例代码如下：

```
var sum = 1.25e3 //1.25*(10^3) = 1250
var sun2 = 0x1p3 //1*(2^3) = 8
```

提　示

Double 类型比 Float 类型有着更高的精度，除了某些特殊场景外，我们更推荐使用 Double 类型来定义浮点数。

Swift语言中还有一个十分有意思的特性，无论是整型数据还是浮点型数据，都可以在数字前加任意个0来进行位数填充，也可以在数字中加入下画线进行分隔，进而增加可读性，这些操作并不会影响原始数值，却提高了对开发者编程的友好性，使代码的结构更加清爽，示例如下：

```
var num1 = 001.23           //1.23
var num2 = 1_000            //1000
var num3 = 1_000.1_ 001     //1000.1001
```

2.3.4　布尔型数据

布尔类型很多时候也叫作逻辑类型，熟悉Objective-C编程语言的读者可能会了解，在Objective-C语言中，Bool类型其实并非严格意义上的逻辑布尔类型，Objective-C中可以使用零与非零来表达逻辑假与逻辑真。而在Swift语言中则不同，Swift语言的Bool类型十分严格，只有true和false两种值，分别表示真和假。同样，在Swift语言的条件语句以及需要进行逻辑判断的语句中，所使用的条件表达式的值也必须为Bool类型。

创建真与假的布尔值，示例代码如下：

```
var bool1 = true    //创建布尔真变量
var bool2 = false   //创建布尔假变量
```

2.4　两种特殊的基本数据类型

Swift语言还支持两种特殊的基本数据类型，分别是元组类型与可选值类型。元组在实际开发中十分常用，开发者使用元组可以创建出任意数据类型组合的自定义数据类型；而可选值类型是Swift语言的一大特点，通过可选值类型，Swift语言对数值为空进行了严格的把控。

2.4.1　元组

元组是Swift语言中重要的数据类型之一，元组允许一些并不相关的类型自由组合成为新的集合类型。Objective-C语言并不支持元组这样的数据类型，这在很多时候会给开发者带来麻烦。类比生活中的一种情景，元组类型类似于日常生活中的套餐，现在各种服务业都推出了许多有特色的套餐供顾客选择，方便为顾客提供一站式服务。元组提供的就是这样一种编程结构，试想一下，编程中遇到这样一种情形：一个商品有名字和价格，使用元组可以很好地对这种商品类型进行模拟，示例如下：

```
//创建钢笔元组类型，其中有两种类型，即字符串类型的名称和整数类型的价钱
var pen:(name:String,price:Int) = ("钢笔",2)
```

上面的代码在创建元组类型的同时指定了其中参数的名称，即名称参数为name，价格参数为price，开发者可以使用这些参数名称来获取元组中各个参数的值，示例如下：

```
//获取 pen 变量名称
var name = pen.name
//获取 pen 变量价格
var price = pen.price
```

开发者在创建元组时，也可以不指定元组中参数的名称，元组会自动为每个参数分配下标，下标值将从0开始依次递增，示例如下：

```
//不指定参数名称的元组
var car:(String,Int) = ("奔驰",2000000)
//通过下标来取得元组中各个组成元素的值
var carName = car.0
var carPrice = car.1
```

元组实例被创建后，开发者也可以通过指定的变量或者常量来分解它，示例如下：

```
//不指定参数名称的元组
var car:(String,Int) = ("奔驰",2000000)
//进行元组的分解
var (theName,thePrice) = car
//此时 theName 变量被赋值为"奔驰"，thePrice 变量被赋值为 2000000
print(theName,thePrice)
```

上面的代码将元组实例car中的各个组成元素分解到具体变量，有一点读者需要注意，分解后的变量必须与元组中的元素一一对应（个数相等），否则编译器就会报错。代码中使用的print()函数为打印输出函数，print()函数可以接收多个参数，将其以逗号分隔即可。有些时候，开发者可能并不需要获取某个元组实例中所有元素的值，这种情况下，开发者也可以将某些不需要获取的元素使用匿名的方式来接收，示例如下：

```
//不指定参数名称的元组
var car:(String,Int) = ("奔驰",2000000)
//进行元组的分解，将 Int 型参数进行匿名
var (theName,_) = car
//此时 theName 变量被赋值为"奔驰"
print(theName)
```

在Swift语言中，常常使用符号"_"来表示匿名的概念，因此"_"也被称为匿名标识符。上面的代码实际上只分解出了元组car中的第一个元素（String类型）。

> **提　示**
>
> 元组虽然使用起来十分方便，但是其只适用于简单数据的组合，对于结构复杂的数据，要采用结构体或者类来实现。

2.4.2　可选值类型

可选值类型（Optional类型）是Swift语言特有的一种类型。首先，Swift语言是一种十分强调类型安全的语言，开发者在使用到某个变量时，编译器会尽最大可能保证此变量的类型和值的明确性，保证减少编程中的不可控因素。然而在实际编程中，任何类型的变量都会遇到值为空的情况，在Objective-C语言中并没有机制来专门监控和管理为空值的变量，程序的运行安全性全部靠开发者手动控制。Swift语言提供了一种包装的方式来对普通类型进行Optional包装，实现对空值情况的监控。

在Swift语言中，如果使用了一个没有赋值的变量，程序会直接报错并停止运行。读者可能会想，如果一个变量在声明的时候没有赋初值，在后面的程序运行中就有可能被赋值，那么对于这种"先声明后赋值"的应用场景，我们应该怎么做呢？在Objective-C中，这个问题很好解决，只需要使用的时候判断一下这个变量是否为nil即可。在Swift中是否也可以这样做呢？使用如下代码来进行试验：

```
var obj:String
if obj==nil {

}
```

编写上面的代码后，可以看到Xcode工具依然抛出了一个错误提示，其实在Swift语言中，未做初始化的普通类型是不允许使用的，哪怕是用来进行判空处理也不被允许，当然也就不可以与nil进行比较运算，这种机制极大地减小了代码的不可控性。因此，开发者在使用前必须保证变量被初始化，代码如下：

```
var obj0:String
```

```
obj0 = "HS"
print(obj0)
```

但是上面的做法在实际开发中并不常用，如果一个变量在逻辑上可能为nil，则开发者需要将其包装为Optional类型，改写上面的代码如下：

```
var obj:String?
if obj==nil {

}
```

此时代码就可以正常运行了。分析上面的代码，在声明obj变量的时候，这里将其声明成了String?类型，在普通类型后面添加符号"?"，即可将普通类型包装为Optional类型。

Optional类型不会独立存在，其总是附着于某个具体的数据类型之上，具体的数据类型可以是基本数据类型，可以是结构体，也可以是类等。Optional类型只有两种值，读者可以将其理解为：

- 如果其附着类型对应的量值有具体的值，则其为具体值的包装。
- 如果其附着类型对应的量值没有具体的值，则其为 nil。

举一个例子，将Int类型的变量a进行Optional包装，此时a的类型为Int?，如果对a进行了赋值，则可以通过拆包的方式获取a的Int类型值，如果没有对a进行赋值，则a为nil。

提 示

Optional 类型中的 nil 读者也可以理解为一种值，其表示空。

Optional类型是对普通类型的一种包装，因此在使用的时候需要对其进行拆包操作，拆包将使用到Swift中的操作符"!"。"?"与"!"这两个操作符是很多Swift语言初学者的噩梦，如果读者理解了Optional类型，那么对这两个操作符的理解和使用将容易许多。首先需要注意，"?"符号可以出现在类型后面，也可以出现在实例后面，如果出现在类型后面，其代表的是此类型对应的Optional类型，如果出现在实例后面，则代表的是可选链的调用，后面章节会详细介绍。"!"符号同样可以出现在类型后面与实例后面，它出现在类型后面代表的是一种隐式解析的语法结构，后面章节会介绍；出现在实例后面代表的是对Optional类型实例的拆包操作。示例如下：

```
//声明 obj 为 String?类型
var obj:String? = "HS"
//进行拆包操作
obj!
```

读者需要注意，在使用"!"进行Optional值的拆包操作时，必须保证要拆包的值不为nil，否则程序运行会出错。可以在拆包前使用if语句进行安全判断，示例如下：

```
//声明 obj 为 String?类型
var obj:String? = "HS"
if obj != nil {
    obj!
}
```

上面的代码演示的编程结构在实际应用中十分广泛，因此Swift语言还提供了一种if-let语法结构来进行Optional类型值的绑定操作，可以将上面的结构改写如下：

```
var obj:String? = "HS"
//进行if-let绑定
if let tmp = obj {
    print(tmp)
}else{
    obj = "HS"
    print(obj!)
}
```

上面的代码可以这样理解：如果obj有值，则if-let结构将创建一个临时常量tmp来接收obj拆包后的值，并且执行if为真时所对应的代码块，在执行的代码块中，开发者可以直接使用拆包后的obj值tmp。如果obj为nil，则会进入if为假的代码块中，开发者可以在else代码块中将obj重新赋值使用。这种if-let结构实际上完成了判断、拆包、绑定拆包后的值到临时常量3个过程。

if-let结构中也可以同时进行多个Optional类型值的绑定，之间用逗号隔开，示例如下：

```
//if-let 多 Optional 值绑定
var obj1:Int? = 1
var obj2:Int? = 2
if let tmp1 = obj1,let tmp2 = obj2 {
    print(tmp1,tmp2)
}
```

在同时进行多个Optional类型值的绑定时，只有所有Optional值都不为nil，绑定才会成功，代码执行才会进入if为真的代码块中。如果开发者需要在if语句的判断中添加更多业务逻辑，可以通过追加子句的方式来实现，示例如下：

```
//if-let 多 Optional 值绑定
var obj1:Int? = 1
var obj2:Int? = 2
if let tmp1 = obj1,let tmp2 = obj2 ,tmp1<tmp2 {
    print(tmp1,tmp2)
}
```

上面的代码在obj1不为nil、obj2不为nil并且obj1所对应的拆包值小于obj2对应的拆包值的时候才会进入if为真的代码块中，即打印绑定的tmp1与tmp2的值。

你可能发现了，对于一个可选值类型的变量，每次使用时我们都需要为其进行拆包操作，这相对会有些麻烦，其实Swift中还有一种语法：隐式解析。隐式解析适用于这样的场景：当我们明确某个变量初始时为nil，并且在之后使用之前一定会被赋值时，我们可以将其声明为隐式解析的可选值，再对这个变量进行使用，就不需要进行拆包操作了，例如下面的代码会产生运行错误：

```
var obj4:Int?
obj4 = 3
print(obj4 + 1)  //会编译异常，因为obj4没有进行拆包
```

如果将上面的代码做如下的修改，就可以正常运行了：

```
// 声明obj4为隐式解析的变量
```

```
var obj4:Int!
obj4 = 3
// 在使用时，无须再进行拆包操作，Swift会自动帮我们拆包
print(obj4 + 1)
```

Optional值在Swift语言编程中的应用十分灵活，在以后的编程练习中，读者会逐步体会其中的奥妙。

2.5 为类型取别名

在C、C++、Objective-C这些语言中都提供了typedef这样的关键字来为某个类型取一个别名，Swift语言中使用typealias关键字来实现相同的效果，示例如下：

```
//为 Int 类型取一个别名 Price
typealias Price = Int
//使用 Price 代替 Int，效果完全一样
var penPrice:Price = 100
```

上面的代码为Int类型取了别名Price，在后面的使用中，Price类型和Int类型一模一样。在实际开发中，灵活使用typealias为类型取别名可以优化代码的可读性。

2.6 练习及解析

（1）使用两种类型指定方式分别创建Int型变量a=1、b=2，交换a和b的值。

示例解析：

```
var a:Int = 1
var b = 2
//中间变量进行交换
var c = a
a = b
b = c
```

（2）创建4个变量，并分别将十进制数25用二进制、八进制、十进制与十六进制赋值。

示例解析：

```
var count1 = 25            //十进制
var count2 = 0o31          //八进制
var count3 = 0x19          //十六进制
var count4 = 0b00011001    //二进制
```

（3）小文到文具店买文具，其需要购买铅笔、橡皮和文具盒3种文具，3种文具的标价分别为2元、1元和15元，使用元组来模拟这3种文具组成的套装。

示例解析：

```
var bundle:(pencil:Int,eraser:Int,pencilCase:Int) = (2,1,15)
```

（4）编写一个样品质量检测器，当样品的质量大于30单位的时候，输出合格，输入样品可能为空，使用if-let语句来实现。

示例解析：

```
var product:Int? = 100
if let weight = product, weight > 30  {
    print("产品合格")
}
```

2.7　模拟面试

（1）符号"？"和"！"是Swift工程中非常常见的两个符号，请简述你对它们的理解。

回答要点提示：

①首先从类型和实例两个方面理解，"？"出现在类型后表示Optional类型，出现在实例后表示可选链调用。"！"出现在类型后表示默认隐式解析，出现在实例后表示强制拆包。

②这两个符号都与Swift中的Optional类型相关，Optional类型是Swift语言强调安全性的一种方式，某个变量可不可以为空应该是逻辑上决定的，而不是不可预知、不可控的。

③if-let结构与Optional类型值结合使用可以编写出优雅安全的逻辑代码。

核心理解内容：

对Swift中的Optional类型做深入的理解。

（2）十进制、二进制、八进制、十六进制各有什么优势，在哪些场景下使用。

回答要点提示：

①十进制的优势不必多言，日常生活中几乎所有的数学计算使用的都是十进制，钱币的单位、班级的座次、队伍的排序等都是以十进制表示的。

②二进制是计算机最方便理解的进制方式，高低电平状态非常容易表示二进制的0和1，同时也是计算机运行最稳定的存储数据进制方式。

③八进制和十六进制实际上是二进制的聚合方式，在八进制中，每位数字可以表示二进制中的3位，在十六进制中，每位数字可以表示二进制的4位，大大缩短了二进制数的长度，并且便于阅读。常常使用十六进制来表示颜色数据。

核心理解内容：

进制的原理以及转换方法。

（3）Swift语言中是否只有var和let两种数据类型？

回答要点提示：

①这个命题大错特错，在Swift中，var和let并不是数据类型，只是两种用来声明变量的方式。

②Swift是一种强数据类型，和C、C++、Objective-C、Java等语言一样，变量在声明时其数据

类型就已经确定，有时我们没有显式指定，是由于Xcode有自动类型推断功能。

③Swift中的数据类型有基本数据类型和引用数据类型，基本数据类型中又包含整型、浮点型、布尔型、元组等。

核心理解内容：

理解数据类型的意义，理解变量和数据类型之间的关系，明白Xcode的自动类型推断功能。

第 3 章

字符、字符串与集合类型

单丝不成线，独木不成林。

——中华民谚

在程序开发中，字符串的使用必不可少，其是编程中一种十分重要的数据类型，其实，字符串也是一组字符的集合。有些语言是没有独立的字符串类型的，例如C语言，其往往采用字符数组来作为字符串类型，Objective-C语言中封装了面向对象的字符串类型NSString，并向其中封装了大量的相关方法。而Swift是一种弱化指针的语言，它提供了String类型和Character类型来描述字符串与字符。

集合类型是用于描述一组数据的集合体，例如一组整数组合在一起形成整数集合，一组字符串组合在一起形成字符串集合，等等。在Swift语言中一共提供了3种集合类型，即数组（Array）、集合（Set）和字典（Dictionary），这3种集合类型虽有很多共同点，但在实现上有许多差异，它们分别适用于不同的业务场景。

通过本章，你将学习到：

- 构造字符串、内嵌格式化字符串和分解字符串。
- Swift中的转义字符。
- 字符串相关方法的使用。
- 数组的建立和元素的增、删、改、查。
- 集合的建立与数学运算。
- 字典的建立及数据的操作方法。

3.1　字符串类型

字符串类型顾名思义为一串字符的组合，其在开发中应用甚广，商品的名称、学生的班级、播放音乐的歌词等场景逻辑都需要通过字符串来处理。

3.1.1　进行字符串的构造

读者在使用Xcode开发工具创建第一个Playground模板时，里面的代码实际上就演示了字符串变量的创建，代码如下：

```
var str = "Hello, playground"
```

上面的代码就是一种简单的字符串类型变量的构造方式，即直接通过实体字符串进行赋值，读者可以使用Xcode开发工具创建一个名为String的Playground文件，在其中进行字符串相关代码的演练。

如果需要构造空的字符串，可以使用如下方式：

```
var str = ""
```

这里需要注意，在编写代码时，字符串变量的值为空字符串与字符串变量的值为nil是两个完全不同的概念，如果一个Optional类型变量没有赋值，则其为nil，如果赋值为空字符串，则其并不是nil。判断一个字符串变量的值是否为空字符串有特定的方法，后面会进行介绍。

在Swift语言中，String类型实际上是一个结构体，其实前面章节中学习的整型、浮点型和布尔型也是由结构体实现的。Swift语言中的结构体十分强大，其可以像类一样进行属性和方法的定义，关于结构体的知识，后面章节会专门介绍，这里只需要了解即可。开发者也可以使用String结构体的构造方法来构造String类型的量值，示例如下：

```
//直接赋值
var str:String = "Hello, playground"
//直接赋值为空字符串
str = ""
//通过构造方法来进行 str 变量的构造
str = String()              //构造空字符串 ""
str = String("hello")        //通过字符串构造 "hello"
str = String(666)           //通过整型数据构造 "666"
str = String(6.66)          //通过浮点型数据构造 "6.66"
str = String("a")           //通过字符构造 "a"
str = String(false)         //通过 Bool 值构造 "false"
str = String(describing: (1,1.0,true))  //通过元组构造 "(1,1.0,true)"
str = String(describing: [1, 2, 3])     //通过列表构造 "[1, 2, 3]"
str = String(format:"我是%@","珲少") //通过格式化字符串构造 "我是珲少"
```

String类型提供了很多重载的构造方法，开发者可以传入不同类型的参数来构造需要的字符串。实际上，Swift语言中的String类型提供的构造方式十分宽泛，甚至可以将其他类型通过构造方法转换为字符串，示例如下：

```
str = String(describing: Int.self)        //通过类型来构造字符串 "Int"
```

<table>
<tr><td colspan="1">提 示</td></tr>
</table>

整型、浮点型数据可以使用构造方法的方式来实现互相转换，例如：

```
var a = Int(1.05)    //将1.05 转换成1
var b = Float(a)     //通过整型数据a构造浮点型数据b
```

3.1.2　字符串的组合

Swift中的String类型对"+"运算符进行了重载实现，即开发者可以直接使用"+"符号将多个字符串组合拼接为新的字符串，示例如下：

```
//字符串的组合
var c1 = "Hello"
var c2 = "World"
var c3 = c1+" "+c2  //"Hello World" //注意中间拼接了一个空格
```

通过加法运算符，开发者可以十分方便地进行字符串变量的组合拼接，有时开发者需要在某个字符串中间插入另一个字符串，除了可以使用格式化的构造方法外，Swift中还提供了一种十分方便的字符串插值方法，示例如下：

```
//使用\()进行字符串插值
var d = "Hello \(123)"      //"Hello 123"
var d2 = "Hello \(c2)"      //"Hello World"
var d3 = "Hello \(1+2)"      //"Hello3"
```

"\()"结构可以将其他数据类型转换为字符串类型并且插入字符串数据的相应位置，也可以进行简单的运算逻辑后将结果插入原字符串中，这种方法可以十分方便地进行字符串的格式化，在开发中应用广泛。

3.2　字符类型

字符类型用来表示单个字符，如数字字符、英文字符、符号字符和中文字符等都可以使用字符类型来表示，也可以通过遍历字符串的方法将字符串中的字符分解出来。

3.2.1　字符类型简介

类似于C语言中的Char，Swift语言中使用Character来描述字符类型，Character类型和String类型都占16字节的内存空间。在Swift中可以使用MemoryLayout枚举来获取某个类型所占用的内存空间，其单位为字节，示例如下：

```
MemoryLayout<String>.size        //16 个字节 获取 String 类型占用的内存空间
```

Character用来描述一个字符，我们将一组字符组合成为一个数组，用于构造字符串，示例如下：

```
//创建一个字符
var e:Character = "a"
//创建字符数组
var e2 : [Character] = ["H","E","L","L","O"]
//通过字符数组来构造字符串 "HELLO"
var e3 = String(e2)
```

同样，也可以使用构造方法来完成字符类型变量的构造，示例如下：

```
//通过构造方法来创建字符类型变量
var e4 = Character("a")
```

使用for-in遍历可以将字符串中的字符拆解出来，这种方法有时十分好用，for-in遍历是Swift语言中一种重要的代码流程结构。String类型默认实现了迭代器相关协议，直接对其进行遍历可以取出字符串中的每一个字符元素，示例代码如下：

```
//进行 for-in 遍历
let name = "China"
for character in name {
    print(character)
}
```

上面的代码将依次打印C、h、i、n、a。

> **提 示**
>
> for-in 结构是一种重要的循环结构，上面的示例代码中，in 关键字后面需要为一种可迭代的类型，in 关键字前面是每次循环从迭代器中取出的元素，其类型会由 Xcode 编译器自动推断出来，在后面的章节中会有 for-in 结构的详细介绍。

3.2.2 转义字符

Swift语言和C语言类似，除了一些常规的可见字符外，还提供了一些有特殊用途的转义字符，可通过特殊的符号组合来表示特定的意义。示例如下：

- \0：用来表示空白符。
- \\：用来表示反斜杠。
- \t：用来表示制表符。
- \n：用来表示换行符。
- \r：用来表示回车符。
- \'：用来表示单引号。

- \": 用来表示双引号。
- \u{}: 用Unicode码来创建字符。

其中，\u{}用来通过Unicode码来创建字符，将Unicode码填入大括号中即可，示例如下：

```
//使用 Unicode 码来创建字符, Unicode 为 21 代表的字符为!
"\u{21}"
```

提　示

在应用开发中，换行符常用来处理多行文本的排版。

3.3　字符串类型中的常用方法

Swift语言的String类型中封装了许多实用的属性和方法，例如字符串的检查，字符的追加、插入、删除操作，字符数的统计等。熟练使用这些属性与方法能够使得开发者在编程中处理数据时游刃有余。

前面介绍过，字符串变量的值为空字符串与字符串变量的值为空是两个不同的概念，String类型的实例通过使用isEmpty方法来判断字符串的值是否为空字符串，示例如下：

```
//判断字符串是否为空
var obj1 = ""
if obj1.isEmpty {
    print("字符串为空字符串")
}
```

还有一种方式也可以用来判断一个字符串变量是否为空字符串，即当字符串变量中的字符数为0时，也可以认定此字符串为空字符串，即通过字符串的count属性判断其中的字符个数是否为0，示例如下：

```
//获取字符串中的字符个数，判断是否为空字符串
if obj1.count == 0 {
    print("字符串为空字符串")
}
```

String类型的实例除了可以使用"+"直接拼接外，还可以使用比较运算符，示例代码如下：

```
var com1 = "30a"
var com2 = "31a"
//比较两个字符串是否相等,只有两个字符串中所有位置的字符都相等时，才为相等的字符串
if com1==com2 {
    print("com1 和 com2 相等")
}
//比较两个字符串的大小
if com1<com2 {
    print("com1 比 com2 小")
}
```

在比较两个字符串的大小时，会逐个对字符的大小进行比较，直至遇到不相等的字符为止。上面的示例代码可以这样理解：先比较com1字符串与com2字符串的第1个字符，若相等，再比较第2个字符，以此类推。由于com2的第4个字符（2）大于com1的第4个字符（1），因此com2字符串大于com1字符串。

开发者可以通过下标的方式来访问字符串中的每一个字符，获取字符串起始下标与结束下标的方法如下：

```
var string = "Hello-Swift"
//获取字符串的起始下标 String.index 类型
var startIndex = string.startIndex
//获取字符串的结束下标 String.index 类型
var endIndex = string.endIndex
```

这里需要注意，startIndex和endIndex获取到的值为Index类型，并不是整数类型，它们不能直接进行加减运算，需要使用相应的方法进行下标的移动操作，示例如下：

```
//获取某个下标后一个下标对应的字符 char="e"
var char = string[string.index(after: startIndex)]
//获取某个下标前一个下标对应的字符 char2 = "t"
var char2 = string[string.index(before: string.endIndex)]
```

上面的代码中，index(after:)方法用来获取当前下标的后一位下标，index(before:)方法用来获取当前下标的前一位下标。也可以通过传入下标范围的方式来截取字符串中的某个子串，示例如下：

```
//通过范围获取字符串中的一个子串 Hello
var subString = string[startIndex...string.index(startIndex, offsetBy: 4)]
var subString2 = string[string.index(endIndex, offsetBy: -5)..<endIndex]
```

上面的示例代码中，"..."为范围运算符，在后面的章节中会详细介绍，offsetBy参数传入的是下标移动的位数，若向其中传入正数，则下标向后移动相应位数，若向其中传入负数，下标向前移动相应位数。使用这种方式来截取字符串十分方便。String类型中还封装了一些方法，可以帮助开发者便捷地对字符串进行追加、插入、替换、删除等操作，示例如下：

```
//获取某个子串在父串中的范围
var range = string.range(of: "Hello")
//追加一个字符，此时 string = "Hello-Swift!"
string.append(Character("!"))
//追加字符串操作，此时 string = "Hello-Swift! Hello-World"
string.append(" Hello-World")
//在指定位置插入一个字符，此时 string = "Hello-Swift!~ Hello-World"
string.insert("~", at: string.index(string.startIndex, offsetBy: 12))
//在指定位置插入一组字符，此时 string = "Hello-Swift!~~~~ Hello-World"
string.insert(contentsOf: ["~","~","~"], at: string.index(string.startIndex, offsetBy: 12))
//在指定范围替换一个字符串，此时 string = "Hi-Swift!~~~~ Hello-World"
string.replaceSubrange(string.startIndex...string.index(string.startIndex, offsetBy: 4), with: "Hi")
//在指定位置删除一个字符，此时 string = "Hi-Swift!~~~~ Hello-Worl"
string.remove(at: string.index(before:string.endIndex))
//删除指定范围的字符，此时 string = "Swift!~~~~ Hello-Worl"
```

```
string.removeSubrange(string.startIndex...string.index(string.startIndex,
offsetBy: 2))
//删除所有字符，此时 string = ""
string.removeAll()
```

下面的方法可以方便地完成字符串的大小写转换：

```
var string2 = "My name is Jaki"
//全部转换为大写
string2 = string2.uppercased() //结果为"MY NAME IS JAKI"
//全部转换为小写
string2 = string2.lowercased() //结果为"my name is jaki"
```

下面的方法可以用来检查字符串的前缀和后缀：

```
//检查字符串是否有 My 前缀
string2.hasPrefix("My")
//检查字符串是否有 jaki 后缀
string2.hasSuffix("jaki")
```

温馨提示：本章介绍了许多String类型中封装的方法，熟练运用这些方法可以极大地提高开发者的编程效率，本章后面会为读者准备丰富的练习题，尽可能多地实践练习是掌握一门编程语言语法的不二法门。

3.4　集合类型

在Swift语言中一共提供了3种集合类型：数组（Array）、集合（Set）和字典（Dictionary）。数组类型是一种有序集合，放入其中的数据都有一个编号，且编号从0开始依次递增。通过编号，开发者可以找到Array数组中对应的值。集合是一组无序的数据，其中存入的数据没有编号，开发者可以使用遍历的方法获取其中所有的数据。集合是一种键值映射结构，其中每存入一个值都要对应一个特定的键，且键不能重复，开发者通过键可以直接获取到对应的值。Swift官方开发文档中的一张示例图片可以十分清晰地描述这3种集合类型的异同，如图3-1所示。

图 3-1　三种集合类型的异同

本节将介绍这三种集合类型的特点及操作数据的方法。

3.4.1　数组（Array）类型

数组中能够存放的元素并非只是数字，它可以存放任意类型的数据，但是所有数据的类型必须统一。在实际开发中，数组中元素的类型决定了数组的类型，例如，一个存放整型数据的数组被称为整型数组，一个存放字符串型数据的数组被称为字符串型数组。在创建数组实例的时候，必须明确指定其中所存放元素的类型。使用Xcode开发工具创建一个名为CollectType的Playground，在其中编写如下示例代码：

```
//Int 型数组
var array1:[Int]
var array2:Array<Int>
```

上面两行代码都声明了一个Int类型的数组实例，数组的创建可以使用两种方式，一种是使用数组的构造方法来创建，另一种是使用中括号来快捷创建，示例如下：

```
//创建空数组
array1 = []
array2 = Array()
//创建整型数组
array1 = [1,2,3]
//通过一组元素创建数组
array2 = Array(arrayLiteral: 1,2,3)
```

> **提　示**
>
> 和 String 类型类似，空数组的含义并非是变量为 nil，而是数组中的元素为空，Swift 中只有 Optional 类型的变量可以为 nil。

在Swift语言中，数组采用结构体来实现，对于大量重复元素的数组，开发者可以直接使用快捷方法来创建，示例如下：

```
//创建大量相同元素的数组
//创建有 10 个 String 类型元素的数组，并且每个元素都为字符串"Hello"
var array3 = [String](repeating: "Hello", count: 10)
//创建有 10 个 Int 类型元素的数组，且每个元素都为 1
var array4 = Array(repeating: 1, count: 10)
```

读者需要注意，数组在声明时必须要明确其类型，但是开发者并不一定需要显式地指定类型，如果数组在声明时也设置了初始值，则编译器会根据赋值类型自动推断出数组的类型。数组数组中对加法运算符也进行了重载，开发者可以使用"+"进行两个数组的相加，相加的结果即将第2个数组中的元素拼接到第1个数组后面。需要注意，相加的数组类型必须相同，示例如下：

```
//数组相加 array5 = [1,2,3,4,5,6]
var array5 = [1,2,3]+[4,5,6]
```

数组中提供了许多方法供开发者来获取数组实例的相关信息或者对数组进行增、删、改、查的操作。示例如下：

```swift
var array = [1,2,3,4,5,6,7,8,9]
//获取数组中元素的个数 9
array.count
//检查数组是否为空数组
if array.isEmpty {
    print("array 为空数组")
}
//通过下标获取数组中的元素 1
var a = array[0]
//获取区间元素组成的新数组 [1,2,3,4]
var subArray = array[0...3]
//获取数组的第 1 个元素
var b = array.first
//获取数组的最后一个元素
var c = array.last
//修改数组中某个位置的元素
array[0] = 0
//修改数组中区间范围的元素
array[0...3] = [1,2,3,4]
//向数组中追加一个元素
array.append(10)
//向数组中追加一组元素
array.append(contentsOf: [11,12,13])
//向数组中的某个位置插入一个元素
array.insert(0, at: 0)
//向数组中的某个位置插入一组元素
array.insert(contentsOf: [-2,-1], at: 0)
//移除数组中某个位置的元素
array.remove(at: 1)
//移除数组中首个位置的元素
array.removeFirst()
//移除最后一个位置的元素
array.removeLast()
//移除前几位元素  参数为要移除元素的个数
array.removeFirst(2)
//移除后几位元素  参数为要移除元素的个数
array.removeLast(2)
//移除一个范围内的元素
array.removeSubrange(0...2)
//替换一个范围内的元素
array.replaceSubrange(0...2, with: [0,1])
//移除所有元素
array.removeAll()
//判断数组中是否包含某个元素
if array.contains(1){
    print(true)
}
```

这里需要注意，只有当数组实例为变量时，才可以使用增、删、改等方法，常量数组不能进行与修改相关的操作。

开发者也可以使用for-in遍历来获取数组中的元素，示例如下：

```
//Int 型数组
let arrayLet = [0,1,2,3,4]
//(Int,Int)型数组
let arrayLet2 = [(1,2),(2,3),(3,4)]
//直接遍历数组
for item in arrayLet {
    print(item)
}
//进行数组枚举遍历，将输出 (0,0) (1,1) (2,2) (3,3) (4,4)
for item in arrayLet.enumerated(){
    print(item)
}
//进行数组角标遍历
for index in arrayLet2.indices{
  print(arrayLet2[index], separator:"")
}
```

可以直接对数组实例进行遍历，Swift中的for-in结构和Objective-C中的for-in结构还是有一些区别的，Swift中的for-in结构在遍历数组时会按照顺序进行遍历。数组实例中还有一个enumerated()方法，这个方法会返回一个元组集合，将数组的下标和对应元素返回。开发者也可以通过遍历数组的下标来获取数组中的元素，和String类型不同的是，数组中的下标可以是Int类型，而String中的下标是严格的Index类型，这里需要注意，不要混淆。

提　示
数组类型中有一个 indices 属性，这个属性将返回一个范围（Range），此范围就是数组下标的范围。

数组类型中还提供了一个排序函数，如果数组中的元素为整型数据，则可以使用系统提供的sorted(by:)方法来进行排序操作，如果是一些自定义的类型，开发者也可以对sorted(by:)方法传入闭包参数实现新的排序规则，这部分内容会在后面章节中详细介绍。进行数组排序的方法示例代码如下：

```
var arraySort = [1,3,5,6,7]
//从大到小排序
arraySort = arraySort.sorted(by: >)
//从小到大排序
arraySort = arraySort.sorted(by: <)
```

下列方法可以获取数组中的最大值与最小值：

```
var arraySort = [1,3,5,6,7]
//获取数组中的最大值
arraySort.max()
//获取数组中的最小值
arraySort.min()
```

3.4.2　集合（Set）类型

集合类型不关注元素的顺序，但是其中的元素不可以重复，读者也可以将其理解为一个无序的集合。与数组一样，集合在声明时必须指定其类型，或者对其赋初值，使得编译器可以自行推断出集合的类型。声明与创建集合的示例代码如下：

```
//创建set
var set1:Set<Int> = [1,2,3,4]
var set2 = Set(arrayLiteral: 1,2,3,4)
```

由于集合并不关注其中元素的顺序，因此通过下标的方式来取值对集合来说不太有意义，但是集合类型依然支持通过下标来获取其中的元素，示例如下：

```
//获取集合首个元素（顺序不定）
set1[set1.startIndex]
//进行下标的移动
//获取某个下标后一个元素
set1[set1.index(after: set1.startIndex)]
//获取某个下标后几个元素
set1[set1.index(set1.startIndex, offsetBy: 3)]
```

需要注意，集合的下标操作为不可逆的操作，只能向后移动，不能向前移动。

下面这个方法可以获取集合实例中的一些信息：

```
//获取元素个数
set1.count
//判断集合是否为空集合
if set1.isEmpty {
    print("集合为空")
}
//判断集合中是否包含某个元素
if set1.contains(1){
    print("集合包含")
}
//获取集合中的最大值
set1.max()
//获取集合中的最小值
set1.min()
```

集合同样支持进行增、删、改、查操作，示例如下：

```
//向集合中插入一个元素
set1.insert(5)
//移除集合中的某个元素
set1.remove(1)
//移除集合中的第一个元素
set1.removeFirst()
//移除集合中某个位置的元素
set1.remove(at: set1.firstIndex(of: 3)!)
```

```
//移除集合中所有的元素
set1.removeAll()
```

在使用remove(at:)方法删除集合某个位置的元素时，需要传入一个集合元素的下标值，通过集合实例的firstIndex(of:)方法可以获取具体某个元素的下标值。需要注意，这个方法将会返回一个Optional类型的可选值，因为要寻找的元素可能不存在，在使用时，开发者需要对其进行拆包操作。

集合与数组除了有序和无序的区别外，集合还有一个独有的特点：可以进行数学运算，例如交集运算、并集运算、补集运算等。Swift官方开发文档中的一张图片示意了集合进行数学运算时的场景，如图3-2所示。

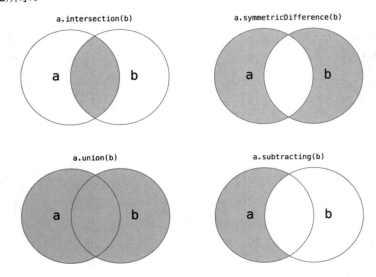

图 3-2 集合进行数学运算示意图

从图3-2中可以看出，集合支持4类数学运算，分别为intersection（交集）运算、symmetricDifference（交集的补集）运算、union（并集）运算和subtracting（补集）运算。交集运算的结果为两个集合的交集，交集的补集运算的结果为a集合与b集合的并集除去a集合与b集合的交集，并集运算的结果为两个集合的并集，补集运算的结果为a集合除去a集合与b集合的交集。上述4种运算的示例代码如下：

```
var set3:Set<Int> = [1,2,3,4]
var set4:Set<Int> = [1,2,5,6]
//返回交集 {1, 2}
var setInter = set3.intersection(set4)
//返回交集的补集{3, 4, 5, 6}
var setEx = set3.symmetricDifference(set4)
//返回并集{1, 2, 3, 4, 5, 6}
var setUni = set3.union(set4)
//返回第二个集合的补集{3, 4}
var setSub = set3.subtracting(set4)
```

使用比较运算符"=="可以比较两个集合是否相等，当两个集合中的所有元素都相等时，两个集合才相等。集合中还提供了一些方法用于判断集合间的关系，示例代码如下：

```
var set5:Set = [1,2]
var set6:Set = [2,3]
var set7:Set = [1,2,3]
var set8:Set = [1,2,3]
//判断是否是某个集合的子集，set5 是 set7 的子集，返回 ture
set5.isSubset(of: set7)
//判断是否是某个集合的超集，set7 是 set5 的超集，返回 ture
set7.isSuperset(of: set5)
//判断是否是某个集合的真子集，set5 是 set7 的真子集，返回 ture
set5.isStrictSubset(of: set7)
//判断是否是某个集合的真超集，set7 不是 set8 的真超集，返回 false
set7.isStrictSuperset(of: set8)
```

与数组类似，集合也可以通过for-in遍历的方式来获取所有集合中的数据，可以通过3种方法来进行遍历：遍历元素、遍历集合的枚举与遍历集合的下标。集合枚举会返回一个元组，元组中将集合下标和其对应的值一同返回，示例代码如下：

```
//遍历元素
for item in set7 {
    print(item)
}
//遍历集合的枚举
for item in set7.enumerated() {
    print(item)
}
//遍历集合的下标
for index in set7.indices {
    print(set7[index])
}
```

集合虽然不强调元素顺序，但是在遍历时，开发者可以对其进行排序后再遍历，示例如下：

```
//从大到小排序再遍历集合
for item  in set7.sorted(by: >) {
    print(item)
}
```

3.4.3　字典（Dictionary）类型

字典是生活中常用的学习工具，字典在使用时是由一个索引找到一个结果。例如，英汉词典通过英文单词可以找到其对应的汉语解释，成语词典通过成语可以找到其对应的意义解释，等等。这种数据的存储模式被称为键值映射模式，即通过一个确定的键可以找到一个确定的值。类比上面的例子，在英汉词典中，英文单词就是键，汉语释义就是值；在成语词典中，成语就是键，意义解释就是值。在Swift语言中也有这样的一种Dictionary集合，即字典集合类型。

Swift中的任何类型在声明时都必须明确其类型，通过对Array和Set的学习，读者应该知道，对于集合类型，在声明时务必明确其内部元素的类型，字典也不例外，由于字典中的一个元素实际上是由键和值两部分组成的，因此在声明字典时，也需要明确其键和值的类型。有两种方式可以进行字典的声明或创建，示例代码如下：

```
//声明字典[param1:param2]，这种结构用于表示字典类型，param1 为键类型，param2 为值类型
var dic1:[Int:String]
//这种方式和[:]效果一样，dic2 与 dic1 为相同的类型
var dic2:Dictionary<Int,String>
//字典创建与赋值
dic1 = [1:"1",2:"2",3:"3"]
dic2 = Dictionary(dictionaryLiteral: (1,"1"),(2,"2"),(3,"3"))
//在创建字典时，也可以不显式声明字典的类型，可以通过赋初值的方式来使编译器自动推断
var dic3 = ["1":"one"]
//创建空字典
var dic4:[Int:Int] = [:]
var dic5:Dictionary<Int,Int> = Dictionary()
```

需要注意，字典通过键来找到特定的值，在字典中值可以重复，但是键必须唯一。这样才能保证一个确定的键能找到一个确定的值，并且如果开发者在字典中创建重复的键，编译器也会报出错误。

字典类型也支持使用isEmpty与count来判断是否为空并获取元素个数，示例代码如下：

```
//获取字典中的元素个数
dic1.count
//判断字典是否为空
if dic4.isEmpty{
    print("字典为空")
}
```

通过具体键可以获取与修改对应的值，示例如下：

```
//通过键操作值
//获取值
dic1[2]
//修改值
dic1[1]="0"
//添加一对新的键值
dic1[4] = "4"
```

上面代码中的dic1[1]="0"与dic1[4]="4"实际上完成了相同的操作，可以这样理解：在对某个键进行赋值时，如果这个键存在，则会进行值的更新，如果这个键不存在，则会添加一对新的键值。然而在开发中，很多情况下需要对一个存在的键进行更新操作，如果这个键不存在,则不添加新键值对，要实现这种效果，可以使用字典的更新键值方法，示例代码如下：

```
//对键值进行更新
dic1.updateValue("1", forKey: 1)
```

updateValue(value:forkey:)方法用于更新一个已经存在的键值对，其中第1个参数为新值，第2个参数为要更新的键。这个方法在执行时会返回一个Optional类型的值，如果字典中此键存在，则会更新成功，并将键的旧值包装成Optional值返回，如果此键不存在，则会返回nil。在开发中，常常使用if-let结构来处理，示例如下：

```
//使用 if let 处理 updateValue 的返回值
```

```
if let oldValue = dic1.updateValue("One", forKey: 1) {
    print("Old Value is \(oldValue)")
}
```

其实在通过键来获取字典中的值时，也会返回一个Optional类型的值，如果键不存在，则此Optional值为nil，因此也可以使用if-let结构来保证程序的安全性，示例如下：

```
//通过键获取的数据也将返回 Optional 类型的值，也可以使用 if let
if let value = dic2[1] {
    print("The Value is \(value)")
}
```

下面的方法可以实现对字典中键值对的删除操作：

```
//通过键删除某个键值对
dic1.removeValue(forKey: 1)
//删除所有键值对
dic1.removeAll()
```

在对字典进行遍历操作时，可以遍历字典中所有键组成的集合，也可以遍历字典中所有值组成的集合，通过字典实例的keys属性与values属性分别可以获取字典的所有键与所有值，示例代码如下：

```
//通过键来遍历字典
for item in dic2.keys {
    print(item)
}
//通过值来遍历字典
for item in dic2.values {
    print(item)
}
//直接遍历字典
for item in dic2 {
    print(item)
}
for (key,value) in dic2 {
    print("\(key):\(value)")
}
```

如以上代码所示，也可以直接对字典实例进行遍历，遍历中会返回一个元组类型包装字典的键和值。

在进行字典键或者值的遍历时，也支持对其进行排序遍历，实例如下：

```
for item in dic2.keys.dic2.keys.sorted(by: >) {
    print(dic2[item]!)
}
```

3.5 练习及解析

（1）分别创建字符串变量China和MyLove，将这两个变量拼接成为一句话并且对拼接后的新字符串变量进行遍历，并检查其中是否有L字符，有则进行打印操作。

解析：

```
var str1 = "China"
var str2 = String("MyLove")
var str3 = str1+str2!
for chara in str3 {
    if chara == "L" {
        print(chara)
    }
}
```

（2）删除下面字符串中的所有"!"和"?"符号。

swsvr!vrfe?123321!!你好!世界?

解析：

```
var stringOri2 =  "swsvr!vrfe?123321!!你好?世界!"
//创建一个空字符串用于进行接收
var stringRes2 = String()
for index in stringOri2.indices {
    if stringOri2[index] != "?" && stringOri2[index] != "!" {
        stringRes2.append(stringOri2[index])
    }
}
```

（3）将字符串abcdefg进行倒序排列，并打印。

解析：

```
var stringOri3 = "abcdefg"
var index3 = stringOri3.endIndex
var stringRes3 = String()
while index3>stringOri3.startIndex {
    index3 = stringOri3.index(before: index3)
    stringRes3.append(stringOri3[index3])
}
print(stringRes3)
```

（4）将"*"符号逐个插入下面字符串的字符中间，并打印。

我爱你中国

解析：

```
var stringOri4 = "我爱你中国"
```

```
var stringRes4 = String()
for index in stringOri4.indices {
    stringRes4.append(stringOri4[index])
    if index<stringOri4.index(before: stringOri4.endIndex) {
        stringRes4.append(Character("*"))
    }
}
print(stringRes4)
```

（5）将下面字符串中所有的abc替换成Hello，并打印。

abc 中国 abc 美国 abc 英国~德国 abc 法国 abc
解析：
```
var stringOri5 = "abc 中国 abc 美国 abc 英国~德国 abc 法国 abc"
var range5 = stringOri5.range(of:"abc")
while range5 != nil {
    stringOri5.replaceSubrange(range5!, with: "Hello")
    range5 = stringOri5.range(of:"abc")
}
print(stringOri5)
```

（6）进行正负号翻转，并打印。
①将 -123 转换为+123。
②将 +456 转换为-456。

解析：

```
var stringOri6 = "-123"
var stringOri_6 = "+456"
if stringOri6.hasPrefix("-"){
    stringOri6.replaceSubrange(stringOri6.startIndex..<stringOri6.index
(after: startIndex), with: "+")
}
if stringOri_6.hasPrefix("+"){
    stringOri_6.replaceSubrange(stringOri_6.startIndex..<stringOri_6.index
(after: startIndex), with: "-")
}
print(stringOri6,stringOri_6)
```

（7）将下列数组中的0去掉，返回新的数组，并打印输出。

[1,13,45,5,0,0,16,6,0,25,4,17,6,7,0,15]

解析：

```
var arrayOri1 = [1,13,45,5,0,0,16,6,0,25,4,17,6,7,0,15]
var arrayRes1 = Array<Int>()
for index in arrayOri1.indices {
    if arrayOri1[index] == 0 {
        continue
    }
    arrayRes1.append(arrayOri1[index])
}
```

```
print(arrayRes1)
```

（8）定义一个包含10个元素的数组，对其进行赋值，使每个元素的值等于其下标，然后输出，最后将数组倒置后输出。

解析：

```
var arrayOri2 = Array<Int>()
for index in 0...9{
    arrayOri2.append(index)
}
print(arrayOri2)
//进行倒置排序
arrayOri2.sort(by: { (a, b) -> Bool in
    return a>b
})
print(arrayOri2)
```

（9）工程测量到两组数据，分别为2、4、3、5与3、4、7、1。对两组数据进行整合，使其合成一组数据，重复的数据只算一次，使用代码描述此过程。

解析：

```
var setOri3:Set<Int> = [2,4,3,5]
var setOri32:Set<Int> = [3,4,7,1]
var setRes3 = setOri3.union(setOri32)
```

（10）期末考试中，王晓成绩为98，邹明成绩为86，李小伟成绩为93，用字典结构来对三人的成绩进行存储，并以从高到低的排序输出。

解析：

```
var dicOri4 = ["王晓":98,"邹明":86,"李小伟":93]
for item in dicOri4.sorted(by: { (student1, student2) -> Bool in
    return student1.value > student2.value
}){
    print(item)
}
```

本题在解析时使用到了排序闭包，后面章节会对闭包的语法进行详细讲解。

3.6 模拟面试

（1）简述Array、Set和Dictionary的异同点，并说明各自的应用场景。

回答要点提示：

①首先Array、Set和Dictionary都是Swift的集合类型，所谓集合类型，是指一组数据集合，Swift是一种强类型语言，集合中的元素必须保持一致。

②Array和Set最大的区别是Array有序，Set无序。由于Array的有序性，因此在存储时，Array中的每一个元素都会被分配一个下标，我们可以通过下标来获取具体位置的数据，因此Array的存

储灵活性和查询速度相比Set会略差。如果在开发中，我们需要的仅仅是一个数据池，并不特别在意数据的顺序，可以选择Set类型，否则可以选择Array类型。

③Array和Dictionary最大的区别在于Array是通过递增的整数索引来关联元素的，而Dictionary则是使用任意数据类型作为索引来关联元素的。Dictionary要比Array更加灵活，同样其对"顺序"的描述能力没有Array强。

核心理解内容：

理解Swift语言中3种常用的集合类型的特点，熟练使用Array、Set和Dictionary的相关操作方法，牢记集合对象中的数据类型必须保持一致。

（2）开发中的字符串解析是指什么，有什么用？

回答要点提示：

①字符串解析是指使用相关函数对字符串进行处理，比如截取、拼接、替换、部分删除、分解等。在Swift中提供了丰富的原生函数来对字符串进行处理。

②字符串解析在实际开发过程中应用非常广，比如音乐类软件对歌词（LRC）文件的解析，实际上就是使用字符串解析技术来从LRC歌词文件中解析出歌曲名称、歌手名、时间等信息。字符串解析技术也常常可以用来进行文本的格式整理，比如去掉多余的空格和换行符等。

③关于字符串解析，重中之重是JSON数据处理，在移动端，几乎所有和网络相关的数据交换都是采用JSON数据格式，JSON解析就是一种基础的字符串解析技术。

核心理解内容：

字符串解析实际上就是对字符串进行处理，通俗一点，即对字符串进行增（拼接、插入）、删（截取、移除）、改（替换）、查（检索）等操作。学习Swift语言必须要熟练掌握String类型中封装的相关函数，多写多练。

第4章

基本运算符与程序流程控制

上帝创造了整数，所有其余的数都是人造的。

——利奥波德·克罗内克

世界上所有的运算无外乎都是由计算过程与结果两部分组成的，无论这个结果是否符合预期目标。在编程中，运算由表达式表示，而量值和运算符共同构成了表达式。Swift语言对运算符的支持可谓强大，其除了支持C语言与Objective-C语言中常用的运算符之外，还提供了一些十分有特点的运算符，例如空合并运算符、区间运算符等。除此之外，Swift语言还支持对运算符进行重载与自定义操作，开发者可以根据自己的需要为系统的运算符提供新的运算方法，甚至自定义自己的运算符。

程序存在的意义就是帮助人们实现解题思路和进行重复性的计算，然而任何复杂问题的解决过程都不是从上到下线性完成的，对程序流程的控制能力是编程语言强大的关键所在。Swift语言中提供了强大的程序流程控制语句，无论是循环结构、选择结构还是跳转结构，开发者都可以十分方便地运用，并且Swift语言的语句设计也更加简洁与优美。通过本章的学习，读者将会更深刻地体会到这一点。

通过本章，你将学习到：

- 各种运算符的应用。
- 运算符的优先级与结合性。
- 使用for-in结构进行循环遍历。
- 使用while与repeat-while结构进行条件循环。
- 使用if与if-else结构进行选择判断。
- 使用switch-case结构进行多分支选择。
- 使用跳转语句灵活控制程序流程。

4.1　初识运算符

运算符的作用在于将量值或者表达式结合在一起进行计算。Swift语言中的运算符按照其操作数的个数可以分为3类，分别为：

- 一元运算符：一元运算符作用于一个操作数，其可以出现在操作数的前面，例如正负运算符"+""-"，逻辑非运算符"!"。
- 二元运算符：二元运算符作用于两个操作数之间，例如加减运算符"+""-"等。
- 三元运算符：三元运算符作用于三个操作数之间，经典的三元运算符有问号、冒号运算符，其可以方便地实现简单的判断选择结构。

4.1.1　赋值运算符

赋值运算符应该是在编程中出现频率最高的运算符之一，在对任何量值进行赋值时，都需要使用到赋值运算符"="。需要注意，"="在Swift语言中是赋值运算符，并不是相等运算符，对于一些编程初学者，很容易将相等运算符"=="与赋值运算符"="混淆使用。使用Xcode开发工具创建一个名为Operational的Playground文件，赋值运算符示例如下：

```
//字符串赋值
var str = "Hello, playground"
//整型赋值
var count = 5
//元组赋值
var group = (1,2,"12")
//Bool 赋值
var bol = true
```

如果要将一个元组中的值依次赋给指定的量值，Swift中还支持使用解构赋值的语法来进行赋值，示例如下：

```
// 进行解构赋值
var (n1, n2, n3) = (1, 2, 3)
print(n1, n2 ,n3) // 1, 2, 3
```

> **提　示**
>
> 赋值运算符用于值的传递，其结果是量值被赋了具体的值。相等运算符则用于比较操作，其会返回一个 Bool 类型的逻辑值。

4.1.2　基本算术运算符

基本算术运算符用于进行一些基本的数学运算，例如加、减、乘、除等。需要注意，Swift语言从2.2版本之后，删除了自增运算符"++"与自减运算符"--"，目前版本的Swift语言中不可以使用这两个运算符。Swift中支持的基本算术运算符示例如下：

```
//相加运算
1+2
//相减运算
2-1
//相乘运算
2*2
//相除运算
4/2
//取余运算
4%3
```

> **提 示**
>
> 取余运算符必须在整数间进行运算时使用。

将赋值运算符与基本算术运算符结合使用可以组合成复合赋值运算符，复合赋值运算符可以在一个表达式中完成一项基本运算与赋值的复合操作，示例如下：

```
var tmp=1
//加赋值复合运算
tmp+=3  //tmp = tmp +3
//减赋值复合运算
tmp-=3  //tmp = tmp -3
//乘赋值复合运算
tmp*=3  //tmp = tmp *3
//除赋值复合运算
tmp/=3  //tmp = tmp /3
//取余赋值复合运算
tmp%=3  //tmp = tmp %3
```

除了上面提到的运算符外，正负运算符和数学中的正负号作用类似，负运算符会改变数据的正负性，正运算符会保持数据的正负性。示例如下：

```
var a = 1
var b = -2
+b //-2
-a //-1
```

> **提 示**
>
> 自增与自减运算符在 Swift 2.2 及之前版本可以使用，Swift 2.2 版本后，基于代码的可读性与减少歧义的考虑，移除了这两个运算符。

4.1.3 基本逻辑运算符

基本算术运算符进行数学上的算术操作，基本逻辑运算符进行逻辑运算操作。可以简单理解为，逻辑运算就是生活中所定义的真与假。系统定义的基本逻辑运算符会返回一个Bool类型的逻辑值，因此，基本逻辑运算符组成的逻辑表达式在if判断语句中经常会用到。

Swift中支持的基本逻辑运算符有：逻辑与运算符"&&"、逻辑或运算符"||"、逻辑非运算符"!"三种，逻辑运算只在逻辑值（Bool类型值）之间进行，与、或、非三种运算中前两者为二元运算符，需要有两个Bool类型的操作数，非运算符为一元运算符，需要有一个Bool类型的操作数。这三种运算符有如下特点：

- 与：两个操作数都为真，结果才为真，有一个操作数为假，则结果为假。
- 或：两个操作数有一个为真，则结果为真，两个操作数都为假，则结果为假。
- 非：操作数为真，则结果为假，操作数为假，则结果为真。

示例如下：

```
var p1 = true
var p2 = false
//与运算 false
p1&&p2
//或运算 true
p1||p2
//非运算 false
!p1
```

提 示

与 Objective-C 语言不同，Swift 语言中逻辑运算的操作数必须为严格的 Bool 类型。

4.1.4　比较运算符

Swift中的比较运算符用于两个操作数之间的比较运算，其会返回一个Bool类型的逻辑值。基本的比较运算符有：等于比较运算符"=="、小于比较运算符"<"、大于比较运算符">"、不等于比较运算符"!="、小于等于比较运算符"<="以及大于等于比较运算符">="。示例如下：

```
1==2 //等于比较，返回 false
1<2  //小于比较，返回 true
1>2  //大于比较，返回 false
1 != 2 //不等于比较，返回 true
1<=2  //小于等于比较，返回 true
1>=2  //大于等于比较，返回 false
```

Swift中对于元组的比较操作读者需要注意：首先要比较的元组中的元素个数和对应位置的元素类型必须相同，其次元组中每一个元素必须支持比较运算操作，示例代码如下：

```
var tp1 = (3,4,"5")
var tp2 = (2,6,"9")
var tp3 = ("1",4,5)
tp1<tp2          //将返回 false
```

上面的代码中，元组实例tp1与元组实例tp2中的元素个数和对应类型相同，且所有元素都支持比较运算操作，所以tp1与tp2可以进行比较运算。tp1与tp3虽然元素个数相同，但是tp1的第1个元素为整型，tp3的第一个元素为字符串类型，类型不同，所以不能进行比较运算。Swift在进行元组间的比较运算的时候，会遵守这样一个原则：从第1个元素开始比较，如果比较出了结果，则不再进行后面元素的比较运算，直接返回结果Bool值，如果没有比较出结果，那么继续依次比较后面的元素，直到比较出结果为止。

4.1.5 条件运算符

条件运算符（三目运算符）是一种三元运算符，其可以简便实现代码中的条件选择逻辑。例如如下代码为一个简单的条件选择语句示例：

```
var m = 3
var n = 6
if m>n {
    print("m>n")
}else{
    print("m<=n")
}
```

上面的代码对变量m和n进行了比较，并将比较结果进行打印，如果使用条件运算符，上面的逻辑可以简写成如下模样：

```
print(m>n ? "m>n":"m<=n")
```

上面的代码在语法上可以简化为这样的格式：条件?成立的代码:不成立的代码。

可以看到，条件运算符（三目运算符）只使用了一句代码就完成了if-else结构需要多句代码才能完成的工作，其编写效率很高。我们来分解一下条件运算符的组成结构，首先条件运算符需要有3个操作数，其中第1个操作数必须为一个条件语句或者一个Bool类型的值，第2个和第3个操作数可以是任意类型的值或者一个有确定值的表达式，3个操作数由问号"？"和冒号"："进行分割，当问号前的操作数值为真时，条件运算符运算的结果为冒号前的操作数的值，当问号前的操作数值为假时，条件运算符运算的结果为冒号后的操作数的值。

4.2 Swift 语言中两种特殊的运算符

前边介绍过，Optional（可选）值类型是Swift语言的一大特点，Swift语言中的空合并运算符也是专门为Optional值类型所设计的。除了空合并运算符外，Swift语言中的区间运算符也十分强大易用，熟练使用这些运算符将极大地提高开发效率。

4.2.1 空合并运算符

可选值类型是Swift语言的一个独特之处，空合并运算符就是针对可选值类型而设计的运算符。

首先来看一段示例代码：

```
var q:Int? = 8
var value:Int
if q != nil {
    value = q!
}else{
    value = 0
}
```

上面的示例就是一个简单的if-else的选择结构，利用4.1.5小节介绍的条件运算符（三目运算符）可以将上面的代码简写如下：

```
var q:Int? = 8
var value:Int
value = (q != nil) ? (q!) : 0
```

使用条件运算符改写后的代码简单很多，Swift语言中还提供了空合并运算符来更加简洁地处理这种Optional类型值的条件选择结构，空合并运算符由"??"表示，上面的代码可以改写成如下形式：

```
//空合并运算符
var q:Int? = 8
var value:Int
value = q ?? 0
```

空合并运算符"??"是一个二元运算符，使用空合并运算符改写后的代码更加简洁。其需要两个操作数，第一个操作数必须为一个Optional值，如果此Optional值不为nil，则将其进行拆包操作，并作为空合并运算的运算结果。如果此Optional值为nil，则会将第二个操作数作为空合并操作运算的结果返回。使用空合并操作符来处理有关Optional值的选择逻辑将十分方便。

4.2.2 区间运算符

在C语言中，关于范围概念的描述常常会使用一个表达式来表示，例如：

```
//表示大于 0 小于 10 的范围
index>0 && index<10
```

在Objective-C语言中提供了NSRange这样一个结构体来描述范围，虽然直观了许多，但开发者在使用时需要构造NSRange实例，使用起来就略显烦琐。Swift中除了支持Range结构体来描述范围外，还提供了一个区间运算符来快捷直观地表示范围区间。示例如下：

```
//创建范围 >=0 且<=10 的闭区间
var range1 = 0...10
//创建范围>=0 且<10 的半开区间
var range2 = 0..<10
```

也可以通过"~="运算符来检查某个数字是否包含于范围中，示例如下：

```
//8 是否在 range1 中
```

```
print(range1 ~= 8)  //输出 true
```

区间运算符常见于**for-in**循环结构中，开发者常常会使用区间运算符来定义循环次数，示例如下：

```
//a...b 为闭区间写法
for index in 0...3 {
    print(index)
}
//a..<b 为左闭右开区间
for index in 0..<3 {
    print(index)
}
```

提　示

在 for-in 循环结构中，如果 in 关键字后面是一个集合，则变量 index 会自动获取集合中的元素；如果 in 关键字后面是一个范围，则 index 获取到的是从左向右依次遍历到的范围索引数。

4.3　循环结构

在程序编写中，常常会有大量而重复的操作，这也是计算机计算的优势所在，对于开发者来说，循环结构就是为执行大量而重复的代码块诞生的。Swift语言主要提供了for-in遍历、while与repeat-while条件循环3种循环结构。

4.3.1　for-in 循环结构

读者对于for-in结构并不陌生，在前面章节中介绍的很多内容都使用了for-in结构进行演示。如果读者了解C/Objective-C语言，这里就要注意了，在C/Objective-C语言中也支持for-in循环结构，但是其被称为快速遍历，用它进行的循环操作是无序的。Swift语言中的for-in结构则强大很多，其可以进行无序的循环遍历，也可以进行有序的循环遍历。

在Swift 2.2及以上版本中，在循环结构中做的最大更改就是删除了经典的for()循环结构，许多C/Objective-C语言的开发者可能会不太习惯，事实上，Swift语言中的for-in结构已经完全可以代替曾经的for()循环，并且比for()循环的实现更加简洁优美，同for()循环一同移除的还有"++"和"--"运算符。

使用Xcode开发工具创建一个名为ControlFlow的Playground，进行循环代码的测试。要使用for-in结构进行有序的循环遍历，需要配合区间运算符，并且指定一个循环次数变量，示例如下：

```
//将打印 1, 2, 3, 4, 5
for index in 1...5 {
    print(index)
}
```

　　for-in结构中需要两个参数，第2个参数可以是一个集合类型的实例，也可以是一个范围区间，第1个参数为捕获参数，每次从第2个参数中遍历出的元素便会赋值给它，开发者在循环结构中可以直接使用。

　　在进行for-in循环遍历的时候，开发者并不需要捕获到遍历出的值，可以使用匿名参数来接收，Swift中使用"_"符号来表示匿名参数，示例如下：

```
//如果不需要获取循环中的循环次序，可以使用如下方式
var sum=0;
for _ in 1...3 {
    sum += 1
}
```

　　对集合的遍历是for-in循环常用的场景之一，这些在前面讲解集合类型的章节中已经详细介绍过了，简单的示例代码如下：

```
//遍历集合类型
var collection1:Array = [1,2,3,4]
var collection2:Dictionary = [1:1,2:2,3:4,4:4]
var collection3:Set = [1,2,3,4]
for obj in collection1 {
    print(obj)
}
for (key , value) in collection2 {
    print(key,value)
}
for obj in collection3 {
    print(obj)
}
```

4.3.2　while 与 repeat-while 条件循环结构

　　while与repeat-while结构在C/Objective-C语言中也支持，并且功能基本一致，只是Swift语言将do-while结构修改为repeat-while。

　　在开发中，经常有条件循环的需求，例如模拟水池蓄水的过程，每次蓄水1/10，当蓄满水后停止蓄水。while循环结构可以十分方便地创建这类循环代码，示例如下：

```
var i=0
//当 i 不小于 10 时跳出循环
while i<10 {
    print("while",i)
    //进行 i 的自增加
    i+=1
}
```

　　在while循环结构中，while关键字后面需要填写一个逻辑值或者以逻辑值为结果的表达式作为循环条件，如果逻辑值为真，则程序会进入while循环体。执行完循环体的代码后进行循环条件的判断，如果循环条件依然为真，则会再次进入循环体，否则循环结束。由于while循环是根据循环

条件来判断是否进入循环体的，如果循环条件一直成立，则会无限循环，因此开发者在使用while循环的时候，注意要在循环体中对循环条件进行修改，且修改的结果是循环条件不成立，否则会出现死循环。

上面演示的while结构会先进行条件判断，再进行循环体的执行。repeat-while结构则会先执行一次循环体，再进行循环条件的判断，图4-1中列出了两种结构的异同。

图 4-1　while 结构与 repeat-while 结构的异同

repeat-while循环结构示例代码如下：

```
var j=0
//先执行一次循环体，再判断循环条件是否成立
repeat {
    print("repeat while")
    j+=1
} while j<10
```

4.4　条件选择与多分支选择结构

在开发中有两种重要的流程结构，即循环结构与分支结构，循环结构用于处理大量的重复操作，分支结构则用于处理由条件差异而产生的代码分支路径。Swift语言中提供的分支结构有if结构、if-else结构与switch-case结构。

4.4.1　if 与 if-else 条件选择结构

if与if-else结构语句是Swift语言中基础的分支结构语句，开发者可以使用单个if语句进行单条件分支，也可以使用if与else组合来实现多条件分支，示例如下：

```
var c = 10
//进行if条件判断
```

```
if c<10 {
    print(c)
}
//进行 if-else 组合
if c>10 {
    c-=10
    print(c)
}else{
    print(c)
}
//进行 if-else 多分支组合
if c>0&&c<10 {
    print(c)
}else if c<=0 {
    c = -c
    print(c)
}else if c<=10&&c<20{
    c-=10
    print(c)
}else{
    print("bigger")
}
```

提 示

（1）需要注意，if 关键字后面跟的条件必须为严格意义上的逻辑值或者结果为逻辑值的表达式。这点 Swift 语言和 C/Objective-C 语言有一定差异。

（2）if-else 组合结构每个分支是互斥的，只能有一个分支的代码被执行，条件的判断顺序会从上到下进行，直到找到一个判断条件为真的分支或者最后一个 else 语句。同时，开发者也可以不加单独的 else 语句，这种情况下，如果没有条件成立的分支，则任何分支都不会被执行，程序会继续向后执行。

4.4.2　switch-case 多分支选择结构

switch 语句也被称为开关选择语句，它通过匹配的方式来选择要执行的代码块，Swift 语言中的 switch 语句更加强大，不像 C/Objective-C 中的 switch 语句只能进行 int 类型值的匹配，Swift 语言中的 switch 语句可以进行任意数据类型的匹配，并且 case 子句的语法和扩展都更加灵活。使用 switch 结构进行字符分支匹配的示例如下：

```
//使用 switch 语句进行字符分支匹配
switch charac {
case "a":
    print("chara is a")
case "b":
    print("chara is b")
case "c":
    print("chara is c")
```

```
default ://default 用于处理其他额外情况
    print("no charac")
}
```

如以上代码所示，switch关键字后面需要填写要进行分支匹配的元素，在switch结构中通过子句case的列举进行元素值的匹配，匹配成功后，会执行相应case子句中的代码，如以上代码将打印字符串"chara is b"。default为switch语句中的默认匹配语句，即如果前面所有的case子句都没有匹配成功，则会执行default中的代码，开发者也可以将default子句省略，这时如果所有case子句都没有匹配上，则会跳过switch结构，直接执行后面的代码。

还有一点读者需要注意，在C/Objective-C语言中，case语句不会因匹配成功而中断，如果不进行手动控制，switch结构中的case子句会依次进行匹配执行。举一个例子，如果第1个case子句匹配成功，第2个case子句也匹配成功，则第1个case子句和第2个case子句中的代码都会执行，因此C/Objective-C程序开发中，开发者一般会在每个case子句后面添加break关键字进行手动中断。Swift语句优化了这一点，一个case语句匹配成功后，会自动跳出switch结构，如果不进行特殊处理，switch结构中的分支只会被执行一个或者一个也不执行。

switch-case结构也支持开发者在一个case子句中编写多个匹配条件，程序在执行到这个case子句时，只要有一个条件匹配成功，就会执行此case下的代码，示例如下：

```
//同一个 case 中可以包含多个分支
switch charac {
case "a","b","c" :
    print("chara is word")
case "1","2","3" :
    print("chara is num")
default :
    print("no charac")
}
```

case子句的匹配条件也可以是一个区间范围，当要匹配的参数在这个区间范围内时，就会执行此case下的代码，示例如下：

```
//在 case 中也可以使用一个范围
var num = 3
switch num {
case 1...3 :
    print("1<=num<=3")
case 4 :
    print("chara is num")
default :
    print("no charac")
}
```

从上面的示例中可以了解，Swift语言中的switch-case结构十分灵活强大，如果将switch-case结构和元组结合使用，开发者在编写代码时将更加灵活多变。首先，对于元组类型参数的匹配，case子句可以进行选择匹配和优化匹配，示例如下：

```
//使用 Switch 语句进行元组的匹配
var tuple = (0,0)
```

```
switch tuple {
    //进行完全匹配
case (0,1):
    print("Sure")
    //进行选择性匹配
case (_,1):
    print("Sim")
    //进行元组元素的范围匹配
case(0...3,0...3):
    print("SIM")
default:
    print("")
}
```

如以上代码所示，在进行元组的匹配时，有3种方式可以选择：第1种方式是完全匹配，即元组中所有元素都必须完全相等，才算匹配成功；第2种方式是选择匹配，即开发者只需要指定元组中的一些元素进行匹配，不需要关心的元素可以使用匿名参数标识符来代替，这种方式下，只要指定的参数都相等，就算匹配成功；第三种方式是范围匹配，即相应位置指定的范围包含需匹配元组相应位置的值，就算匹配成功。其中第2种匹配方式可以和第3种匹配方式组合使用。

Swift语言中的case子句中还可以捕获switch元组的参数，在相应的case代码块中可以直接使用捕获到的参数，这在开发中可以简化所编写的代码，示例如下：

```
var tuple = (0,0)
//进行数据绑定
switch tuple {
    //对元组中的第一个元素进行捕获
case (let a,1):
    print(a)
case (let b,0):
    print(b)
    //捕获元组中的两个元素，let(a,b) 与 (let a,let b)意义相同
case let(a,b):
    print(a,b)
default:
    print("")
}
```

这里读者需要注意，要捕获的元素并不能起到匹配的作用，例如元组tuple中有两个元素，如果case条件为(let a,1)，则在进行匹配时会匹配tuple中第2个参数，如果匹配成功，则会将tuple元组的第1个参数的值传递给a常量，并且执行此case中的代码块，在这个代码块中，开发者可以直接使用常量a。因此，要捕获的元素在匹配时实际上充当着匿名标识符的作用，如以上代码中的第3个case子句，其条件为let(a,b)，实际上这个条件始终会被匹配成功。并且，如果开发者对元组中的所有元素都进行了捕获，在代码表现上，可以写作(let a,let b)，也可以直接捕获整个元组，写作let(a,b)，这两种方式只是写法上有差异，在使用时并无差别。

switch-case结构的参数捕获语法在使用起来为开发者带来了不少的便利。然而其也有一个问题，它将所有要捕获的元素都作为匿名参数来进行匹配，有时候并不是开发者想要的结果。例如上面的tuple元组，开发者需要捕获元组中的第1个元素，同时又需要与第1个元素相关的条件成立时再

使case子句匹配成功，针对这种情况，Swift中也提供了相应的办法来处理，可通过在case语句中追加where条件的方式来实现上述需求，示例如下：

```
//对于进行了数据捕获的 Switch-case 结构，可以使用 where 关键字来进行条件判断
switch tuple {
case (let a,1):
    print(a)
    //当元组中的两个元素都等于 0 时才匹配成功，并且捕获第一个元素的值
case (let b,0) where b==0:
    print(b)
//当元组中的两个元素相同时，才会进入下面的 case
case let(a,b) where a==b:
    print(a,b)
default:
    print("")
}
```

4.5　Swift 语言中的流程跳转语句

跳转语句可以提前中断循环结构，也可以人为控制选择结构的跳转，使代码的执行更加灵活多变。Swift中提供了大量的流程跳转语句供开发者使用，熟悉这些语句的结构与特点可以使开发效率大大提高。Swift中提供的流程跳转语句主要有continue、break、fallthrough、return、throw、guard。

continue语句用于循环结构中，其作用是跳过本次循环，直接开始下次循环。这里需要注意，continue的作用并不是跳出循环结构，而是跳过本次循环，直接执行下一个循环周期，示例如下：

```
for index in 0...9 {
    if index == 6 {
        continue
    }
    print("第\(index)次循环")
}
```

上面的示例代码将跳过index等于6时的代码块，在打印信息中会缺少index等于6时的打印输出。需要注意的是，continue语句默认的操作范围直接包含它的这一层循环结构，如果代码中嵌套了多层循环结构，continue语句会跳过本次循环。那么，如果想要实现不跳过本次循环，而是直接跳至开发者指定的那一层循环结构，该如何写呢？示例如下：

```
MyLabel:for indexI in 0...2 {
    for indexJ in 0...2 {
        if indexI == 1 {
            continue MyLabel
        }
        print("第\(indexI)\(indexJ)次循环")
    }
}
```

　　以上代码创建了两层循环结构，在内层循环中使用了continue语句进行跳转，MyLabel是外层循环的标签，因此这里的continue跳转将会跳出indexI等于1时的外层循环，直接开始indexI等于2的循环操作。

　　break语句是中断语句，其也可以用于循环结构中，和continue语句不同的是，break语句会直接中断直接包含它的循环结构，即当循环结构为一层时，如果循环并没有执行完成，则后面所有的循环都将被跳过。如果有多层循环结构，程序会直接中断直接包含它的循环结构，继续执行该循环结构外层的循环结构，示例如下：

```
for index in 0...9 {
    if index == 6 {
        break
    }
    print("第\(index)次循环")
}
```

　　上面的代码在index等于6时使用了break语句进行中断，第5次循环后的所有打印信息都将被跳过。break语句默认将中断直接包含它的循环结构，同样也可以使用指定标签的方式来中断指定的循环结构，示例如下：

```
MyLabel:for indexI in 0...2 {
    for indexJ in 0...2 {
        if indexI == 1 {
            break MyLabel
        }
        print("第\(indexI)\(indexJ)次循环")
    }
}
```

　　break语句也可以用于switch结构中。在switch结构中，break语句将直接中断后面所有的匹配过程，直接跳出switch结构。在Swift语言中，switch-case选择匹配结构默认就是break操作，故开发者不必手动添加break代码。

　　fallthrough语句是Swift中特有的一种流程控制语句，前面提到过，当Swift语言中的switch-case结构匹配到一个case后，会自动中断后面所有case的匹配操作，如果在实际开发中需要switch-case结构不自动进行中断操作，可以使用fallthrough语句，示例如下：

```
var tuple = (0,0)
switch tuple {
case (0,0):
    print("Sure")
    //fallthrough 会继续执行下面的 case
    fallthrough
case (_,0):
    print("Sim")
    fallthrough
case(0...3,0...3):
    print("SIM")
default:
    print("")
}
```

以上示例代码将会打印Sure、Sim和SIM。

return语句对于读者来说应该十分熟悉，其在函数中用于返回结果值，也可以用于提前结束无返回值类型的函数。当然，return语句的应用场景不只局限于函数中，在闭包中也可以使用return进行返回。函数的相关知识会在后面的章节详细介绍，这里只做简单演示，示例如下：

```
//有返回值函数的返回
func myFunc()->Int{
    return 0
}
//无返回值函数的返回
func myFunc(){
    return
}
```

throw语句用于异常的抛出，throw语句抛出的异常如果不进行捕获处理，也会使程序中断。Swift语言中有抛出异常和处理异常的代码结构，在后面的章节中会详细介绍，这里只做简单演示。在函数中抛出异常的示例代码如下：

```
//定义异常类型
enum MyError:Error{
    case errorOne
    case errorTwo
}
func newFunc() throws{
    //抛出异常
    throw MyError.errorOne
}
```

guard-else结构语句是Swift 2.0之后新加入的一种语法结构，Swift团队创造它的目的在于使代码的结构和逻辑更加清晰。在实际开发中，尤其是在函数的编写中，经常会遇到这样的场景：当参数符合某个条件时，函数才能正常执行，否则直接通过return来终止函数的执行，如果不使用guard-else结构，示例代码如下：

```
func myFuncTwo(param:Int)  {
    if param <= 0  {
        return
    }
    print("其他操作")
}
```

上面的代码结构在逻辑上并不那么优美，开发者的原意是当param参数大于0时才执行函数中的操作，在2.0之前却使用了相反的逻辑来中断函数，当然，开发者也可以将函数实现如下：

```
func myFuncTwo(param:Int)  {
    if param > 0  {
        print("其他操作")
    }
}
```

经过修改后，代码逻辑清晰了许多，然而还是有一些问题，如果这个函数中需要做的操作很多，那么所有条件判断的代码都将写在if语句块中，代码结构就显得杂乱无章，guard-else语句就是为了优化这种情况而产生的。guard-else语句也被称为守护语句，顾名思义，其作用就是确保某个条件成立才允许其后的代码执行，示例如下：

```
func myFuncTwo(param:Int)  {
    guard param>0 else {
        return
    }
    print("其他操作")
}
```

4.6　练习及解析

（1）将下列描述翻译成Swift表达式。

小李买了5支铅笔、1块橡皮、3本作业本和11个书签。每支铅笔2元，每块橡皮3元，每本作业本2.5元，每个书签0.5元，计算小李共花了多少钱。

解析：

```
// 共 26 元
// 将不同类型的数据拆开计算，方便 Swift 进行类型推断
var tip =  11 * 0.5
var book = 3 * 2.5
var sum = 5 * 2 + 1 * 3 + tip + book
```

（2）设计一个表达式来生成1~7的随机数。

解析：

```
// arc4random()为 Swift 标准函数库中的随机数生成函数
var rand = arc4random()%7+1
```

（3）语文、数学、英语3门科目进行测试，当3门科目的成绩都大于60且总分不小于200分时，成绩才为合格，使用Swift表达式来描述上述逻辑。

解析：

```
var Language=60
var Math=65
var English=70
if Language>60 && Math>60 && English>60 && (Language+Math+English)>200 {
    print("合格")
}
```

（4）编写闰年判断的表达式。

　　闰年：①能够被400整除。

　　　　　②能够被4整除，但是不能够被100整除。

解析：

```
var year = 2016
```

```
if year%400==0 || ((year%4==0) && (year%100 != 0)) {
    print("闰年")
}
```

（5）学校乒乓球比赛需要每班出一名主选手和一名辅助选手参赛，比赛分为上下两场，上半场主选手得分超过30分则下半场需要辅助选手进行比赛，否则下半场依然由主选手进行比赛，使用条件运算符（三目运算符）描述下半场比赛出赛的选手。

解析：

```
var mark = 40
var people = mark>30 ? "主选手" : "辅助选手"
```

（6）打印如下图案：

```
**********
*????????*
*????????*
**********
```

解析：

```
for indexH in 1...4 {
    //每行有 10 列符号
    print("")
    for indexV in 1...10 {
        //第一行和最后一行为*
        if indexH==1 || indexH==4 {
            print("*", separator: "", terminator: "")
        }else{
            //第一列和最后一列为*
            if indexV==1 || indexV==10 {
                print("*", separator: "", terminator: "")
            }else{
                //其余为?
                print("?",separator: "",terminator: "")
            }
        }
    }
}
```

print()函数会自动在打印末尾添加换行符，使用带三个参数的print()函数，并且将后两个参数设置为空字符串可以屏蔽print函数的自动换行功能。

（7）打印出所有的"水仙花数"。所谓"水仙花数"，是指一个三位数，其各位数字的立方和等于该数本身。

解析：

```
for item in 100...999 {
    //获取个位数字
    var dig = item%10
    //获取十位数字
    var tens = item/10%10
```

```
//获取百位数字
var hundred = item/100
//获取结果，这里可以考虑用 pow(Double,Double) 函数代替 dig*dig*dig
var sum = dig*dig*dig + tens*tens*tens + hundred*hundred*hundred

if sum == item {
    print(item)
    }
}
```

（8）猴子吃桃问题：猴子第一天摘下若干个桃子，当即吃了一半，还不过瘾，又多吃了一个，第二天早上又将剩下的桃子吃掉一半，又多吃了一个。以后每天早上都吃了前一天剩下的一半零一个。到第10天早上想再吃时，见只剩下一个桃子了。求第一天共摘了多少。

解析：

```
var count = 1
for day in 1...9 {
    count = (count+1)*2
}
print(count)
```

（9）两个乒乓球队进行比赛，每队各出三人。甲队为p1、p2、p3三人，乙队为q1、q2、q3三人。抽签决定了比赛名单后，有人向队员打听比赛的名单。p1说他不和q1比，p3说他不和q1、q3比，请编写程序列出三队赛手的名单。

解析：

```
//标识甲队
var p1 = 1
var p2 = 2
var p3 = 3
//标识乙队
var q1 = 0
var q2 = 0
var q3 = 0
for indexI in 1...3 {
    q1 = indexI
    for indexJ in 1...3 {
        q2 = indexJ
        for indexK in 1...3 {
            q3 = indexK
            if indexI != indexJ && indexI != indexK && indexJ != indexK {
                if q1 != p1 && p3 != q1 && p3 != q3 {
                    print(q1,q2,q3)
                }
            }
        }
    }
}
//输出 2,3,1
```

（10）求1+2!+3!+...+20!的和。

解析：

```
var sumC = 0
for var index in 1...20 {
    var tmp = 1
    while index > 0{
        tmp *= index
        index -= 1
    }
    sumC+=tmp
}
print(sumC)
//输出 2561327494111820313
```

（11）打印倒金字塔

```
* * * * * * *
 * * * * *
  * * *
   *
```

解析：

```
    for indexJ in 1...7 {
        if indexJ < indexI{
            //先打印左侧空格
            print(" ", separator: "", terminator: "")
        }else if indexJ+(indexI-1)<=7 {
            //再打印*
            print("*",separator: "",terminator: "")
        }
    }
    //换行
    print("")
}
```

4.7 模拟面试

（1）编程中的流程控制结构有哪几种，分别用于什么场景？

回答要点提示：

①编程中主要的流程结构有顺序结构、分支结构、循环结构、跳转与中断结构。

②在编写代码时，我们的核心思路和代码的主流程都是线性的，代码是一行一行向下执行的，这就是我们最常用的顺序结构。分支结构是程序逻辑的重要描述方式，输入不同，不同的运行场景都会对程序执行的结果产生影响，这时我们需要使用分支结构来处理。循环结构用来处理大量重复的工作。跳转和中断结构使得分支和循环结构更加灵活可控。

核心理解内容：

理解各种程序流程控制的方法，能够在开发中根据实际场景灵活使用各种流程控制结构。

（2）运算符是一门编程语言的基础，Swift中有哪些特殊的运算符？

回答要点提示：

①Swift是一门非常强大的语言，在Swift语言中，开发者可以根据需要对运算符进行重载，也可以进行运算符的自定义。

②由于Swift语言中存在Optional类型值，因此Swift语言中提供了空合并运算符来对Optional值进行快捷的条件运算。

③在Swift语言中，区间运算符也是一种十分有特点的运算符，使用它可以方便地创建区间与范围，在集合遍历、字符串和数组的截取中都十分有用。

核心理解内容：

熟悉Swift中的运算符重载和自定义的方法，熟练使用Swift原生定义的各种运算符。

第5章

函数与闭包技术

所谓科学，包括逻辑和数学在内，都是有关时代的函数，所有科学连同它的理想和成就统统都是如此。

——穆尔

任何复杂的系统都是由许多简单的系统组合演化而来的，在编程中更是如此，任何复杂的功能都是由一些简单的功能组合演化而来的。函数是高级语言共有的代码特性，在数学中，函数是一种特定的算法映射，自变量的改变将引起因变量的改变。在编程中，函数的实质是完成特定功能的代码块，只是此代码块有一个名称，开发者可以通过函数名来调用函数完成特定的需求和功能。

Swift语言中提供了十分灵活的方式来创建和调用函数。实际上，在Swift语言中，每个函数都有特定的类型，函数的类型取决于参数和返回值。另外，在Swift语言中函数可以进行嵌套。

闭包的功能与函数类似，其也是有一定功能的代码块，在Objective-C语言中，与之相似的语法结构被称为block结构。闭包与函数有着密不可分的关系：函数是有名称的功能代码块，闭包在大多数情况下是没有名称的功能代码块，在语法结构上，闭包与函数有着很大的差异。由于对闭包语法的支持，Swift语言更加强大而灵活。本章将向读者介绍在Swift语言中闭包结构的应用与简化技巧。

通过本章，你将学习到：

- 函数的创建与调用。
- 函数的类型与嵌套。
- 函数的inout参数。
- 编写可变参数函数。
- 了解闭包的应用场景及设计思路。
- 对闭包结构进行简化。

- 特定条件下使用后置闭包。
- 逃逸与非逃逸闭包的应用。
- 自动闭包的应用。

5.1　函数的基本应用

在数学中，函数有3要素：定义域、对应关系和值域。在编程中，抛开函数的实现，在声明函数时也有3要素：参数、返回值和函数名。参数和返回值决定函数的类型，参数数量和类型完全相同，同时返回值类型也相同的函数则为同类型函数。Swift语言中，使用func关键字来声明函数，一个完整的函数声明和实现应该符合如下格式：

```
func methodName(param1,param2,…)->returnValue{实现部分}
```

methodName需要编写为函数名称，之后跟的小括号中需要设置函数的参数类型和个数，多个参数使用逗号进行分割。参数列表后面使用符号"->"来连接返回值类型。至此，函数的声明部分就完成了。如果要对函数进行实现，在后面追加大括号，里面为函数的实现代码。如果一个函数没有返回值，也可以将参数列表后面的部分省略。在调用函数时，直接使用函数名来进行调用。

5.1.1　函数的创建与调用

使用Xcode开发工具创建一个名为Function的Playground文件，在其中编写如下示例代码：

```
//编写一个函数，功能为传入一个数字，判断其是否大于10，将结果返回
func isMoreThanTen(count:Int)->Bool {
    if count>10 {
        return true
    }else{
        return false
    }
}
//进行函数的调用
//将返回 false
isMoreThanTen(count: 9)
//将返回 true
isMoreThanTen(count: 11)
```

参数列表中的参数需要指定参数名和参数类型，也可以编写无参的函数，为空即可，示例代码如下：

```
//编写无参的函数
func myFunc1()->String{
    return "无参函数"
}
//将返回字符串"无参函数"
```

```
myFunc1()
```

如果函数不需要返回值，可以选择返回Void或者直接省略返回值部分，示例代码如下：

```
//编写无参、无返回值的函数
func myFunc2() -> Void {
    print("无参无返回值")
}
func myFunc3() {
    print("省略返回值")
}
myFunc2()
myFunc3()
```

还有一种特殊情况，原则上函数的返回值只能有一个，在实际开发中，如果需要返回多个值，通常会采用复合类型来处理。在Objective-C语言中，由于不支持元组类型，要返回多个值时，会采用返回数组或者字典的方式。在Swift语言中，可以用元组来达到这样的效果，模拟一个数据查询的函数，这个函数将通过传入一个数据ID来进行数据查询操作，并返回查询状态和具体的数据，示例代码如下：

```
//模拟数据查询函数
func searchData(dataID:String)->(succsee:Bool,data:String){
    //模拟一个查询结果和数据实体
    let result = true
    let data = "数据实体"
    return (result,data)
}
if searchData(dataID: "1101").succsee {
    //查询成功
    print(searchData(dataID: "1101").data)
}
```

Swift语言中的函数还有一个使用技巧，开发者可以通过返回Optional类型值来标识函数的执行是否成功，在调用函数时使用if-let结构进行安全性检查，示例代码如下：

```
//返回 Optional 类型值的函数
func myFunc4(param:Int)->Int?{
    guard param>100 else{
        return nil
    }
    return param-100
}
if let tmp = myFunc4(param: 101) {
    print(tmp)
}
```

5.1.2 关于函数的参数名

有编程经验的读者可能会发现各个编程语言有一些特点，以函数的参数名为例，在Objective-C

中，实际上函数的参数名是隐含于函数名称中的，示例如下：

```
//Objective-C 语言中函数的风格
-(void)getDataFromDataID:(NSString*)dataID{
}
//对函数进行调用
[self getDataFromDataID:@"1101"];
```

Objective-C这种风格的函数写法有一个很大的优点，开发者在调用函数时，根据函数名中的信息就可以推断出参数的意义，如以上代码所示，getDataFromDataID很容易使开发者联想到此参数需要传递数据的ID值。这里会产生一个问题，函数名将变得非常冗长，编码界面将变得十分拥挤。在Java中，参数名是直接添加在参数列表中的，示例如下：

```
//Java 语言中函数的风格
private void getMyData(String dataID){
}
getMyData("1101");
```

通过比较Java与Objective-C的函数风格，可以发现Java语言简练得多，但同时也有缺陷：在调用函数时，函数参数列表中的参数并没有一个参数名标识，这样开发者在调用函数或者检查代码时，不能一目了然地明白各个参数的意义。在参数很多的情况下，这个问题就变得尤为突出。

Swift语言中的函数风格借鉴了Objective-C与Java的优势和劣势，引入了参数的内部命名与外部命名概念。内部命名在函数实现时使用，外部命名在函数调用时使用。上面所有例子编写的函数中，参数名都是内部命名，开发者若不设置参数的外部命名，则默认函数参数的外部命名与内部命名相同。因此开发者在调用函数时，传入的参数前面都有一个参数名标注，示例如下：

```
//多参数函数默认内部命名与外部命名相同
func myFunc5(param1: Int,param2: Int,param3: Int) {
    //这里使用的 param1、param2、param3 是参数的内部命名
    param1+param2+param3
}
//调用函数的参数列表中使用的 param1、param2 和 param3 为外部命名
myFunc5(param1: 1, param2: 2, param3: 3)
```

在声明函数时，也可以在内部命名的前面再添加一个名称作为参数的外部命名，示例如下：

```
//为函数的参数添加外部命名
func myFunc6(out1 param1: Int,ou2 param2: Int,ou3 param3: Int) {
    //这里使用的 param1、param2、param3 是参数的内部命名
    param1+param2+param3
}
//调用函数时，参数将被外部命名标识，这里的 out1、out2、out3 为函数参数的外部命名
myFunc6(out1: 1, ou2: 2, ou3: 3)
```

有了Swift中参数内部名称与外部名称的语法规则，开发者可以十分灵活地编写函数。参数的外部名称会在调用函数时标识参数，这样既简化了函数名，又能很好地帮助开发者理解每个参数的意义，并且这种语法的优势在进行函数重载操作时会更大，在后面讲解函数重载的章节中，读者就能体会到。

Swift语言也支持省略函数参数的外部名称，默认函数参数的外部名称与内部名称相同，开发

者可以使用匿名变量标识符 "_" 来对外部名称进行省略，示例如下：

```
//省略外部名称的函数参数列表
func myFunc7(_ param1:Int,_ param2:Int , _ param3:Int){
    param1+param2+param3
}
//在调用函数时，不再标识参数名称
myFunc7(1, 2, 3)
```

5.1.3 函数中参数的默认值、不定数量参数与 inout 类型参数

在进行函数调用时，每个参数都必须要传值，这句话其实并不十分准确，应该说每个参数都必须有值。除了在调用时为参数传值外，Swift语言中函数的参数也支持设置默认值。需要注意的是，如果函数的某个参数设置了默认值，那么开发者在调用函数的时候，可以传此参数的值，也可以不传此参数的值，但是参数的位置要严格对应。示例如下：

```
//默认参数 param2 的值为 10，param3 的值为 5
func myFunc8(param1:Int,param2:Int = 10 ,param3:Int = 5)  {
    param1+param2+param3
}
//对每个参数都进行传值
myFunc8(param1: 1, param2: 1, param3: 1)
//只对没有设置默认值的参数传值
myFunc8(param1: 10)
func myFunc9(param1:Int,param2:Int=10 ,param3:Int)  {
    param1+param2+param3
}
//对应的参数位置要一致
myFunc9(param1: 10,param3:10)
```

在开发中还有一种情况也十分常见，有时候开发者需要编写参数个数不定的函数，例如打印函数print()，其中传入参数的数量就是不确定的。对于这类函数的编写，Swift也对它做了很好的支持。编写一个函数，传入不定个数的整数值，打印其相加后的结果，示例代码如下：

```
//编写参数数量不定的函数
func myFunc10(param:Int...){
    var sum=0;
    for count in param {
        sum+=count
    }
    print(sum)
}
//传递参数的个数可以任意
myFunc10(param: 1,2,3,4,5)
myFunc10(param: 12,2,3)
```

实际上，在Swift语言中，在某个参数类型的后面追加符号 "..."，则会将此参数设置为数量可变。在函数内部，开发者传递的值会被包装成一个集合类型赋值给对应参数。需要注意，传递

的参数类型必须相同，并且可以传递多组数量可变的参数，不同参数之间参数类型可以不同，示例如下：

```
func myFunc11(param1:Int...,param2:String)  {
    var sum=0;
    for count in param1 {
        sum+=count
    }
    print("\(param2):\(sum)")
}
myFunc11(param1: 1,2,3, param2: "hello")
```

Swift语言支持设置函数参数的默认值，支持传递数量不定的参数，开发者在编写代码时灵活运用函数可以达到事半功倍的效果。

关于Swift语言的参数传递，还有这样一个特点：传递的如果是值类型的参数，那么参数值在传递进函数内部时会将原值复制为一份常量，且在函数内不可以修改。关于值类型和引用类型的相关知识，后面章节会详细介绍，这里读者只需要了解：类属于引用类型，而基本数据类型、枚举和结构体都属于值类型。对于值类型参数，如果开发者在函数内部修改参数的值，编译器会直接报错，示例代码如下：

```
//错误示范
//func myFunc12(param:Int){
//    param+=1
//}
```

如果在开发中真的需要在函数内部修改传递参数的变量的值，可以将此参数声明为inout类型，示例代码如下：

```
//在函数内部修改参数变量的值
func myFunc12(param:inout Int){
    param+=1
}
var para = 10;
myFunc12(param: &para)
//将打印11
print(para)
```

上面的演示代码中将参数param声明为inout类型，在传参时需要使用"&"符号，这个符号将传递参数变量的内存地址。

5.2　函数的类型与函数嵌套

前面的章节有提到，Swift语言中每一个函数都有其特定的类型。因此，开发者也可以像声明普通变量那样来声明一个函数变量，同样也可以对此变量进行赋值、调用等操作。将函数作为数据类型这种语言设计思路有强大的优势，这将允许开发者将一个函数作为另一个函数的参数或者返回值，大大增强了编程的灵活性。

函数变量的声明及赋值示例代码如下：

```
//声明一个函数变量
var addFunc:(Int,Int)->Int
//对函数变量进行赋值
addFunc = {(param1:Int,param2:Int) in return param1+param2}
//调用函数变量
addFunc(2,3)
```

函数变量的类型由参数和返回值决定，参数和返回值相同的函数类型就相同。上面的示例代码中对函数变量的赋值采用了闭包的方式，闭包实质上是一段有具体功能的代码块，其结构为 {(param1,param2,...) in 代码块}，其最外面由大括号包围，内部小括号为参数列表，in为闭包关键字，之后需要编写实现相应功能的代码。关于闭包的更多内容，后面章节会详细介绍。

也可以通过一个函数来对函数变量进行赋值，示例如下：

```
var addFunc:(Int,Int)->Int
func myFunc13(param1:Int,param2:Int) -> Int {
    return param2+param1
}
addFunc = myFunc13
addFunc(1,2)
```

函数也可以作为另一个函数的参数，示例代码如下：

```
//参数param的类型为函数类型(Int,Int)->Int
func myFunc14(param:(Int,Int)->Int) {
    print(param(1,2))
}
//将addFunc函数作为参数传递进myFunc14函数
myFunc14(param: addFunc)
```

如以上代码所示，这种将函数作为参数的编程方式应用十分广泛，在Objective-C语言中，这种语法结构被称为block。在处理一些回调操作时，例如网络回调、子线程异步处理回调等场景中，使用这种编程方式将十分简洁优美。

函数可以作为参数，也可以作为返回值来使用，示例代码如下：

```
//声明一个函数变量
var addFunc:(Int,Int)->Int
func myFunc15() -> (Int,Int)->Int {
    return {(param1:Int,param2:Int)in
        return param1+param2
    }
}
//使用addFunc变量获取返回值
addFunc = myFunc15()
//进行调用
addFunc(1,2)
```

上面的演示代码中，在函数内部创建了闭包并将其返回，由于Swift语言支持进行函数嵌套，因此开发者也可以在函数内部再次创建函数，示例如下：

```
func myFunc16() -> (Int,Int)->Int {
    func subFunc(param1:Int,param2:Int)->Int{
        return param1+param2
    }
    return subFunc
}
```

提　示

函数也有其作用域，所谓嵌套函数是指在函数内部再创建一个子函数，子函数只能在父函数内部调用，不可以在父函数外部调用，但是可以作为返回值传递到父函数外部。

5.3　理解闭包结构

闭包结构对于编程初学者来说可能会难以理解，在学习闭包的过程中，读者首先应该理解闭包的结构与实质。

5.3.1　闭包的语法结构

使用Xcode开发工具创建一个名为Closures的Playground文件，接下来将在其中进行代码的演练。5.2节向读者介绍了有关函数的内容，函数的设计思路是将有一定功能的代码块包装在一起，通过函数名实现复用。闭包和函数有着类似的作用，然而闭包的设计大多数情况下并不是为了代码的复用，而是传递功能代码块和处理回调结构。首先，一个完整的函数包含函数名、参数列表、返回值和函数体，示例如下：

```
//标准函数，这个函数的功能是计算某个整数的平方
func myFunc(param:Int)->Int{
    return param*param
}
```

将上面函数的功能使用闭包来实现，代码如下：

```
//闭包的实现方式
let myClosures = {(param:Int)->Int in
    return param*param
}
```

上面的代码创建了一个名为myClosures的闭包常量，闭包在语法上有这样的标准结构：{(参数列表)->返回值 in 闭包体}。首先闭包的最外层由大括号包围，内部由闭包关键字in来进行分割，关键字in前面为闭包结构的参数列表和返回值，其书写规则与函数一致，关键字in后面为闭包体，用于实现具体功能。上面示例的闭包和函数原理上完全相同，并且闭包也可以像函数一样被调用，示例代码如下：

```
//对函数进行调用，将返回9
myFunc(param: 3)
//对闭包进行调用，将返回9
myClosures(3)
```

与函数不同的是，闭包的返回值是可以省略的，在闭包体中，如果有return返回，则闭包会自动将return的数据类型作为返回值类型，上面的闭包代码也可以简写为如下样式：

```
//闭包的实现方式
let myClosures = {(param:Int) in
    return param*param
}
```

5.3.2 通过实现一个排序函数来深入理解闭包

在实践中分析与解决问题是学习编程的一条捷径。本小节将带领读者通过分析问题、探讨解决方案、进行初步实现、优化实现方式等一步一步深入了解闭包的用法。学习这种分析解决问题的方式在编程中十分有益，其思路如图5-1所示。

图 5-1 分析与解决问题的思路

在实际开发中，开发者经常会遇到不同的排序需求，例如按商品价格排序、按文章热度排序、按消息时间先后排序、按学生成绩排序等。很多情况下，开发者要排序的对象并不是简单的数字类型值或者字符串类型值，而是自定义的复杂对象，也就是开发者常用的类。对于这种类型的排序需求，应该如何实现呢？首先应该明确需求问题，如下：

（1）应该实现一个函数来对数组类型排序。

（2）数组中的元素可以是任意的复杂类型。

实现根据复杂类型数据中的某一个属性进行排序，例如学生的成绩。

（1）针对上面提出的需求问题，设计初步的实现思路。

（2）以通用的数组类型作为函数的参数。

若要实现对自定义复杂类型的排序操作，则需要将排序算法作为参数传入函数。

编写函数的结构示例如下：

```
func mySort(array:Array<Any>,sortClosure:(Int,Int)->Bool) -> Array<Any> {
    return array
}
```

mySort()函数中需要传入两个参数，一个是要进行排序的数组数据，另一个是一个闭包排序方法，这个闭包有两个Any类型的参数，表示数组中两个相邻的元素。第1个参数表示前一个元素，第2个参数表示后一个元素，这个闭包有一个Bool类型的返回值，返回true则表示正向排序，即参数中的第1个元素和第2个元素不交换位置，返回false表示逆向排序，即参数中的第1个元素和第2个元素交换位置。之后，根据上面的分析来对mySort函数进行实现，代码如下：

```swift
func mySort(array:inout Array<Any>, sortClosure:(Any,Any)->Bool) -> Array<Any>
{
    //冒泡排序算法
    for indexI in array.indices {
        //最后一个元素直接返回
        if indexI == array.count-1 {
            break
        }
        //冒泡排序
        for indexJ in 0...((array.count-1)-indexI-1){
            //调用传递进来的闭包算法
            if sortClosure(array[indexJ],array[indexJ+1]) {

            }else{
                //进行元素交换
                array.swapAt(indexJ, indexJ+1)
            }
        }
    }
    return array
}
```

如以上代码所示，使用了冒泡排序算法来进行排序操作，而具体两个元素的排序规则是由闭包sortClosure来实现的。swapAt()函数是Swift语言中的一个交换函数，用来实现数组元素的交换，由于需要对原数组数据进行操作，因此需要使用inout类型的数组参数。

先使用整型数组来对编写的排序函数进行测试，代码如下：

```swift
var  array:Array<Any> = [1,4,3,5,7,5,4,2,7]
mySort(array: &array, sortClosure: {(i:Any, nextI:Any) -> Bool in
    return (i as! Int) < (nextI as! Int)
})
print(array)
```

编写一个自定义的类来进行排序测试，示例如下：

```swift
//编写一个学生类
```

```
class Student : CustomStringConvertible {
    //学生成绩
    let achievement:Int
    //学生姓名
    let name:String
    //构造方法
    init(name:String,achievement:Int){
        self.achievement = achievement
        self.name=name
    }
    // 自定义打印方法
    var description: String {
        return "\(name):\(achievement)"
    }

}
//创建 4 个学生
let stu1 = Student(name: "小王", achievement: 89)
let stu2 = Student(name: "小李", achievement: 69)
let stu3 = Student(name: "小张", achievement: 81)
let stu4 = Student(name: "小孙", achievement: 93)
//将学生放入数组
var stuArr:Array<Any> = [stu1,stu2,stu3,stu4]
//进行排序
mySort(array: &stuArr) {
    ($0 as! Student).achievement > ($1 as! Student).achievement
}
```

以上代码模拟了一个学生类，每一个学生对象由名字和分数组成，闭包实现了对学生分数的排序规则。

提 示
上面的代码在定义学生类的时候遵守了 CustomStringConvertible 协议，实现这个协议的 description 方法可以自定义类对象的打印信息，在代码调试时非常好用。

5.4　将闭包作为参数传递时的写法优化

通过前面章节的学习，读者应该可以感受到 Swift 语言在设计上追求的简洁与高效，开发者在将闭包作为参数传递进函数时，也可以在标准形式上做许多优化。我们依然以学生数组排序的代码为例，省略闭包返回值类型的写法如下：

```
//省略返回值
mySort(array: &stuArr, sortClosure: { (i, nextI) in
    return (i as! Student).achievement > (nextI as! Student).achievement
})
```

　　闭包作为函数参数时的参数类型可以省略，是因为在函数声明时，闭包参数中已经指定了参数的类型，编译器可以进行自动推断。

　　如果闭包由一行代码组成，return关键字也可以省略，默认会将此行代码的执行结果返回。需要注意，只有将闭包作为函数的参数才可以如此简化，示例如下：

```
//省略 return
mySort(array:&stuArr, sortClosure: { (i, nextI) in
    (i as! Student).achievement > (nextI as! Student).achievement
})
```

　　经过简化后的闭包结构简洁了很多，其实还可以继续简化。如以上代码中，开发者使用index和nextIndex来标识闭包中的参数，实际上编译器根据此闭包进行函数参数声明时，闭包的参数列表会自动创建一组参数，参数名的结构为$0、$1…。因此，开发者也可以使用编译器默认生成的参数名，而不必指定参数名。表现在代码写法上，开发者可以将参数列表和闭包关键字in省略，优化后的代码如下：

```
mySort(array: &stuArr, sortClosure: {
    ($0 as! Student).achievement > ($1 as! Student).achievement
})
```

　　简化后的代码与最开始的代码模样有很大的不同，Swift语言在这些细节上的处理使开发者可以十分灵活地编写代码。然而这些代码的简化操作对于初学者来说可能难以理解，读者熟练应用本节的简化过程，在开发中使用各种各样的闭包时才能游刃有余。

5.5　后置闭包、逃逸闭包与自动闭包

　　闭包常常会作为函数的参数来使用，函数在调用时，参数是写在小括号中的参数列表中的，而闭包又是一个写在大括号中的代码块，如此的嵌套写法在视觉上十分不直观。因此，Swift语言中提供了后置闭包的写法。当函数中的最后一个参数为闭包参数时，在调用函数时，开发者可以将闭包结构脱离出函数的参数列表，追加在函数的尾部，增强代码的可读性，示例如下：

```
//原结构
mySort(array: &stuArr, sortClosure: {
($0 as! Student).achievement > ($1 as! Student).achievement
})
//后置闭包结构
mySort(array: &stuArr){
($0 as! Student).achievement > ($1 as! Student).achievement
}
```

　　后置闭包的语法简化了代码的结构，这里面还有一个小技巧，如果一个函数只有一个参数，且这个参数是一个闭包类型的参数，则开发者在调用函数时，使用后置闭包的写法可以直接将函数的参数列表省略，示例代码如下：

```
//只有一个闭包参数的函数
```

```
func myFunc(closure:(Int,Int)->Bool) {

}
//进行闭包的后置，可以省略参数列表
myFunc {
    $0>$1
}
```

以上示例代码几乎是闭包的最简形式了。

当闭包传递进函数时，系统会为此闭包进行内存的分配。在 Swift 语言中，还有逃逸闭包与非逃逸闭包这样的概念。所谓逃逸闭包，是指函数内的闭包在函数执行结束后在函数外依然可以使用，非逃逸闭包是指当函数的生命周期结束后，闭包也将被销毁。换句话说，非逃逸闭包只能在函数内部使用，在函数外部不能够使用。默认情况下，函数参数中的闭包都为非逃逸闭包，这样做的优点是可以提高代码性能，节省内存消耗，开发者可以根据实际需求将闭包参数声明成逃逸闭包。

提 示

非逃逸闭包也不可以作为返回值返回，如果这么做，编译器会抛出一个错误。

我们默认定义的闭包都是非逃逸类型，参数中的闭包默认都是非逃逸的，示例代码如下：

```
//只有一个闭包参数的函数，此闭包不可作为返回值返回，也不可赋值给外部变量
func myFunc(closure: (Int,Int)->Bool){

}
```

提 示

逃逸类型的闭包常用于异步操作中，例如一个后台请求完成后要执行闭包回调，需要使用逃逸类型。

不是所有的闭包都需要显式创建，Swift 语言中还有一种语法，其可以实现对简单闭包的自动生成，这种闭包通常称为自动闭包。需要注意，自动闭包参数的使用有严格的条件，首先此闭包不能够有参数，其次在调用函数传参时，此闭包的实现只能由一句表达式组成，闭包的返回值即为此表达式的值，自动闭包参数由@autoclosure来声明，示例代码如下：

```
//将闭包参数声明为自动闭包
func myFunc2(closure: @autoclosure ()->Bool) {

}
//调用函数时，直接传入一个表达式即可，编译器会自动生成闭包参数
myFunc2(1+2+3>10)
```

自动闭包默认为非逃逸的，若要使用逃逸类型的闭包参数，则需要声明如下：

```
//将闭包参数声明为自动闭包、逃逸闭包
func myFunc2(closure: @autoclosure @escaping ()->Bool) {
}
```

5.6　练习及解析

（1）编写一个计算阶乘的函数。

解析：

```
func funcOne(param:Int) -> Int {
    guard param>0 else{
        return 0
    }
    var tmp = param
    var result = 1
    while tmp>0 {
        result *= tmp
        tmp -= 1
    }
    return result
}
funcOne(param: 5)
```

（2）编写函数，其功能是：判断输入的字符是否为数字字符。如果是，则输出true，否则输出false。

解析：

```
func funcTwo(param) -> Bool {
    if param <= "9" && param >= "0" {
        return true
    }else{
        return false
    }
}
funcTwo(param: "9")
```

（3）编写函数，其功能是：将两个两位数的正整数a、b合并成一个整数c，合并规则是将a的十位和个位分别放在c的千位和个位，将b的十位和个位分别放在c的百位和十位。

解析：

```
func funcThree(param1:Int,param2:Int) -> Int {
    //param1 的个位数字
    let tmpa1 = param1%10
    //param1 的十位数字
    let tmpa2 = param1/10%10
    //param2 的个位数字
    let tmpb1 = param2%10
    //param2 的十位数字
    let tmpb2 = param2/10%10
    return tmpa2*1000+tmpb2*100+tmpb1*10+tmpa1
```

```
}
funcThree(param1: 45, param2: 12)
```

（4）编写函数，将字符串中的大写字母变成对应的小写字母，将小写字母变成对应的大写字母，其他字符不变。

解析：

```
func funcFour(param:String) -> String {
    var str = ""
    for char in param.characters {
        if char >= "a" && char <= "z" {
            //swift5.5
            str.append(String(char).uppercased())
        }else if char >= "A" && char <= "Z" {
            str.append(String(char).lowercased())
        }else{
            str.append(char)
        }
    }
    return str
}
funcFour(param: "How Are You?")
```

（5）编写函数，输入一个大于0的数字，将不大于这个数字的所有正奇数的和与正偶数的和以元组的形式返回。

解析：

```
func funcFive(param:Int) -> (Int,Int) {
    guard param>0 else {
        return (0,0)
    }
    //奇数和
    var sum1 = 0
    //偶数和
    var sum2 = 0
    var tmp = param
    while tmp>0 {
        if tmp%2==0 {
            sum2+=tmp
        }else{
            sum1+=tmp
        }
        tmp-=1
    }
    return (sum1,sum2)
}
funcFive(param: 10)
```

（6）编写函数，输入不定个数的一组整数值，统计其中正数和负数的个数，0不纳入统计。

解析：

```
func funcSix(param:Int...) -> (Int,Int) {
    //正数个数
    var sum1 = 0
    //负数个数
    var sum2 = 0
    for index in param {
        if index>0 {
            sum1 += 1
        }else if index<0 {
            sum2 += 1
        }
    }
    return (sum1,sum2)
}
funcSix(param: 1,2,-1,-4,2,3,5,0,-12)
```

（7）编写函数，输入圆的半径，返回圆的周长和面积。

```
func funcSeven(param:Double) -> (Double,Double) {
    //周长
    let l = M_PI * 2 * param
    //面积
    let s = M_PI * param * param
    return (l,s)

}
funcSeven(param: 3)
```

（8）编写函数，输入不定个数的整数，将其中的最大值和最小值返回。

```
func funcEight(param:Int...) -> (Int,Int) {
    return (param.maxElement()!,param.minElement()!)
}
funcEight(param: 1,2,-5,5,13,64,-8)
```

（9）使用闭包的风格模拟字典数据的遍历。

解析：

```
//创建一个字典示例
let dic:Dictionary = [1:"1",2:"2",3:"3",4:"4",5:"5"]
//创建一个函数，通过闭包来传递遍历结果
func MyEnumDic(dic:Dictionary<Int,String>,closure:(_ key:Int, _ value:String)
->Bool){
//遍历字典
    for item in dic {
        //执行闭包代码
        if closure(key: item.0,value: item.1) {
            //如果闭包返回值为true，则中断遍历
            return
        }
    }
}
```

```
MyEnumDic(dic: dic) { (key, value) -> Bool in
    if key == 3 {
        //开发者自己控制中断遍历的逻辑
        print(value)
        return true
    }
    print(value)
    return false
}
```

本题中的代码设计十分巧妙，MyEnumDic(dic:,closure:)函数将每次遍历字典的结果传递给闭包，具体这些结果应该怎样使用，完全交由闭包中的逻辑来实现，并且通过闭包的返回值控制字典遍历是否结束，当开发者找到自己需要的值后，在闭包中返回true即可提前中断字典的遍历，提高代码的运行性能。

5.7　模拟面试

（1）怎么理解函数？

回答要点提示：

①从表面来看，函数其实是一组代码的组合，因此函数也被称为完成特殊功能的代码块。

②函数的三要素是函数名、参数和返回值。

③在Swift语言中，函数的定义十分灵活，可以定义带默认值的函数，也可以定义参数个数不定的函数，函数的参数名也可以自由地设置内部名称和外部名称，甚至匿名。

④在定义函数时，可以将其理解为小功能单元，切记避免函数过于冗长。

核心理解内容：

熟练使用系统函数，熟练掌握函数的定义方法，理解函数参数和返回值的意义。

（2）什么是闭包？

回答要点提示：

①闭包是Swift中的一种高级语法结构，闭包的核心是在其中使用的局部变量会被额外地复制或引用，使这些变量脱离其作用域后依然有效。

②闭包的功能与函数类似，其也是完成特定功能的代码块。可以将闭包当作对象使用，将其赋值给指定的变量，并且可以使用此变量直接调用闭包。

③和函数一样，闭包也有参数和返回值。

④闭包也可以作为函数的参数或返回值。

⑤在Swift中，闭包有逃逸闭包与非逃逸闭包之分，对于逃逸闭包，函数内的闭包在函数外依然有效，对于非逃逸闭包，离开函数后闭包将失效。

⑥Swift语言中的闭包写法十分灵活，可以使用各种技巧来编写非常简洁的闭包代码，例如后置闭包技巧、省略参数类型技巧、省略返回值类型技巧等。

核心理解内容：

在实际开发中，闭包的使用非常频繁，网络回调、自定义算法块、界面间传值等都会使用到闭包，掌握闭包知识是学习Swift的重中之重。

第6章

高级运算符与枚举

控制复杂性是计算机编程的本质。

——布莱恩·柯林汉

本书在前面的章节主要针对Swift语言中的运算符进行介绍，除了算术运算符、逻辑运算符等基础的运算符外，Swift语言还提供了许多关于运算符的高级使用技巧。开发者甚至可以重新实现系统的运算符或者自定义特殊功能的运算符。

枚举是Swift语言中一种略微复杂的数据类型。枚举和类、结构体一样，也是开发者可以定义的一种数据模型，熟悉Objective-C语言的读者知道，Objective-C语言中的枚举类型数据实际上是一种整型数据，而Swift语言中的枚举类型是一种独立的数据类型。Swift语言中的枚举语法很有特点，相比于Objective-C语言，Swift语言中的枚举更灵活，比如读者可以对枚举值设置原始值、相关值来扩展枚举的功能等。

通过本章，你将学习到：

- 位运算符的使用。
- 溢出运算符的意义。
- 对运算符进行重载操作。
- 自定义运算符。
- 枚举的创建与使用场景。
- 枚举原始值及相关值的应用。
- 递归枚举与递归函数的结合使用。

6.1　位运算符与溢出运算符

很多编程语言都支持位运算符，位运算符的主要功能是对二进制数据进行位运算等操作。而溢出运算符是Swift语言独有的，由于Swift语言对代码安全性的注重，正常的运算是不允许出现溢出行为的，开发者使用溢出运算符可以控制是否允许溢出运算。

6.1.1　位运算符的应用

在计算机中，数据都是以二进制的形式存储的，位运算是专门针对二进制数据的一种运算方式。在Swift语言中，开发者在创建数值变量时可以通过追加"0b"前缀的方式将数值设置为二进制。使用Xcode开发工具创建一个名为AdvancedOperators的Playground文件，在其中进行代码演示。创建一个UInt8类型的变量，将十进制数8以二进制的方式赋值，示例如下：

```
//十进制数 8
var a:UInt8 = 0b1000
```

前面介绍过UInt8类型，其为8位的无符号整型，也就是说，任何一个UInt8类型的变量都是采用8个二进制位来存储数据的。因此，读者可以理解为a变量实际存储的数据为00001000。位运算的实质是对数据的每一个二进制位进行逻辑运算。

Swift语言支持C/Objective-C语言中的全部位运算符，其中包括按位取反运算、按位与运算、按位或运算、按位异或运算、按位左移运算以及按位右移运算。

按位取反运算符"~"的作用是将数据的每一位都进行取反操作，即如果当前位为0，则运算后变为1，如果当前位为1，则运算后变为0。对上面创建的变量a进行按位取反运算后，其存储的数据将变为11110111，即十进制数247，示例如下：

```
//运算后 a 的值变为十进制数 247
a = ~a
```

按位与运算符"&"需要有两个操作数，其作用是将两个操作数相同的位进行逻辑与运算。即如果两个对应位的值都为1，则运算后此位结果为1；如果其中有一个位的值为0，则运算后此位结果为0。示例如下：

```
//使用二进制数 11110000 与 a 进行按位与运算，运算结果为 11110000，即十进制数 240
a = 0b11110000&a
```

按位或运算符"|"需要有两个操作数，其作用是将两个操作数相同的位进行逻辑或运算。即如果两个对应位的值有一个为1，则运算后此位结果为1；如果两个对应位的值都为0，则运算后此位结果为0。示例如下：

```
//使用二进制数 11111111 与 a 进行按位或运算，结果为 11111111，即十进制数 255
a = 0b11111111|a
```

按位异或运算符"^"需要有两个操作数，其作用是将两个操作数相同的位进行逻辑异或运算。即如果两个对应位的值相同，则运算后此位的值为0；如果两个对应位的值不同，则运算后结果为1。示例如下：

```
//使用二进制数 11110000 与 a 进行按位异或运算，结果为 00001111，即十进制数 15
a = 0b11110000^a
```

按位左移运算符 "<<" 用于将数据每一位上的值进行左移操作，示例如下：

```
//将 a 按位左移 1 位，结果为 00011110，即十进制数 30
a = a<<1
```

与按位左移运算对应，按位右移运算符 ">>" 用于将数据每一位上的值进行右移操作，示例如下：

```
//将 a 按位右移 1 位，结果为 00001111，即十进制数 15
a = a>>1
```

提 示

进行按位左移或者右移运算的时候，有可能出现丢失数据位的情况，例如对于 UInt8 类型，将二进制数据 00001111 向左移动 6 位，结果为 11000000；将二进制数据 11110000 向右移动 6 位，结果为 00000011。

6.1.2 溢出运算符

Swift语言十分注重安全性，在编写代码时，如果出现了数据溢出，会直接出现运行时错误。而溢出运算符这种设计将代码的不确定性降低了很多。所谓溢出，是指超出数据所属类型的最大值或者最小值。以UInt8来说，其最大值为二进制数11111111，即十进制数255。如果将UInt8类型的变量设置为255后再将其加1，就会出现数据溢出，示例如下：

```
var b:UInt8 = 255
//代码运行到这里会出现错误，运行直接中断
b = b+1
```

如果开发者确实需要溢出操作，而不是无意留下的小错误，Swift语言中也提供了支持溢出操作的溢出操作符，示例如下：

```
var b:UInt8 = 255
//进行支持溢出的加操作，b 的值将变为 0
b = b &+ 1
//进行支持溢出的减操作，b 的值将变为 255
b = b &- 1
//进行支持溢出的乘操作，b 的值将变为 254
b = b &* 2
```

提 示

对二进制数据进行乘 2 运算，实质上就是对二进制数据进行左移一位的运算，例如二进制数据 11111111*2=11111110。

6.2 运算符的重载与自定义

准确来说，重载运算符和自定义运算符都是开发者自定义运算符功能的手段，二者的差别在于重载运算符是给系统已经存在的运算符追加新的功能，而自定义运算符是完全自定义一个系统不存在的运算符，以实现特定的运算功能。

6.2.1 重载运算符

读者在认识重载运算符前，首先应该清楚重载的概念。重载的概念最初是针对函数的，对同一个函数名设置不同的参数类型以实现不同的功能被称为函数的重载。在Objective-C中，函数参数的名称是包含在函数名中的，因此从严格意义上讲，Objective-C语言并不存在函数的重载操作。Swift语言则不同，我们可以通过对函数重载应用的一个小例子来理解重载的意义。

实现一个整数的加法函数十分简单，示例如下：

```
func addFuncInt(param1:Int,param2:Int)->Int{
    return param1+param2
}
addFuncInt(param1: 3, param2: 4)
```

上面的示例代码用来进行整型数据的加法是完全可以的，但是进行浮点型数据的加法就会出现问题，开发者如果直接将浮点数传入addFunc()函数中，编译器就会报类型错误，这时你可能想要创建一个针对浮点数的加法运算，示例如下：

```
func addFuncDouble(param1:Double,param2:Double)->Double{
    return param1+param2
}
addFuncDouble(param1: 0.5, param2: 0.3)
```

这样解决了问题，但是这种设计思路十分糟糕，实现相同功能的函数，由于参数的不同，被生生切成了两个，其实开发者可以使用相同的函数名addFunc()通过重载实现不同类型参数的计算，示例如下：

```
//创建整型的加法函数
func addFunc(param1:Int,param2:Int) -> Int {
    return param1+param2
}
//重载 addFunc 实现浮点型数据的加法
func addFunc(param1:Double,param2:Double) -> Double {
    return param1+param2
}
//再次重载 addFunc 实现字符串类型的加法
func addFunc(param1:String,param2:String)->String{
    return param1+param2
}
```

以上代码通过重载的方式对不同数据类型实现了加法操作，并且在调用加法函数的时候，开发者只需要记住这一个函数名即可，这就大大增强了代码的统一性。

类比于函数的重载，运算符的重载是指在系统已经存在的运算符上扩展新的功能。其实在前面章节中使用的加号运算符"+"就是通过重载实现的，开发者可以直接使用"+"进行整型数据、浮点型数据甚至字符串类型数据的相加操作。下面我们自定义一个圆形的类，通过重载加号运算符"+"来实现对圆形类实例的相加操作。

设计圆形类如下，其中有两个属性，分别表示圆形半径与圆心：

```
class Circle{
    //圆心
    var center:(Double,Double)
    //半径
    var radius:Double
    init(center:(Double,Double),radius:Double){
        self.center = center
        self.radius = radius
    }
}
```

定义两个Circle实例进行相加操作时应执行这样的运算：两个Circle实例相加返回一个新的Circle实例，并且这个新的Circle实例的圆心为第一个Circle操作数的圆心，新的Circle实例的半径为两个操作数Circle实例半径的和，重载加法运算符如下：

```
func +(param1:Circle,param2:Circle) -> Circle {
    return Circle(center: param1.center, radius: param1.radius+param2.radius)
}
```

可以发现，重载运算符的语法格式与函数十分相似。实际上，运算符就是通过函数的方式定义的。

提　示

在某些场景下，运算符的确可以像函数一样来使用，例如在一个函数参数中传入闭包时，可以直接传入某个功能类型的运算符，示例如下：

```
func myFunc(closure:(Circle,Circle)->Circle) {
}
//将重载的加法运算符传入
myFunc(closure: +)
```

注　意

Swift 语言中还有一个覆写的概念，覆写是指子类对父类中的属性和方法进行适合自身的重新实现，和重载意义完全不同，读者在后面的学习中会遇到，这里需要注意不要将这两个概念混淆。

6.2.2 自定义运算符

重载运算符是为已经存在的系统运算符扩展新的功能。开发者也可以通过自定义系统不存在的运算符来实现特殊的需求，例如Swift语言从2.2版本开始移除了"++""--"运算符，这里我们可以通过自定义运算符来添加自加运算符"++"，示例如下：

```
//自定义前缀运算符++
prefix operator ++
//进行自定义运算符实现
prefix func ++(param:Int)->Int{
    return param+1
}
```

自定义运算符分为两个步骤，首先开发者需要对要定义的运算符进行声明，如以上代码中的 **prefix operator ++**。在声明运算符的结构中，**prefix**的作用是声明运算符的类型，可以使用perfix关键字将其声明为前缀运算符，使用infix关键字将其声明为中缀运算符，使用postfix关键字将其声明为后缀运算符。在进行运算符的实现时，后缀和前缀运算符只能有一个参数，参数在func关键字前需要表明要实现的运算符类型，而中缀运算符需要有两个参数且func关键字前不需要额外标明，示例如下：

```
//自定义前缀运算符++
prefix operator ++
//进行自定义运算符实现
prefix func ++(param:Int)->Int{
    return param+1
}
//将返回 6
++5
//自定义中缀运算符
infix operator ++
func ++(param1:Int,parma2:Int)->Int{
    return param1*param1+parma2*parma2
}
//将返回 41
5++4
//自定义后缀运算符
postfix operator ++
postfix func ++(param1:Int) -> Int {
    return param1+param1
}
//将返回 10
5++
```

提 示

前缀运算符是指只有一个操作数且在使用运算符进行运算时，运算符需要出现在操作数的前面；中缀运算符需要有两个操作数，且在进行运算时运算符需要出现在两个操作数的中间；后缀运算符只能有一个操作数，在运算时后缀运算符需要出现在操作数的后面。

需要注意，Swift语言中提供了许多Unicode字符，可用于运算符的自定义，但是也有一些规则，自定义运算符常使用如下字符作为开头：/、=、-、+、!　、*、%、<、>、&、|、^、?、~。开发者也可以使用点"."来进行运算符的定义，当开发者的自定义运算符中使用到符号"."的时候需要注意：如果"."出现在自定义运算符的开头，则运算符中可以出现多个"."，例如".+."；如果自定义运算符中的"."不在开头，那么这个自定义运算符中只允许出现一次"."。

提　示

Swift 语言中也有一些保留符号，它们不可以单独被重载和自定义，保留符号有：=、->、//、/*、*/、.、<、>、&、?、!。

6.3　运算符的优先级与结合性

在小时候学习数学时，老师总会强调四则运算中的先乘除后加减、从左向右计算等规则。其实在Swift语言编程中，也有这样的规则存在。例如，进行如下混合运算：

```
/*
运算结果 23
过程如下：
2*10 = 20
20*3 = 60
60/4 = 15
8+15 = 23
*/
8+2*10*3/4
```

从上面的演示代码中可以看出，Swift语言中的四则运算也是先进行乘除运算，后进行加减运算，运算顺序为从左向右。其实在Swift语言的运算符体系中，有着优先级与结合性的概念，运算符的优先级决定同一行代码中出现多种运算符时的计算顺序,运算符的结合性决定运算符是从左向右运算还是从右向左运算。任何运算符都有默认的优先级，开发者自定义的运算符也是如此，优先级越高的运算符越优先执行。对于结合性而言，由于前缀运算符与后缀运算符都只有一个操作数，因此它只对中缀运算符有意义。

表6-1和表6-2列出了Swift中所有运算符的相关信息。

表 6-1　Swift 语言中的系统前缀运算符

运 算 符	功　能	运 算 符	功　能
!	逻辑非运算	+	取正运算
~	按位取反运算	-	取负运算

表 6-2　Swift 语言中的系统中缀运算符

运 算 符	功 能	结 合 性	优 先 级
<<	按位左移运算	无	160
>>	按位右移运算	无	160
*	乘法运算	左结合性	150
/	除法运算	左结合性	150
%	取余运算	左结合性	150
&*	溢出乘法运算	左结合型	150
&	按位与运算	左结合性	150
+	加法运算	左结合性	140
-	减法运算	左结合性	140
&+	溢出加法运算	左结合性	140
&-	溢出减法运算	左结合性	140
|	按位或运算	左结合性	140
^	按位非运算	左结合性	140
..<	右开区间运算	无	135
...	闭区间运算	无	135
is	类型检查运算	左结合性	132
as，as?，as!	类型转换运算	左结合性	132
??	空合并运算	右结合性	131
<	小于运算	无	130
<=	小于等于运算	无	130
>	大于运算	无	130
>=	大于等于运算	无	130
==	等于运算	无	130
!=	不等于运算	无	130
===	等同运算	无	130
!==	不等同运算	无	130
~=	模式匹配运算	无	130
&&	逻辑与运算	左结合性	120
||	逻辑或运算	左结合性	110
?:	条件运算	右结合性	100
=	赋值运算	右结合性	90
*=	复合乘法赋值运算	右结合性	90
/=	复合除法赋值运算	右结合性	90
%=	复合取余赋值运算	右结合性	90
+=	复合加法赋值运算	右结合性	90
-=	复合减法赋值运算	右结合性	90
<<=	复合按位左移赋值运算	右结合性	90
>>=	复合按位右移赋值运算	右结合性	90
&=	复合按位与运算赋值运算	右结合性	90
|=	复合按位或运算赋值运算	右结合性	90

（续表）

运 算 符	功 能	结 合 性	优 先 级
^=	复合按位异或运算赋值运算	右结合性	90
&&=	复合逻辑与运算赋值运算	右结合性	90
||=	复合逻辑或运算赋值运算	右结合性	90

表6-1和表6-2列举了Swift语言系统定义的所有运算符相关信息，无须专门记忆，在实际开发中需要使用时再来查表即可。其实更多情况下，开发者会直接使用小括号来决定表达式的执行顺序，这样代码会更加直观。

在重载运算符操作中，并不会改变原运算符的结合性和优先级，但对于自定义运算符，开发者可以设置其结合性与优先级，示例如下：

```
precedencegroup customGroup {
    higherThan:AdditionPrecedence        // 优先级比加法运算符的优先级高
    lowerThan:MultiplicationPrecedence   // 优先级比乘法运算符的优先级低
    assignment:true          // 设置执行可选链操作时的优先级
    associativity:left       // 定义结合性
}
// 定义中缀运算符，其属性由 customGroup 描述
infix operator +++:customGroup
```

如以上代码所示，其中precedencegroup关键字用来定义运算符的优先级组。在自定义优先级时，我们可以为其设置一个优先级组，系统默认内置了非常多的优先级组，如加法运算符优先级组、乘法运算符优先级组、位运算符优先级组等，我们可以直接使用，例如：

```
// 定义中缀运算符，其优先级属性要与系统的加法相关运算符一致
infix operator ++++:AdditionPrecedence
```

当系统内置的优先级组不能满足我们的要求时，即可使用precedencegroup关键字来自定义优先级组，其中higerThan用来定义当前优先级组的优先级比哪个优先级组高，lowerThan用来定义当前优先级组的优先级比哪个优先级组低，assignment用来设置是否会影响可选链赋值运算中的优先级判定规则，associativity用来设置可以选择left或者right来定义成左结合性或者右结合性，设置为none则为默认结合性。

6.4 枚举类型的创建与应用

Swift语言中使用enum关键字来进行枚举的创建，使用Xcode开发工具创建一个名为Enum的Playground文件，在其中创建一个姓氏枚举类型，如下所示：

```
//创建一个姓氏枚举类型
enum Surname {
    //使用 case 进行枚举值的定义
    case 张
    case 王
```

```
    case 李
    case 赵
}
```

上面的代码创建了一个姓氏枚举类型，这个枚举类型中定义了4个枚举值，分别是张、王、李、赵，上面的写法将4个枚举值分别在4个case语句中定义，开发者也可以在1个case子句中完成多个枚举值的定义，示例如下：

```
//创建一个姓氏枚举类型
enum Surname {
    //在一条 case 语句中定义多个枚举值
    case 张,王,李,赵
}
```

在使用时，枚举和其他类型一样，开发者可以在声明变量时将变量的类型指定为某个枚举类型，也可以通过对变量初始化来使编译器自动推断出变量的类型。枚举中定义的枚举值，开发者在使用时可以使用点语法来获取，示例如下：

```
//创建一个姓氏枚举类型的变量
var sur:Surname
//对 sur 变量进行赋值
sur=Surname.张
```

实际上，如果一个变量的类型已经确认为某个枚举类型，那么开发者在进行变量赋值的时候，是可以将枚举类型省略掉的，直接使用点语法获取枚举值即可，示例如下：

```
//对 sur 进行修改
sur = .王
```

在开发中，枚举类型经常与switch-case结合使用以实现选择结构，这种方式实现的选择结构代码清晰统一，对于开发者来说十分有益，示例如下：

```
//创建一个姓氏枚举类型的变量
var sur:Surname
//对 sur 变量进行复制
sur=Surname.张
//对 sur 进行修改
sur = .王
//对枚举类型的变量使用 switch 选择结构
switch sur {
    case .张:
        print("姓氏张")
    case .王:
        print("姓氏王")
    case .李:
        print("姓氏李")
    case .赵:
        print("姓氏赵")
}
```

6.5 枚举的原始值与相关值

枚举的原始值特性可以将枚举值与另一种数据类型进行绑定，相关值则可以为枚举值关联一些其他数据。通过相关值，开发者可以实现复杂的枚举类型。

6.5.1 枚举的原始值

6.4节中创建的枚举其实并没有声明一个原始值类型，Swift语言中的枚举支持开发者声明一个原始值类型，并将某个已经存在的类型的值与枚举值进行绑定，枚举指定原始值类型的语法与继承的语法有些类似，示例如下：

```
//为枚举类型指定一个原始值类型
enum CharEnum:Character{
    //通过赋值的方式来为枚举值设置一个原始值
    case a = "a"
    case b = "b"
    case c = "c"
    case d = "d"
}
```

如果开发者要指定枚举的原始值类型为Int类型，那么可以只设置第一个枚举值的原始值，其后的枚举值的原始值会在第一个枚举值原始值的基础上依次递增，示例如下：

```
enum IntEnum:Int {
    //第一个枚举值的原始值设置为1
    case 一 = 1
    //默认原始值为2
    case 二
    //默认原始值为3
    case 三
    //默认原始值为4
    case 四
}
```

通过枚举类型中的rawValue属性来获取枚举的原始值，示例如下：

```
//创建枚举变量
var char = CharEnum.a
//获取char枚举变量的原始值 "a"
var rawValue = char.rawValue
```

在枚举变量初始化时，开发者可以使用枚举类型加点语法的方式，如果这个枚举有指定的原始值，也可以通过枚举值的原始值来完成枚举实例的构造，示例如下：

```
//通过原始值构造枚举变量一
var intEnum = IntEnum(rawValue: 1)
```

需要注意，通过原始值进行枚举实例的构造时，是有可能构造失败的，因为开发者传入的原始值不一定会对应某一个枚举值。因此，这个方法实际上返回的是一个Optional类型的可选值，如果构造失败，则会返回nil。

6.5.2　枚举的相关值

Swift语言在很多方面的设计都比其他编程语言更加灵活与现代，枚举的相关值语法最能够体现这一特点。

枚举类型的设计思路是帮助开发者将一些简单的同类数据进行整合。举一个例子，在游戏类软件的开发中经常会使用到各种物理模型，以形状为例，开发者通常会定义一系列的枚举值进行物理形状的枚举，如圆形、三角形、矩形等，示例如下：

```
//定义形状枚举
enum Shape {
    //圆形
    case circle
    //矩形
    case rect
    //三角形
    case triangle
}
```

上面的代码进行了形状的定义，但是有一个问题，这种枚举值的定义方式只适合简单数据类型的定义，而不同的形状可能需要不同的参数。例如，圆形需要圆心和半径来确定，矩形需要中心点与宽高来确定，三角形需要3个顶点来确定。如果对枚举类型进行实例化，可以根据不同的形状设置不同的参数，那么在使用时对开发者来说将十分方便，在Swift语言中，对枚举设置相关值就可以完成这样的需求。

在定义枚举值的时候，开发者可以为其设置一个参数列表，这个参数列表被称为枚举的相关值，示例如下：

```
//定义形状枚举
enum Shape {
    //圆形，设置圆心和半径为相关值
    case circle(center:(Double,Double),radius:Double)
    //矩形，设置中心、宽、高、为相关值
    case rect(center:(Double,Double),width:Double,height:Double)
    //三角形，设置 3 个顶点为相关值
    case triangle(point1:(Double,Double),point2:(Double,Double),
point3:(Double,Double))
}
```

在创建相关值枚举的时候，开发者需要提供参数列表中所需要的参数，示例如下：

```
//创建圆形枚举实例，此圆的圆心为(0,0)，半径为3
var circle = Shape.circle(center: (0, 0), radius: 3)
//创建矩形枚举实例，此矩形的中心点为(1,1)，宽度为10，高度为15
var rect = Shape.rect(center: (1, 1), width: 10, height: 15)
```

```
//创建三角形枚举实例，此三角形的 3 个顶点为(2,2)、(3,3)、(2,5)
var triangle = Shape.triangle(point1: (2, 2), point2: (3, 3), point3: (2, 5))
```

在switch-case结构语句中，匹配到枚举后，可以通过参数捕获的方式来获取枚举实例的相关值，这里捕获到的相关值参数可以在开发者的代码中使用，示例如下：

```
//写一个匹配函数，参数为 Shape 枚举类型
func shapeFunc(param:Shape){
    switch param {
        //进行参数捕获
    case let .circle(center,radius):
        print("此圆的圆心为: \(center),半径为: \(radius)")
    case let .rect(center,width,height):
        print("此矩形的中心为: \(center),宽: \(width),高为: \(height)")
    case let .triangle(point1,point2,point3):
        print("此三角形的 3 个顶点分别为: \(point1),\(point2),\(point3)")
    }
}
shapeFunc(param: circle)
shapeFunc(param: rect)
shapeFunc(param: triangle)
```

6.5.3　递归枚举

递归枚举是Swift语言枚举相关语法中比较难于理解的一个语法，但是如果将其完全掌握，则可以编写出结构十分优美的代码。要完全明白递归枚举的意义与使用，首先需要明白两点——递归与枚举的实质。

递归是一种代码算法技巧，它并不区分语言，各种高级语言都可以实现自己的递归算法。简单来说，递归就是程序调用自身的编程技巧。针对函数来说，递归函数就是在函数内部进行了此函数本身的调用。读者需要注意一点，递归算法效率十分高，但是其性能资源的耗费也十分严重。在大多数情况下，开发者应该尽量避免使用递归。前面的章节中曾经使用过循环结构来计算正整数的阶乘，例如5!=5*4*3*2*1=120，这里我们使用递归算法来计算一个正整数的阶乘，代码如下：

```
//使用递归算法来实现计算正整数的阶乘
func mathsFunc(param:Int)->Int{
    let tmp = param-1
    if tmp>0 {
        //递归
        return mathsFunc(param: tmp) * param
    }else{
        return 1
    }
}
mathsFunc(param: 5)
```

函数的功能是进行数据的计算，递归函数只是使用递归的算法来进行数据的计算。而枚举则不同，枚举的功能是数据的描述。例如6.5.2小节中创建的形状枚举，其中只是对几种形状的数据结

构进行描述和定义，并不具备数据计算的功能。递归枚举其实就是使用递归的方式来进行数据描述。

使用枚举描述加减乘除四则表达式的示例代码如下：

```
//使用枚举来模拟加减乘除四则运算
enum Expression {
    //表示加法运算，两个相关值 param1 与 param2 代表进行加法运算的两个参数
    case add(param1:Int,param2:Int)
    //表示减法运算，两个相关值 param1 与 param2 代表进行减法运算的两个参数
    case sub(param1:Int,param:Int)
    //表示乘法运算，两个相关值 param1 与 param2 代表进行乘法运算的两个参数
    case mul(param1:Int,param2:Int)
    //表示除法运算，两个相关值 param1 与 param2 代表进行除法运算的两个参数
    case div(param1:Int,param2:Int)
}
```

使用上面创建的枚举来描述四则运算表达式，示例如下：

```
//表示表达式 5+5
var exp1 = Expression.add(param1: 5, param2: 5)
//表示表达式 10-5
var exp2 = Expression.sub(param1: 10, param2: 5)
//表示表达式 5*5
var exp3 = Expression.mul(param1: 5, param2: 5)
//表示表达式 10/2
var exp4 = Expression.div(param1: 10, param2: 2)
```

这里读者需要注意，变量exp1、exp2、exp3、exp4只是四则运算表达式的描述，并没有运算功能。可以简单地理解为：Expression枚举模拟的是一种四则运算表达式类型，如果要进行运算，开发者还需要实现具体的功能函数。

可以发现，Expression能够描述的表达式只是单运算表达式，它不能够进行复合表达式的描述，例如对于((5+5)*2-8)/2表达式的描述。分析这类复合表达式，其实质只是将单运算表达式作为计算的参数传入另一个单运算表达式。类比Swift语言中的枚举，一个枚举值的相关值类型可以设置为这个枚举本身的类型，通过这种递归的方式就可以实现复合表达式的描述，将前面创建的Expression枚举修改如下：

```
//使用枚举来模拟加减乘除四则运算
enum Expression {
    //描述单个数字
    case num(param:Int)
    //表示加法运算，将 Expression 作为相关值参数类型
    indirect case add(param1:Expression,param2:Expression)
    //表示减法运算
    indirect case sub(param1:Expression,param2:Expression)
    //表示乘法运算
    indirect case mul(param1:Expression,param2:Expression)
    //表示除法运算
    indirect case div(param1:Expression,param2:Expression)
}
```

使用indirect关键字修饰的枚举值表示这个枚举值是可递归的，即此枚举值中的相关值可以使

用其枚举类型本身。使用修改后的Expression枚举来描述复合表达式((5+5)*2-8)/2的代码如下：

```
//创建单值 5
var num5 = Expression.num(param: 5)
//进行表达式 5+5 的描述
var exp1 = Expression.add(param1: num5, param2: num5)
//创建单值 2
var num2 = Expression.num(param: 2)
//进行表达式(5+5)*2 的描述
var exp2 = Expression.mul(param1: exp1, param2: num2)
//创建单值 8
var num8 = Expression.num(param: 8)
//进行表达式(5+5)*2-8 的描述
var exp3 = Expression.sub(param1: exp2, param2: num8)
//进行表达式((5+5)*2-8)/2 的描述
var expFinal = Expression.div(param1: exp3, param2: num2)
```

最后得到的变量expFinal就是对((5+5)*2-8)/2的描述。另外，读者可以为这个四则表达式枚举类型Expression实现一个函数来进行运算，在开发中将描述与运算结合，能够编写出十分优美的代码。处理递归枚举通常会采用递归函数，函数方法实现示例如下：

```
//这个递归函数的作用是将 Expression 描述的表达式进行运算，并将结果返回
func expressionFunc(param:Expression) -> Int {
    switch param {
        //单值直接返回
    case let .num(param):
        return param
    case let .add(param1, param2):
        //返回加法运算结果
        return expressionFunc(param: param1)+expressionFunc(param: param2)
    case let .sub(param1, param2):
        //返回减法运算结果
        return expressionFunc(param: param1)-expressionFunc(param:param2)
    case let .mul(param1, param2):
        //返回乘法运算结果
        return expressionFunc(param: param1)*expressionFunc(param: param2)
        //返回除法运算结果
    case let .div(param1, param2):
        return expressionFunc(param: param1)/expressionFunc(param: param2)
    }
}
//进行((5+5)*2-8)/2 运算，结果为 6
expressionFunc(param: expFinal)
```

关于递归枚举还有一点需要注意，如果一个枚举中所有的枚举值都是可递归的，开发者可以直接将整个枚举类型声明为可递归的，示例如下：

```
//使用枚举来模拟加减乘除四则运算
indirect enum Expression {
    //描述单个数字
    case num(param:Int)
```

```
//表示加法运算，将 Expression 作为相关值参数类型
case add(param1:Expression,param2:Expression)
//表示减法运算
case sub(param1:Expression,param2:Expression)
//表示乘法运算
case mul(param1:Expression,param2:Expression)
//表示除法运算
case div(param1:Expression,param2:Expression)
}
```

6.6 练习及解析

（1）模拟C语言通过自定义运算符的方式实现前缀自增、前缀自减、后缀自增、后缀自减运算符。

解析：

```
//定义前缀自增运算符
prefix operator ++
//定义后缀自增运算符
postfix operator ++
//定义前缀自减运算符
prefix operator --
//定义后缀自减运算符
postfix operator --
//进行实现
prefix func ++( param: inout Int)->Int{
    param+=1
    return param
}
postfix func ++(param: inout Int)->Int{
    param+=1
    return param-1
}
prefix func --( param: inout Int)->Int{
    param-=1
    return param
}
postfix func --(param: inout Int)->Int{
    param-=1
    return param+1
}
```

（2）Swift语言中的加法运算符不能支持对区间范围的相加操作，重载加法运算符，使其支持区间的追加，例如(0...5)+5计算后的结果为区间0...10。

解析：

```
func +(param:ClosedRange<Int>,param2:Int)->ClosedRange<Int>{
```

```
    return param.lowerBound...param.upperBound+param2

}
//将得到 0...10
var newRange = 0...5+5
```

（3）自定义新后缀运算符 "*!"，其功能是对某个数进行阶乘计算。

解析：

```
postfix operator *!{}
postfix func *! (param:Int)->Int{
    var result = 1
    var tmp = param
    while tmp>0 {
        result *= tmp
        tmp-=1
    }
    return result
}
//得到计算结果为 120
5*!
```

（4）模拟设计一个交通工具枚举，将速度与乘坐价钱作为枚举的相关值。

解析：

```
enum Transport{
    case car(price:Int,speed:Float)
    case boat(price:Int,speed:Float)
    case airport(price:Int,speed:Float)
}
//创建一个汽车交通工具，价钱为 2，速度为 80
var car = Transport.car(price: 2, speed: 80)
```

6.7　模拟面试

（1）Swift语言中有 "++" 和 "--" 运算符吗？

回答问题要点：

①在Swift的初期版本中是有 "++" 和 "--" 这两个运算符的，但在Swift 2.2版本之后这两个运算符被移除了。

②自增和自减运算符是类C语言中非常烦琐的一个运算符，很多时候这两个运算符对初学者造成了很大的困扰，编写的代码易读性差，并且所实现的功能完全可以用其他方式实现。

③虽然Swift的原生框架中将这两个运算符移除了，如果真的需要，开发者依然可以使用Swift中的自定义运算符技术来重新实现这两个运算符。

核心理解内容：

了解 "++" 和 "--" 运算符在类C语言中的简单用法和作用，熟练使用Swift语言中的自定义运算符技术。

（2）怎样理解枚举？Swift中的枚举有什么特别之处？

回答问题要点：

①枚举也是一种数据类型，数据类型的作用就是用来描述数据，枚举通常用来描述一组简单的、属性一致的数据。

②和其他编程语言不同，枚举在Swift中被设计得非常强大，其可以通过继承某个数据类型来为每一个枚举值指定原始值，其也可以在定义枚举值时定义一组与之有联系的相关值。通过相关值，枚举可以描述的数据的灵活性大大增强了。

核心理解内容：

理解枚举的基本用法，熟悉原始值与相关值的意义，能够简单使用递归枚举的技巧编写代码。

第 7 章

类与结构体

把最复杂的变成最简单的，才是最高明的。

—— 达·芬奇

类是面向对象编程思想的核心，在面向对象编程思想中万物皆为对象，类便是描述对象的一种方式。我们可以定义一些属性和方法来描述类，例如可以将汽车抽象成一个类，类中可以定义一些属性，如汽车的颜色、重量、车牌号等，同时我们也可以封装一些方法，如转弯、倒车、前进等来模拟汽车的行为。结构体也是描述数据的一种方式，Swift语言中的结构体十分强大，它也可以进行属性和方法的封装。在某些情况下，结构体可以代替类来使用，但是类也有一些高级的特性是结构体所不具备的。在开发中，要根据实际情况来进行选择。

通过本章，你将学习到：

- 类和结构体的相似点与差异处。
- 类和结构体的设计与创建。
- 类和结构体的应用场景。

7.1 类与结构体的定义

在生活中，人们将拥有相似属性和行为的事物归为一类，生物被分为动物、植物和微生物等，动物和植物又会进一步分门别类，如鸟、兽、鱼、虫等。编程中的类也有相似的意义，一个基类可以派生出各种子类。在Swift语言中，结构体是功能仅逊于类的数据结构，其也可以描述拥有某些属性和行为的事物，只是它的实现机制和类有着本质的区别，应用场景也有所不同。

7.1.1　结构体

在编程中，结构体是用于描述一种事物的结构。在Objective-C语言中，结构体中只可以定义属性，而不能定义方法；而在Swift语言中，结构体和类十分相似，其中既可以定义属性，又可以定义方法，但其不像类一样具有继承的特性。

在Swift语言中，使用struct关键字来定义结构体，结构体中可以声明变量或者常量作为结构体的属性，也可以创建函数作为结构体的方法，结构体使用点语法来调用其中的属性和方法。使用Xcode开发工具创建一个名为ClassAndStruct的Playground文件，在其中编写一个汽车的结构体，示例代码如下：

```
struct Car {
    //设置 3 个属性
    //价格
    var price:Int
    //品牌
    var brand:String
    //油量
    var petrol:Int
    //提供一个行路的方法
    mutating func drive(){
        if petrol>0 {
            petrol -= 1
            print("drive 10 milo")
        }
    }
    //提供一个加油的方法
    mutating func addPetrol(){
        petrol += 10
        print("加了 10 单位油")
    }
}
```

上面的代码中示例的结构体模拟了汽车这样的事物，并提供了3个属性，分别代表汽车的价格、品牌、油量，还提供了两个方法，分别表示汽车行路与加油的行为。在创建结构体后，结构体会默认生成一个构造方法供开发者使用，开发者可以在构造方法中完成对结构体的实例化，示例代码如下：

```
//创建一个汽车结构体，价格为 100000，品牌为奔驰，初始油量为 10
var car = Car(price: 100000, brand: "奔驰", petrol: 10)
//使用点语法获取 car 实例的属性
print("这两\(car.brand)汽车价格\(car.price)，油量\(car.petrol)")
//模拟汽车行路行为
for _ in 0...100 {
    //如果油量为 0，进行加油行为
    if car.petrol==0 {
        car.addPetrol()
```

```
    }else{//进行行路行为
        car.drive()
    }
}
```

以上示例代码通过结构体来模拟现实生活中的汽车，需要注意，Swift语言中的数据类型分为值类型和引用类型。结构体、枚举以及前面读者接触到的除类以外的所有数据类型都属于值类型，只有类是引用类型的。值类型数据和引用类型数据最大的区别在于当进行数据传递时，值类型总是被复制，而引用类型不会被复制，引用类型是通过引用计数来管理其生命周期的。关于引用计数与内存管理，后面章节会专门介绍。读者在这里需要注意，如果值类型有数据传递，原来的实例会被复制一份，修改新的实例并不能修改原始的实例，以Car结构体为例：

```
//创建一个汽车结构体，价格为100000，品牌为奔驰，初始油量为10
var car = Car(price: 100000, brand: "奔驰", petrol: 10)
//使用点语法获取 car 实例的属性
print("这辆\(car.brand)汽车价格\(car.price)，油量\(car.petrol)")
//创建另一个变量进行值的传递
var car2 = car
//修改 car2 的价格
car2.price = 50000
//将打印
/*
 carPrice:100000
 car2Price50000
 */
print("carPrice:\(car.price)\ncar2Price\(car2.price)")
```

从上面代码的打印信息可以看出，car实例与car2实例分别独立。

7.1.2 类

类是较结构体更加高级的一种数据类型，编程中的所有复杂数据结构都是通过类来模拟的。简单理解，类是编程世界中万物的抽象，使用类可以模拟万物的对象。以射击类游戏为例，游戏中的主角、武器、道具、敌人、子弹等都是类。

Swift语言中的类使用关键字class来声明，使用类的方式模拟汽车类型，示例代码如下：

```
class ClassCar {
    //设置 3 个属性
    //价格
    var price:Int
    //品牌
    var brand:String
    //油量
    var petrol:Int
    //提供一个行路的方法
    func drive(){
        if petrol>0 {
            petrol -= 1
```

```
        print("drive 10 milo")
        }
    }
    //提供一个加油的方法
    func addPetrol(){
        petrol += 10
        print("加了10单位油")
    }
    //提供一个构造方法
    init(price:Int,brand:String,petrol:Int){
        self.price = price
        self.brand = brand
        self.petrol = petrol
    }
}
```

分析上面创建ClassCar类的代码可以发现，类与结构体创建属性与方法的代码基本一样。不同的是，在结构体中开发者并不需要提供构造方法，结构体会根据属性自动生成一个构造方法，而类则要求开发者自己提供构造方法，在init()构造方法中，需要完成对类中所有属性的赋值操作。

创建类实例、访问类实例属性的方法，示例如下：

```
//创建 ClassCar 实例
var classCar = ClassCar(price: 100000, brand: "宝马", petrol: 15)
//访问属性
print("这辆\(classCar.brand)汽车价格\(classCar.price)，油量\(classCar.petrol)")
//调用方法
for _ in 0...100 {
    //如果油量为0，进行加油行为
    if classCar.petrol==0 {
        classCar.addPetrol()
    }else{//进行行路行为
        classCar.drive()
    }
}
```

可以看出，类和结构体一样，也是通过点语法来完成属性方法的访问的。和结构体不同的是，类是引用类型，对类实例进行数据传递时并不会产生复制行为。因此，如果将类实例传递给新的变量，修改新的变量会影响原始变量，示例如下：

```
//创建一个汽车结构体，价格为100000，品牌为奔驰，初始油量为10
var car = Car(price: 100000, brand: "奔驰", petrol: 10)
//使用点语法获取 car 实例的属性
print("这辆\(car.brand)汽车价格\(car.price)，油量\(car.petrol)")
//创建另一个变量进行值的传递
var car2 = car
//修改 car2 的价格
car2.price = 50000
//将打印
/*
 carPrice: 50000
```

```
car2Price:50000
*/
print("carPrice:\(car.price)\ncar2Price\(car2.price)")
```

正是由于类的这种特性，在编程中，同一个类实例可以被多处引用共享。

7.2 设计一个交通工具类

在7.1节中，使用结构体和类都模拟实现了汽车这一事物，然而现实中的世界万物往往有着错综复杂的关系，很多不同的事物都有类似的属性和行为。例如，除了汽车可以行路外，轮船、飞机等也可以作为交通工具，如果开发者需要在程序中模拟这些交通工具，使用类就要比结构体合适得多。

继承是类独有的特点，子类和父类通过继承关系进行关联，并且子类可以对父类进行扩展。在Swift语言中，不继承任何类的类被称为基类，继承而来的类被称为子类，其所继承的类被称为父类。就好比现实中的父子关系，儿子会继承父亲的一些特性，例如父亲的姓氏、父亲的行为习惯、父亲的部分财产等；同样，儿子也有其自己的一些特性和父亲不同，例如儿子会有自己的姓名、会选择自己要从事的职业等。在编程中，子类会继承父类的属性和方法，子类也可以定义自己的属性和方法。设计一个交通工具类，继承就再适合不过了。

首先设计交通工具的基类，基类中需要将交通工具的公共特点抽象出来。例如，任何交通工具都可以行驶，要为其提供一个行驶的方法；所有交通工具都需要耗油，需要为其提供一个油量的属性和一个加油的方法。示例代码如下：

```
//设计一个交通工具基类
class Transportation {
    //油量，默认提供10
    var petrol:Int = 10
    //提供一个行驶的方法
    func drive()  {
        //具体由子类实现
        if petrol==0 {
            self.addPetrol()
        }
    }
    //提供一个加油的方法
    func addPetrol() {
        petrol+=10
    }
}
```

分别创建3个继承自Transportation类的子类，模拟汽车、轮船、飞机3种交通工具，示例代码如下：

```
//创建继承自 Transportation 类的汽车类
class Car: Transportation {
```

```swift
        //不同的汽车有不同的轮胎数，为汽车提供一个轮胎数的属性
        var tyre:Int
        //对父类的方法进行重写
        override func drive() {
            super.drive()
            print("在路上行驶了10km")
            self.petrol -= 1
        }
        init(tyreCount:Int) {
            tyre = tyreCount
        }
    }
    //创建继承自Transportation类的轮船类
    class Boat:Transportation {
        //不同大小的轮船有不同的层数，为轮船提供一个层数的属性
        var floor:Int
        //对父类的方法进行重写
        override func drive() {
            super.drive()
            print("在海上行驶了50km")
            self.petrol -= 2
        }
        init(floorCount:Int) {
            floor = floorCount
        }
    }
    //创建继承自Transportation类的飞机类
    class Airplane:Transportation {
        //不同飞机有不同的行驶高度，为飞机提供一个行驶高度的属性
        var height:Int
        //对父类的方法进行重写
        override func drive() {
            super.drive()
            print("在天上行驶了100km")
            self.petrol -= 5
        }
        init(height:Int) {
            self.height = height
        }
    }
    //创建汽车对象
    var car = Car(tyreCount: 4)
    //创建轮船对象
    var boat = Boat(floorCount: 3)
    //创建飞机对象
    var plane = Airplane(height: 3000)
    //调用drive()使用方法
    car.drive()
    boat.drive()
    plane.drive()
```

如以上代码所示，Car、Boat、Airplane这3个类都继承于Transportation基类，它们都继承了父类中的油量属性、行驶方法和加油方法。然而，不同的交通工具的行驶行为不同，汽车是在路上行驶，轮船是在海上行驶，飞机是在天上行驶。因此，在各个子类中对父类的drive()方法进行了覆写。在Swift语言中，要对父类的方法进行覆写，需要使用override关键字声明，覆写的意义是将继承于父类的方法进行新的实现，这里读者需要注意，由于父类的drive()方法中会有油量判断与加油操作，因此子类在覆写父类的drive()方法时，不能完全摒弃父类的实现。在Swift语言中，super关键字可用于调用父类的方法。

从打印信息可以看出，Car、Boat、Airplane同时调用了drive()方法，却执行了其自身所覆写的方法。通过继承这样的编程设计方法，任何复杂的类都可以由简单的类一层一层继承而来，这极大地优化了代码的复用性与程序的层次结构。

需要注意，Swift语言中还提供了一个final关键字，final关键字用于修饰某些终极的属性、方法或者类。被final修饰的属性和方法不能够被子类覆写，示例如下：

```
class Shape {
    final var center:(Double,Double)
    init(){
        center = (0,0)
    }
}
```

同样，如果不希望某个类被继承，也可以使用final关键字来修饰这个类，使其成为终极类，示例如下：

```
final class Shape {
    final var center:(Double,Double)
    init(){
        center = (0,0)
    }
}
```

7.3　开发中类与结构体的应用场景

在Swift语言中，结构体的功能十分强大，其作用实际上已经和类非常相似。但类和结构体有着本质的不同，它们在传递数据时的机制不同，分别适用于不同的应用场景。苹果公司官方推荐开发者在如下情况使用结构体来描述数据：

● 要描述的数据类型中只有少量的简单数据类型的属性。
● 要描述的数据类型在传递数据时需要以复制的方式进行。
● 要描述的数据类型中的所有属性在进行传递时需要以复制的方式进行。
● 不需要继承另一个数据类型。

除了上面列举的原则外，在其他情况下，开发者也应该考虑使用类而不是结构体来描述对象。关于值类型与引用类型，读者需要注意，如果要对值类型进行比较操作，应使用等于运算符

"=="；对引用类型进行比较操作，应使用等同运算符"==="，示例代码如下：

```
class TextClass {
}
var text1 = TextClass()
var text2 = text1
//将返回 true
text1 === text2
```

> **提 示**
>
> 在 Swift 语言中，Array、String、Dictionary、Set 这些数据类型都是采用结构体来实现的，这点和 Objective-C 有着很大的区别。因此，在 Swift 语言中，Array、String、Dictionary、Set 在数据传递时总是会被复制。Swift 语言官方文档有介绍：在开发者的代码中，复制行为看似总会发生。然而，Swift 语言在幕后会控制只有绝对需要时才会进行真正的复制操作，以确保性能最优，因此开发者在编写代码时没必要回避复制行为来确保性能。

7.4 练习及解析

（1）设计一个学生类，为每个学生设计姓名、年龄和性别属性，为其提供一个学习的方法。
解析：

```
enum Sex{
    case 男
    case 女
}
class Student {
    //性别
    let sex:Sex
    //姓名
    let name:String
    //年龄
    let age:Int
    init(sex:Sex,name:String,age:Int){
        self.sex=sex
        self.name=name
        self.age=age
    }
    func study() {
        print("读书······")
    }
}
//创建学生实力
let stu1 = Student(sex: .男, name: "珲少", age: 25)
//进行学习行为
stu1.study()
```

（2）结合第1题中的学生类设计一个班级类，其中需要有班级名、学生人数和班长3个属性，并设计转入学生与转出学生的方法。

解析：

```
class Class {
    //班级名
    var name:String
    //学生人数
    var studentCount:Int
    //班长，需要为学生类
    var monitor:Student
    init(name:String,monitor:Student,studentCount:Int){
        self.name=name
        self.monitor=monitor
        self.studentCount=studentCount
    }
    func addStudent() {
        studentCount+=1
    }
    func deleteStudent() {
        if studentCount>0 {
            studentCount-=1
        }
    }
}
//创建一个学生作为班长
let monitor = Student(sex: .女, name: "莉莉", age: 24)
//创建一个班级实例
var class1 = Class(name: "三年一班", monitor: monitor, studentCount: 30)
//转入一个学生
class1.addStudent()
```

（3）结合第1题中设计的学生类，设计一个老师类，为老师类提供教学科目、姓名和所教学生列表的属性，并为老师类提供一个教学方法，在教学方法中进行学生的教学行为。

解析：

```
//设计科目枚举
enum Subject{
    case 数学
    case 外语
    case 语文
}
//设计老师类
class Teacher {
    let name:String
    let subject:Subject
    var studentArray:Array<Student>
    func teach() {
        for item in studentArray {
            item.study()
```

```
        }
    }
    init(name:String,subject:Subject,students:Array<Student>){
        self.name = name
        self.subject = subject
        self.studentArray = students
    }
}
//创建 3 个学生
let student1 = Student(sex: .男, name: "Jack", age: 24)
let student2 = Student(sex: .男, name: "Nake", age: 23)
let student3 = Student(sex: .女, name: "Lucy", age: 23)
let studentArray = Array(arrayLiteral: student1,student2,student3)
//创建老师实例
let teacher = Teacher(name: "Jaki", subject: .数学, students: studentArray)
//进行教学活动
teacher.teach()
```

7.5 模拟面试

（1）在 Swift 语言中结构体和类有什么异同？

回答要点提示：

①在大多数语言中，结构体和类都有明显的差异，结构体通常用来定义一组数据类型的组合，而类则是面向对象的，其中除了可以定义数据属性外，还可以定义方法。但是在 Swift 语言中，结构体和类的分解没有那么明显，Swift 中的结构体非常强大，其中也可以定义属性和方法。

②结构体和类的本质区别是结构体是一种值类型，类是一种引用类型。对于值类型，每次对它的修改都会重新构建一个新的结构体实例，并且在传值时会总是进行复制，引用类型则不然，传递的是引用，修改的自身。

③在 Swift 中，结构体不可以继承，类可以继承。

核心理解内容：

深刻理解 Swift 中结构体和类的定义，熟练使用结构体和类进行程序开发。理解值类型和引用类型的本质区别。

（2）如何设计一个类？

回答要点提示：

①类是大多数面向对象语言的核心（JavaScript 例外），对象都是由类构造出来的。可以简单地把类理解为对象的生产工厂。

②类的最大用途是描述事物。描述事物的方式有两种，一种是描述事物的状态，例如物体的形状、颜色、重量等；另一种是描述事物的行为，例如运动、睡眠、飞行、扩散等。事物的状态在类中使用属性定义，事物的行为在类中使用方法定义。

③属性的实质是量值，方法的实质是函数，在类中，所有对象公用的属性可以定义为类属性（或静态属性），类直接调用的方法可以定义为类方法。类的对象中的属性通常被称为实例属性，

类的对象调用的方法通常被称为实例方法。

④设计类时，要先分析清楚想要描述的事务，将有效的事务的状态映射成为属性并定义好属性的类型，将行为定义成方法，并逐个对方法进行测试。并且，在编写类时，要遵守强封装、低耦合的原理。在类中暴露最少的接口，最少对外部进行依赖。

核心理解内容：

理解类的作用，能够熟练地定义类，能够清晰地分析需求并对类进行设计。

第 8 章

属性与方法

风格不是独立存在的，但万物都具备自己的风格。

—— 安托尔·里瓦罗尔

属性的实质是有特定意义的量值，只是属性是定义在类、结构体或者枚举中的量值。由于类的特殊性，类中的属性也被赋予了一些特殊的语法。属性通常用来描述事物的一些特征。例如创建一个签字笔类，可以为其定义价格、颜色等属性。Swift语言中对于属性的定义分为两类，分别是存储属性与计算属性。从字面意思来理解，存储属性的作用是存储类的某个特征，而计算属性的作用是通过运算告知外界类的某个特征。存储属性只能用于类和结构体，计算属性可以用于类、结构体和枚举。

方法用来定义事物的行为，其实质是具有特殊意义的函数。类、结构体和枚举中都可以定义方法。和属性类似，方法也被分为实例方法与类方法，实例方法用于描述类型实例的行为，类方法用于描述整体类型的行为。构造方法是比较特殊的一类方法，其不需要func关键字声明且方法名定义为init，关于构造方法的内容很多，后面章节会专门介绍，本章主要讨论一般方法的应用。

通过本章，你将学习到：

- 存储属性的意义与应用。
- 计算属性的意义与应用。
- 只读的计算属性。
- 属性监听器的应用。
- 实例属性与类型属性的区别与应用场景。
- 实例方法的意义与应用。
- 类方法的意义与应用。
- 构建下标方法。

8.1 存储属性与计算属性

Swift语言中的属性从行为上可以分为存储属性与计算属性两类。存储属性与计算属性的区别在于，存储属性用于描述存储值，计算属性用于描述计算过程并获取计算结果。

8.1.1 存储属性的意义及应用

存储属性用于定义类或结构体的某些特性，其实读者在前面章节中学习结构体和类的时候，就已经在使用存储属性描述事物的特征了。简单来说，存储属性就是用变量或者常量存储的某些有意义的值。使用Xcode开发工具创建一个名为Property的Playground文件，用于本章代码的练习。首先，以学生类为例，其中定义的学生姓名、性别、年龄都是存储属性，示例代码如下：

```
class Student {
    //定义姓名和年龄为变量存储属性，可以修改
    var name:String
    var age:Int
    //定义性别为常量存储属性，一旦学生实例被构造出来，则不能再进行修改
    let sex:String
    //提供一个构造方法
    init(name:String,age:Int,sex:String) {
        self.name = name
        self.age = age
        self.sex = sex
    }
}
```

在类中有一个原则，即当类实例被构造完成时，必须保证类中所有的属性都构造或者初始化完成。因此，一般情况下开发者会在创建的类中提供一个构造方法用于设置其中的属性，但并不是所有情况都需要这么做，我们也可以为类中的属性在声明时就提供一个初始值，例如学生定义一个所在学校名称的属性，并为其提供默认值，示例如下：

```
class Student {
    //定义姓名和年龄为变量存储属性，可以修改
    var name:String
    var age:Int
    //定义性别为常量存储属性，一旦学生实例被构造出来，则不能再进行修改
    let sex:String
    //定义一个所在学校的存储属性，默认为安阳一中
    var schoolName = "安阳一中"
    //提供一个构造方法
    init(name:String,age:Int,sex:String) {
        self.name = name
        self.age = age
        self.sex = sex
```

```
    }
}
```

实例通过点语法调用其属性。需要注意，变量类型的属性可以修改，常量类型的属性不可修改。但是对于值类型实例，如果实例是常量接收的，则其中变量的属性也不可以修改。而对于引用类型实例，无论实例是变量还是常量接收的，都可以修改变量类型的属性，示例代码如下：

```
struct Point {
    var x:Double
    var y:Double
}
class PointC {
    var x:Double
    var y:Double
    init(x:Double,y:Double){
        self.x = x
        self.y = y
    }
}
let point = Point(x: 2, y: 1)
//下面的代码将引起编译器报出错误
point.x = 3

//类实例修改则没有问题
let point2 = PointC(x: 2, y: 2)
point2.y = 5
```

关于存储属性，Swift语言中还有一个十分有趣的特性。Swift语言支持将存储属性设置为延时存储属性。所谓延时存储属性，是指在类实例构造的时候，延时存储属性并不进行构造或初始化，只有当开发者调用类实例的这个属性时，此属性才完成构造或初始化操作。延时存储属性在开发中很有优势，例如一个类的某个属性可能是一种复杂的数据对象，这个属性要完成构造可能需要花费很长的时间，将其设置为延时构造属性将大大减少类实例的构造时间。示例代码如下：

```
class Work {
    var name:String
    init(name:String){
        self.name = name
        print("完成了 Work 类实例的构造")
    }
}
class People {
    var age:Int
    lazy var work:Work = Work(name: "teacher")
    init(age:Int){
        self.age = age
    }
}
//构造 People 类实例时并没有打印 Word 类的构造信息
var people = People(age: 24)
//使用 work 属性时才完成了 Work 实例的构造
```

```
print(people.work)
```

上面的示例代码中，在创建People类实例的时候，并没有进行Work类实例的构造，在开发者调用People实例的work属性时，才完成了Work类的构造。在大的工程中，巧妙使用延时存储属性可以极大地提高程序的性能。

> **提 示**
>
> 延时存储属性并不是线程安全的，如果在多个线程中对延时存储属性进行调用，不能保证其只被构造一次。

8.1.2　计算属性的意义及应用

与存储属性相比，计算属性更像是运算过程。举一个例子，创建一个圆形类，类中定义圆心与半径两个存储属性。为了方便使用，开发者可以将圆的周长与面积也定义为属性，但是圆的周长和面积可以通过半径计算出来，所以这里实际上无须再定义额外的存储属性。Swift语言中提供了计算属性，用来描述这种可以由其他属性通过计算而得到的属性。示例代码如下：

```swift
class Circle {
    //提供两个存储属性
    var r:Double
    var center:(Double,Double)
    //提供周长与面积的计算属性
    var l:Double{
        get{
            return 2*r*Double.pi
        }
        set{
            r = newValue/2/Double.pi
        }
    }
    var s:Double{
        get{
            return r*r*Double.pi
        }
        set{
            r = sqrt(newValue/Double.pi)
        }
    }
    //提供一个构造方法
    init(r:Double,center:(Double,Double)){
        self.r = r
        self.center = center
    }
}
//创建圆类实例
var circle = Circle(r: 3, center: (3,3))
//通过计算属性获取周长与面积
```

```
print("周长是：\(circle.l);面积是：\(circle.s)")
//通过周长和面积来设置圆的半径
circle.l = 12*Double.pi
print(circle.r)
circle.s = 25*Double.pi
print(circle.r)
```

如以上代码所示，圆的半径将影响圆的周长与面积。同样，设置了圆的周长或者面积后，也将会反过来影响圆的半径。计算属性中可以定义 get 与 set 方法，分别用来获取计算属性的值和设置计算属性的值。当然，归根结底，计算属性本身并没有存储值，它只是作为一个接口向外界提供某些经过计算后具有相应意义的数据。在计算过程中，通常会用到其他的存储属性。需要注意，在计算属性的 set 方法中，会将外界所设置的值默认以 newValue 的名字传入，开发者可以直接进行使用，也可以为这个值设置自定义的名称，示例如下：

```
class Circle {
    //提供两个存储属性
    var r:Double
    var center:(Double,Double)
    //提供周长与面积为计算属性
    var l:Double{
        get{
            return 2*r*Double.pi
        }
        set{
            r = newValue/2/Double.pi        }
    }
    var s:Double{
        get{
            return r*r*Double.pi        }
        //自定义传值名称
        set(myValue){
            r = sqrt(myValue/Double.pi)
        }
    }
    //提供一个构造方法
    init(r:Double,center:(Double,Double)){
        self.r = r
        self.center = center
    }
}
```

关于计算属性的 get 与 set 方法，需要注意，get 方法是必不可少的，而 set 方法是可选的。当一个计算属性只有 get 方法而没有 set 方法时，此计算属性是只读的，外界只能获取此计算属性的值，不能设置此计算属性的值，示例代码如下：

```
class TestClass {
    var test:Int{
        get{
            return 10
        }
```

```
    }
}
var test = TestClass()
//对只读的计算属性进行设置会报出错误
test.test = 10
```

由于只读的计算属性没有set方法块，因此可以进一步简写，上面的代码可以简写如下：

```
class TestClass {
    var test:Int{
        return 10
    }
}
var test = TestClass()
//对只读的计算属性进行设置会报出错误
//test.test = 10
```

8.2　属性监听器

在许多编程场景中，开发者在对类的某些属性进行赋值时需要进行一些额外的操作。在Objective-C语言中，可以为属性实现set方法加入一些额外的逻辑。Swift语言中的存储属性提供了属性监听器，以便让开发者赋值属性时执行额外操作。

属性监听器用于监听存储属性赋值的过程，并且开发者可以在其中编写代码，添加额外的逻辑。需要注意，在进行属性的构造或初始化时，无论是通过构造方法进行属性构造或初始化，还是为属性设置默认值，都不会调用属性监听器的方法。初始化后从第2次为属性赋值开始，属性监听器才会被调用。示例代码如下：

```
class Teacher {
    var name:String{
        //此属性将要被赋值时会调用的方法
        willSet{
            //其中会默认生成一个 newValue 来接收外界传递进来的新值
            print("将要设置名字为:\(newValue)")
        }
        //此属性已经被赋值后会调用的方法
        didSet{
            //其中会默认生成一个 oldValue 来保存此属性的原始值
            print("旧的名字为:\(oldValue)")
        }
    }
    var age:Int
    init(name:String,age:Int){
        self.age=age
        self.name=name
    }
}
```

```
//构造时并不会打印属性监听器中的打印信息
var teacher = Teacher(name: "珲少", age: 24)
```

第二次赋值才会打印属性监听器中的信息，如下：

```
/*
 将要设置的名字为:Jaki
 旧的名字为:珲少
 */
teacher.name = "Jaki"
```

同样，开发者也可以为属性监听器中传入的值设置自定义的名称，示例如下：

```
class Teacher {
    var name:String{
        //此属性将要被赋值时会调用的方法
        willSet(new) {
            //其中会默认生成一个 newValue 来接收外界传递进来的新值
            print("将要设置名字为:\(new)")
        }
        //此属性被赋值后会调用的方法
        didSet(old){
            //其中会默认生成一个 oldValue 来保存此属性的原始值
            print("旧的名字为:\(old)")
        }
    }
    var age:Int
    init(name:String,age:Int){
        self.age=age
        self.name=name
    }
}
```

提　示
只有存储属性可以设置属性监听器，计算属性不可以。

8.3　属性包装器

　　属性包装器是Swift 5.1版本之后引入的一个新的语法特性。使用属性包装器可以实现计算属性计算过程的复用，例如定义一个会员类，其中将存储会员的名字和年龄，如果会员不设置名字或设置的名字是空的，则默认将其会员名重置为default，对于会员年龄，如果会员设置的值为负数，我们需要将其重置为0（需要符合年龄的实际意义）。示例代码如下：

```
class Member:CustomStringConvertible {
    // 内部存储属性
    private var name:String
    private var age:Int
```

```
    init() {
        self.name = "default"
        self.age = 0
    }
    //暴露给类外使用的计算属性
    var memberName:String {
        get {
            return self.name
        }
        // 对姓名做检查逻辑
        set(newValue) {
            if newValue.count == 0 {
                self.name = "default"
            } else {
                self.name = newValue
            }
        }
    }
    var memberAge:Int {
        get {
            return self.age
        }
        // 对年龄做检查逻辑
        set(newValue) {
            if newValue < 0 {
                self.age = 0
            } else {
                self.age = newValue
            }
        }
    }
    // 自定义打印方法
    var description: String {
        return "\(self.memberName):\(self.memberAge)"
    }
}

let member1 = Member()
member1.memberAge = -1
member1.memberName = ""
// 设置的不合法数据将无效，会输出：default:0
print(member1)
```

其实，并非只有会员类的名称和年龄属性需要有如上代码的检查逻辑，很多计算属性都会有
类似的逻辑，我们可以将其封装为一个属性包装器，这样这个计算过程即可被复用，优化代码如下：

```
// 定义属性包装器，这个属性包装器的作用是确保属性赋值不小于 0
@propertyWrapper
struct MoreThanZero {
    private var number: Int
    init() { self.number = 0 }
```

```swift
    var wrappedValue: Int {
        get { return number }
        set {
            if newValue < 0 {
                self.number = 0
            } else {
                self.number = newValue
            }
        }
    }
}
// 定义属性包装器，这个属性包装器的作用是确保属性赋值不能为空字符串
@propertyWrapper
struct NotEmptyString {
    private var value: String
    init() { self.value = "default" }
    var wrappedValue: String {
        get { return value }
        set {
            if newValue.count > 0 {
                self.value = newValue
            } else {
                self.value = "default"
            }
        }
    }
}


class Member:CustomStringConvertible {
    private var name:String
    private var age:Int
    init() {
        self.name = "default"
        self.age = 0
    }
    // 使用属性包装器来定义计算属性
    @NotEmptyString var memberName:String
    @MoreThanZero var memberAge:Int
    var description: String {
        return "\(self.memberName):\(self.memberAge)"
    }
}

let member1 = Member()
member1.memberAge = -1
member1.memberName = ""
print(member1)
```

8.4　实例属性与类属性

　　前面提到的所有属性实际上都是实例属性，Swift语言中与之对应的还有类属性。实例属性由类的实例调用，类属性则直接由类来调用。可以简单理解为，实例属性是与具体实例相关联的，一般用来描述类实例的一些特性，而类属性是与此类型相关联的，用来描述整个类型的某些特性。类属性使用static或者class关键字来声明。使用static关键字声明的属性也被称为静态属性，需要注意，对于类的计算属性，如果允许子类对其计算方法进行覆写，则需要用class关键字来声明，示例代码如下：

```
class SomeClass {
    //静态存储属性
    static var className = "SomeClass"
    //静态计算属性
    static var subName:String{
        return "sub"+className
    }
    class var classSubName:String{
        return "class" + subName
    }
}
//类属性不需要创建实例对象，直接使用类名来调用
SomeClass.className
SomeClass.subName
SomeClass.classSubName
//创建一个继承 SomeClass 的子类
class SubClass:SomeClass{
    //对计算类属性的计算方法进行覆写，覆写需要使用 override 关键字
    override class var classSubName:String{
        return "newNme"
    }
}
SubClass.classSubName
```

提　示
类属性通常用来描述整个事物类所共享的一些事物特点，例如生产一批电视机，电视机的标准寿命值可以作为类属性。

8.5　实例方法与类方法

　　与实例属性和类属性对应，方法也分为实例方法和类方法。实例方法是由类型的实例进行调

用的，类方法是由类型名直接调用的。类方法通常也用来描述整个类型所共享的行为。

8.5.1 实例方法的意义与应用

方法只是一个术语，其实质是将函数与特定的类型进行结合。实例方法在语法上和函数完全一致，其与具体类型的实例相关联，实例通过点语法来调用其方法。使用Xcode创建一个名为Method的Playground文件，在其中进行本章代码的演练，首先创建一个简单的Math类，为其提供一个加法功能的方法，示例代码如下：

```
//创建一个数学类
class Math {
    //提供一个加法的实例函数
    func add(param1:Double,param2:Double) -> Double {
        return param1+param2
    }
}
//创建数学类实例
var obj = Math()
//实例对象通过点语法调用实例方法
obj.add(param1: 2, param2: 3)
```

在Swift语言中，类的每个实例中都默认隐藏着一个名为self的属性，可以简单理解为，self就是实例本身，开发者可以在实例方法中通过self来调用类的属性和其他实例方法，示例代码如下：

```
//创建一个数学类
class Math {
    //提供一个加法的实例函数
    func add(param1:Double,param2:Double) -> Double {
        return param1+param2
    }
    //提供一个求和的平方的方法
    func sqr(param1:Double,param2:Double) -> Double {
        //调用自身的其他实例方法
        return self.add(param1: param1, param2: param2) * self.add(param1: param1,
param2: param2)
    }
}
//创建数学类实例
var obj = Math()
obj.sqr(param1: 3, param2: 3)
```

一般情况下，self是可以被省略的，开发者直接通过方法名来调用自身的实例方法也是没问题的。有一种情况读者需要注意，在对实例属性进行调用的时候，有时候属性名称可能会和方法中的参数名称相同，这时为了避免歧义，实例属性前的self不能够省略。

Swift语言中的类型有值类型与引用类型之分，对于引用类型，在实例方法中对实例属性进行修改是没问题的。但是对于值类型，读者需要格外注意，使用mutating关键字修饰实例方法才能对属性进行修改，示例代码如下：

```
//创建一个点结构体
struct Point {
    var x:Double
    var y: Double
    //将点进行移动，因为修改了属性的值，需要用 mutating 修饰方法
    mutating func move(x:Double,y:Double) {
        self.x+=x
        self.y+=y
    }
}
//创建点结构体实例
var point = Point(x: 3, y: 3)
//进行移动，此时位置为 x=6，y=6
point.move(x: 3, y: 3)
```

实际上，在值类型实例方法中修改值类型属性的值就相当于创建了一个新的实例，上面的代码和下面的代码原理上是一致的：

```
//创建一个点结构体
struct Point {
    var x:Double
    var y: Double
    //将点进行移动，直接创建新的实例
    mutating func move(x:Double,y:Double) {
        self = Point(x: self.x+x, y: self.y+y)
    }
}
//创建点结构体实例
var point = Point(x: 3, y: 3)
//进行移动，此时位置为 x=6，y=6
point.move(x: 3, y: 3)
```

8.5.2　类方法

类方法是关联整个类型的，被整个类型所共享。对比类属性，Swift语言中的类方法也是通过static和class关键字来声明的，static关键字声明的类方法又被称为静态方法，其不能被子类覆写，而class关键字声明的类方法可以被类的子类覆写。

在类方法中也可以使用self关键字，但此时self关键字不再代表实例本身，而是代表当前类。在类方法中使用self可以对当前类型的类属性和类方法进行调用。为Point结构体提供一个静态方法，示例代码如下：

```
//创建一个点结构体
struct Point {
    var x:Double
    var y: Double
    //将点进行移动，因为修改了属性的值，需要用 mutating 修饰方法
    mutating func move(x:Double,y:Double) {
        self = Point(x: self.x+x, y: self.y+y)
```

```
    }
    //提供一个静态属性
    static let name = "Point"
    static func printName(){
        //使用 self 调用静态属性
        print(self.name)
    }
}
//使用结构体名直接调用静态方法
Point.printName()
```

对于类来说，使用class关键字声明的类方法可以被子类覆写，示例代码如下：

```
//创建一个类作为基类
class MyClass {
    class func myFunc(){
        print("MyClass")
    }
}
class SubMyClass: MyClass {
    //对父类方法进行覆写
    override class func myFunc(){
        print("SubMyClass")
    }
}
SubMyClass.myFunc()
```

8.6   下标方法

前面介绍过Swift语言中的元组，如集合和数组等数据结构，它们可以通过下标的方式来获取其中的元素，这种使用下标获取集合元素的方法写法简单快捷，并且令开发者在编程时十分高效，示例代码如下：

```
var array = [1,2,3,4,5,6,7]
//通过下标获取数组中第 3 个元素，注意下标从零开始
array[2]
```

开发者可否为自定义的数据类型也赋予这种下标访问的功能呢？答案是可以。Swift语言为开发者提供了现成的方法，开发者只需要在自己定义的类型中将其实现，即可为此类型提供下标访问的功能。例如，模拟系统的Array数组创建一个自定义的数组类，示例代码如下：

```
class MyArray {
    var array:Array<Int>
    init(param:Int...){
        array = param
    }
    //subscript 是 Swift 语言中用于定义下标功能的方法
    subscript(index:Int)->Int{
```

```
        set{
            //默认外界设置的值会以 newValue 为名称传入，开发者也可以自定义
            array[index] = newValue
        }
        get{
            return array[index]
        }
    }
}
var myArray = MyArray(param: 1,2,3,4,5)
//通过下标进行访问
myArray[2]
myArray[1] = 0
```

下标使用subscript来定义，其与普通方法类似，参数和返回值分别作为下标和通过下标所取的值。但是subscript实现部分和计算属性十分相似，必须实现一个get代码块和一个可选的set代码块，get代码块用于使用下标取值，set代码块用于使用下标设置值。因此，subscript结构更像是计算属性和方法的混合体。上面的示例代码中演示了为自定义的类型添加下标访问的功能，实际上下标访问并不只局限于一维下标，开发者可以根据需求实现自己的任意维度的下标访问功能。例如，将**MyArray**改造成一个二维数组，并为其添加二维下标访问的功能，示例代码如下：

```
class MyArray {
    //向数组中嵌套数组，实现二维数组
    var array:Array<Array<Int>>
    init(param:Array<Int>...){
        array = param
    }
    //subscript 是 Swift 语言中用于定义下标功能的关键字
    subscript(index1:Int,index2:Int)->Int{
        set{
            //默认外界设置的值会以 newValue 为名称传入，开发者也可以进行自定义
            array[index1] [index2] = newValue
        }
        get{
            var tmp = array[index1]
            return tmp[index2]
        }
    }
}
var myArray = MyArray(param: [1,2,3],[3,4,5],[4,5,6],[6,7,8],[7,8,9])
//通过下标进行访问
//访问结构中第 2 个数组中的第 3 个元素，返回 5
myArray[1,2]
//设置第 5 个数组中的第 3 个元素的值
myArray[4,2] = 0
```

提 示

（1）下标方法 subscript 中也可以只实现 get 代码块，此时只可以通过下标来进行读取操作，不可以使用下标来进行设置操作。

（2）下标方法 subscript 中参数的个数和类型开发者都可以根据需求自由定义，返回值的类型也可以自由定义，但有一点需要注意，下标的参数不可以设置默认值，也不可以设置为 inout 类型。

8.7　练习及解析

设计一个线段结构体，为其提供中心点、长度、斜率3个计算属性。

```swift
struct Line {
    //线段的两点
    var point1:(Double,Double)
    var point2:(Double,Double)
    var center:(Double,Double){
        return ((point1.0+point2.0)/2,(point1.1+point2.1)/2)
    }
    //sqrt 为开平方函数，abs 为绝对值函数
    var width:Double{
        return  sqrt(abs(point1.0-point2.0)*abs(point1.0-point2.0)+
abs(point1.1-point2.1)*abs(point1.1-point2.1))
    }
    var k:Double{
        return (point1.1-point2.1)/(point1.0-point2.0)
    }
    init(point1:(Double,Double),point2:(Double,Double)){
        self.point1 = point1
        self.point2 = point2
    }
}
var line = Line(point1: (1,1), point2: (3,3))
line.center
line.width
line.k
```

8.8　模拟面试

（1）Swift 在类中定义的属性有两种：存储属性和计算属性，它们有什么区别？

回答要点提示：

①存储属性主要用来进行数据的存储，在内存中需要为这个属性分配相应的空间。

②计算属性主要用来定义计算的过程，不需要空间来存储数据。

③计算属性与方法有些类似，它更多用来定义对象的某些状态，但是这些状态可以通过其他更加基础的状态计算而来。

核心理解内容：

理解属性的意义，能够灵活地使用存储属性和计算属性。

（2）怎么理解懒加载？

回答问题要点：

①懒加载是编程中常用的一种优化技巧。很多时候类示例中的属性是否真正创建与用户的操作逻辑有关，例如复杂对象的某个属性可能需要从本地文件进行读取，这是一个耗时的过程，并且并非用户每次都会用到这个属性，这时就可以采用懒加载的方式，只有当使用到这个属性时才进行文件的读取。

②在 Swift 中，属性可以声明为延迟加载，延时加载属性就属于懒加载编程的一种，在对象构造时属性并不会被赋值，只有当使用到属性时才进行赋值。

③懒加载可以有效地加快对象的构造速度并且可以一定程度节省内存的使用。

核心理解内容：

延时加载属性是Swift中对对象懒加载的一种实现方式，在编程中要尽量使用这种方式定义属性。

第9章

构造方法与析构方法

创造包括万物的萌芽，经培育了生命和思想，正如树木的开花结果。

—— 居伊·德·莫泊桑

对于构造方法，你应该不会陌生，前边章节在介绍枚举、结构体和类时，都需要对类型实例进行构造，用于完成实例构造的方法被称为构造方法。析构方法是构造方法的逆过程，一个实例被销毁和释放的过程由析构方法来完成。在Swift语言中，类和结构体在构造完成前，必须完成其中存储属性的构造与初始化。在Objective-C语言中，初始化方法会返回一个当前类型的实例对象，而Swift语言则不同，Swift语言中的构造方法没有任何返回值。

通过本章，你将学习到：

- 实例的构造过程。
- 构造方法的应用。
- 指定构造方法与便利构造方法的意义及用法。
- 构造方法的安全性检查。
- 构造方法的继承特性。
- 可失败构造方法与必要构造方法的意义与应用。
- 析构方法的意义与应用。

9.1　构造方法的设计与使用

Swift语言中的构造方法与Objective-C语言中的初始化方法作用类似，熟悉Objective-C语言的开发者可能了解，在Objective-C语言中，初始化方法并没有严格的要求，开发者设计相对自由。Swift语言则不同，由于其安全性的特征，Swift语言要求结构体和类必须在构造方法结束前完成其中存储属性的构造（延时存储属性除外）。因此，开发者在设计类时，往往采用两种方式来处理存储属性：

- 在类和结构体中声明存储属性时直接为其设置初始默认值。
- 在类和结构体的构造方法中对存储属性进行构造或者设置默认值。

使用Xcode创建一个名为Initialization的Playground文件，在其中编写如下示例代码：

```
class MyClass {
    //声明属性时直接进行赋值
    var count:Int = 0 {
        willSet{
            print("willSet")
        }
    }
    var name:String{
        didSet{
            print("didSet")
        }
    }
    //自定义构造方法
    init(){
        //必须对 name 属性进行赋值
        name = "HS"
    }
}
```

提　示

在对存储属性设置默认值或者在构造方法中对其构造时，并不会触发属性监听器，只有在构造完成后，再次对其赋值时才会触发。

上面的示例代码中，init()方法为不带参数的构造方法，Swift语言中所有的构造方法都需要使用init()来标识，开发者可以通过函数重载来创建适用于各个场景的构造方法。Swift语言官方文档建议开发者：如果一个类或结构体的大多数实例的某个属性都需要相同的值，开发者应该将其设置为这个属性的初始默认值。这样做可以很好地利用编译器的类型推断功能，减少代码冗余，使代码结构更加紧凑。

另一方面，如果某个属性在逻辑上是允许为nil的，开发者可以将其声明成Optional类型，对于Optional类型的属性，如果在构造方法中不进行赋值，则会被默认赋值为nil，示例代码如下：

```
class MyClass {
    //声明属性时直接进行赋值
    var count:Int = 0 {
        willSet{
            print("willSet")
        }
```

```
    }
    var name:String{
        didSet{
            print("didSet")
        }
    }
    var opt:Int?
    //自定义构造方法
    init(){
        //必须对 name 属性进行赋值
        name = "HS"
        //没有对 opt 进行赋值操作，也没有赋初始值，默认被赋值为 nil
    }
}
```

提　示

常量属性也必须在实例构造完成前被构造完成，一旦常量属性被赋值，则不能再被修改，例如下面的代码会使编译器报出错误：

```
class MyClass {
    let name:String = ""
    init(){
        //这里对常量再次赋值会使编译器报错
        name = "HS"
    }
}
```

如果类或者结构体中的所有存储属性都有初始默认值，那么开发者不显式地提供任何构造方法，编译器也会默认自动生成一个无参的构造方法init()，在进行类型的实例化时，构造出来的实例所有属性的值都是默认的初始值，示例代码如下：

```
class MyClassTwo{
    var age = 25
    var name = "HS"
}
//使用默认的 init 构造方法进行实例的构造
var obj = MyClassTwo()
//将打印 age:25name:HS
print("age:\(obj.age)name:\(obj.name)")
```

和类不同的是，对于结构体，开发者可以不实现其构造方法，编译器会默认生成一个构造方法，将所有属性作为参数，示例代码如下：

```
struct MyStruct {
    var age:Int = 0
    var name:String
}
//默认生成带参的构造方法
```

```
var st = MyStruct(age: 24, name: "HS")
```

关于值类型，还有一个细节需要读者注意，如果开发者为值类型结构（例如结构体）提供了一个自定义的构造方法，则系统默认生成的构造方法将失效，Swift语言这样设计的初衷是为了安全性方面考虑，防止开发者调用自定义的构造方法时误调用到系统生成的构造方法。并且，对于值类型，构造方法可以嵌套使用，示例代码如下：

```
struct MyStruct {
    var age:Int = 0
    var name:String
    init(age:Int,name:String){
        self.age = age
        self.name = name
    }
    // 在这个构造方法中调用其他构造方法
    init(){
        self.init(age:24,name: "HS")
    }
}
//使用无参的构造方法依然可以将 age 设置为 24，name 设置为 HS
var st = MyStruct()
print("age:\(st.age)name:\(st.name)")
```

9.2　指定构造方法与便利构造方法

对于类来说，构造方法有指定构造方法与便利构造方法之分。指定构造方法的官方名称为Designated，便利构造方法的官方名称为Convenience。前面示例中所用到的构造方法都是指定构造方法，指定构造方法不需要任何关键字修饰，便利构造方法需要使用Convenience关键字来修饰。指定构造方法是类的基础构造方法，任何类都要至少有一个指定构造方法；便利构造方法则是为了方便开发者使用，为类额外添加的构造方法，需要注意，便利构造方法最终也要调用指定构造方法。关于指定构造方法与便利构造方法，Swift语言中有这样的原则：

- 子类的指定构造方法中必须调用父类的指定构造方法。
- 便利构造方法中必须调用当前类的其他构造方法。
- 便利构造方法归根结底要调用某个指定构造方法。

上面的3条原则乍看起来十分晦涩难懂，Swift语言官方文档中提供了一张示意图，如图9-1所示。通过图示，读者可以较为直观地理解指定构造方法与便利构造方法之间的关系。

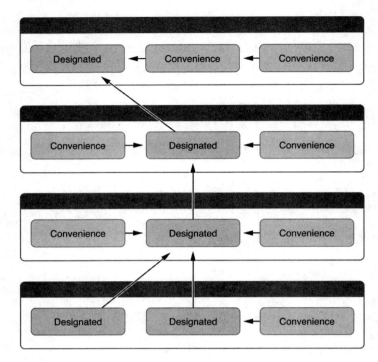

图 9-1 指定构造方法与便利构造方法的关系

下面通过代码来演示类中构造方法的3条原则，示例代码如下：

```
//创建一个类作为基类
class BaseClass {
    //提供一个指定构造方法
    init(){
        print("BaseClass Designated")
    }
    //提供一个便利构造方法
    //便利构造方法必须调用当前类中的其他构造方法，并最终调用指定构造方法
    convenience init(param:String){
        print("BaseClass Convenience")
        //进行指定构造方法的调用
        self.init()
    }
}
//创建一个 BaseClass 的子类
class SubClass:BaseClass{
    //覆写指定构造方法时必须调用父类的指定构造方法
    override init(){
        super.init()
    }
    //提供两个便利构造方法
    convenience init(param:String) {
        //最终调用某个指定构造方法
        self.init()
    }
```

```
        convenience init(param:Int){
            //调用另一个便利构造方法
            self.init(param:"HS")
        }
    }
var obj2 = SubClass()
//打印输出 BaseClass Designated
```

9.3　构造方法的继承关系

方法是与特定类型关联被赋予特殊意义的函数，同样，构造方法又是类中一种特殊的方法。关于构造方法的继承关系，Swift语言中也有一套严格的原则规范，并且在继承关系中，构造方法的应用十分灵活。在开发中，读者只需要把握住如下两个原则，便可以不变应万变：

在继承关系中，如果子类没有覆写或者重写任何指定构造方法，则默认子类会继承父类所有的指定构造方法。

如果子类中提供了父类所有的指定构造方法（无论是通过继承方式还是覆写方式），则子类会默认继承父类的便利构造方法。

上面两个原则可能有些难以理解，简单来说，第1个原则实际上说明子类如果定义了自己的指定构造方法，或者覆写了父类的某个指定构造方法，则子类不再继承父类所有的指定构造方法；第2个原则可以这样理解：由于所有便利构造方法最终都要调用指定构造方法，因此只要子类提供了这个便利构造方法需要调用的指定构造方法，这个便利构造方法就会被继承。

覆写父类的指定构造方法需要使用override关键字，和普通方法的覆写一样。但是便利构造方法并不存在覆写的概念，便利构造方法必须调用类本身的其他构造方法，因此无论子类中定义的便利构造方法与父类是否相同，其都是子类独立的构造方法。

使用代码演示构造方法的继承关系，示例代码如下：

```
//创建一个基类
class BaseCls {
    //提供两个指定构造方法
    init(){
        print("BaseCls init")
    }
    init(param:Int){
        print("BaseCls init\(param)")
    }
    //提供一个便利构造方法
    convenience init(param:String){
        //调用其他构造方法
        self.init()
    }
}
//此类中不进行任何构造方法的定义，默认会继承父类的所有构造方法
class SubClsOne:BaseCls{
```

```
}
//这个类中对父类的无参 init() 指定构造方法进行覆写
class SubClsTwo: BaseCls {
    //覆写了无参的 init() 构造方法，则不再继承父类其他构造方法
    override init(){
        super.init()
    }
}
//这个类没有覆写父类的构造方法，但是通过函数重载的方式定义了自己的构造方法
class SubClsThree:BaseCls{
    //重载了一个新的构造方法，则不再继承父类的其他构造方法
    init(param:Bool){
        super.init()
    }
}
//这个类覆写了父类的所有的指定构造方法，则会默认把父类的便利构造方法继承下来
class SubClsFour:BaseCls{
    override init(param:Int){
        super.init(param:param)
    }
    override init(){
        super.init()
    }
}
```

如以上代码所示，BaseCls基类中提供了两个指定构造方法和一个便利构造方法。它的第1个子类SubClsOne中没有定义任何构造方法，因此SubClsOne会默认继承BaseCls类中所有构造方法，包括两个指定构造方法和一个便利构造方法。BaseCls类的第2个子类SubClsTwo中覆写了父类的无参构造方法，则SubClsTwo类中只有这一个构造方法，不再继承父类的其他构造方法。BaseCls类的第3个子类SubClsThree中没有覆写父类的任何构造方法，而是重载实现了自己的构造方法，则SubClsThree也不再继承任何父类的构造方法。BaseCls类的第4个子类SubClsFour中覆写了父类的所有指定构造方法，因此SubClsFour也会将父类的便利构造方法继承下来。

这样设计Swift语言中的构造方法充分体现了Swift语言对编程安全性的注重，这样做能够将开发者对构造方法误调的概率降到最低。

提　示

在编程中，有方法的覆写与重载两个概念，覆写和重载并不相同。覆写是子类对父类的方法重新实现，两者用了同一个方法，但是子类有了自己的功能。重载是使用已有方法相同的方法名，但通过设置不同的参数个数或参数类型来实现新的方法。

9.4　构造方法的安全性检查

本书一直在向读者强调编程安全对Swift语言的重要性，Swift语言中的类在实例化完成后，可以保证所有存储属性的值都是开发者明确指定的。实际上，在类的构造方法中，编译器会进行4

项安全性检查：

检查1：子类的指定构造方法中，必须完成当前类所有存储属性的构造，才能调用父类的指定构造方法。此检查可以保证：在构造完从父类继承下来的所有存储属性前，本身定义的所有存储属性也已构造完成。

检查2：子类如果要自定义父类中存储属性的值，必须在调用父类的构造方法之后进行设置。此检查可以保证：子类在设置从父类继承下来的存储属性时，此属性已构造完成。

检查3：如果便利构造方法中需要重新设置某些存储属性的值，必须在调用指定构造方法之后进行设置。此检查可以保证：便利构造方法中对存储属性值的设置不会被指定构造方法中的设置覆盖。　　　•

检查4：子类在调用父类构造方法之前，不能使用self来引用属性（基类无所谓）。此检查可以保证在使用self关键字调用实例本身时，实例已经构造完成。

上面的4项检查可以保证开发者在任何情况下使用类的实例时，其中的存储属性的值都是明确确定的，符合上述4项检查行为的示例代码如下，读者可以根据代码进一步理解检查的意义：

```
//创建一个类作为基类
class Check {
    var property:Int
    init(param:Int){
        property = param
    }
}
//创建继承与 Check 类的子类
class SubCheck:Check{
    var subProperty:Int
    init(){
        //检查原则 1：必须在调用父类的指定构造方法前完成本身属性的赋值
        subProperty = 1
        super.init(param: 0)
        //检查原则 2：如果子类要重新赋值从父类继承来的属性，必须在调用父类的指定构造方法后
        property = 2
        //检查原则 4：在完成父类的构造方法之后，才能使用 self 关键字
        self.subProperty = 2
    }
    convenience init(param:Int,param2:Int){
        self.init()
        //检查原则 3：便利构造方法中要修改属性的值必须在调用指定构造方法之后
        subProperty = param
        property = param2
    }
}
```

9.5　可失败构造方法与必要构造方法

　　Swift语言为了处理某些可能为空的值，引入了Optional类型。对于类的构造方法，实际开发中经常有构造失败的情况。举一个例子，一个构造方法可能需要一些特定情况的参数，当传递的参数不符合要求时，开发者需要让这次构造失败，这时就需要使用到Swift语言中可失败构造方法的相关语法。

　　可失败构造方法的定义十分简单，只需要使用init?()即可，在实现可失败构造方法时，开发者可以根据需求返回nil。示例代码如下：

```
//创建一个类作为基类
class Check {
    var property:Int
    init(param:Int){
        property = param
    }
    init?(param:Bool){
        //使用守护语句，当param为true时才进行构造
        guard param else{
            return nil
        }
        property = 1
    }
}
//将返回nil
var check = Check(param: false)
```

　　另外，开发者也可以设置某些构造方法为必要构造方法，如果一个类中的某些构造方法被指定为必要构造方法，则其子类必须实现这个构造方法（可以通过继承或者覆写的方式），必要构造方法需要使用required关键字进行修饰，示例代码如下：

```
//创建一个类作为基类
class Check {
    var property:Int
    //此构造方法必须被子类实现
    required init(param:Int){
        property = param
    }
    init?(param:Bool){
        //使用守护语句，当param为true时才进行构造
        guard param else{
            return nil
        }
        property = 1
    }
}
```

关于属性的构造，还有一个小技巧，如果某些属性的构造比较复杂，开发者可以通过闭包的方式来进行属性的构造，示例代码如下：

```
//创建一个类作为基类
class Check {
    var property:Int
    //此构造方法必须被子类实现
    required init(param:Int){
        property = param
    }
    //这个属性的构造使用闭包的方式进行
    var name:Int = {
        return 6+6
    }()
}
```

由于闭包是一个代码块，因此使用闭包的方式可以将多行功能代码组合起来使用，这对于复杂类型属性的构造十分方便。注意，闭包后面的小括号"()"不可以漏掉，失去了小括号，这个属性就会变成一个只读的计算属性，本质就发生了变化。

9.6 析构方法

析构方法与构造方法是互逆的，如果将构造方法理解为类实例的创建过程，则析构方法就是类实例的销毁过程。在实际开发中，经常需要在类实例将要销毁的时候将其中用到的资源释放掉，如关闭文件等操作都会放入析构方法中进行。构造方法使用init()来标识，析构方法使用deinit()来标识。实例代码如下：

```
class Temp {
    deinit{
        print("Temp 实例被销毁")
    }
}
var temp:Temp? = Temp()
//当可选类型的类实例变量被赋值为 nil 时，实例会被释放
temp=nil
```

9.7 练习与解析

设计游戏中的子弹和敌人类，假设这是一款一维直线上的射击游戏，敌人的移动速度是10单位/帧，子弹的飞行速度是30单位/帧，当子弹碰到敌人后，子弹和敌人同时销毁。

解析：

```
//设计子弹类
```

```swift
class Bullet{
    //提供一个属性描述子弹的位置
    var place:Int
    //提供一个类属性描述子弹的飞行速度
    static var speed:Int = 30
    //提供飞行方法描述飞行的行为
    func fly() {
        self.place += Bullet.speed
    }
    //提供一个构造方法
    init(place:Int) {
        self.place = place
    }
    //实现析构方法
    deinit {
        print("子弹命中")
    }
}
//设计敌人类
class Enemy{
    //提供一个属性描述敌人的位置
    var place:Int
    //提供一个类属性描述敌人逃逸的速度
    static var speed:Int = 10
    //提供一个方法描述敌人逃逸的行为
    func escape() {
        self.place+=Enemy.speed
    }
    //提供一个构造方法
    init(place:Int) {
        self.place=place
    }
    deinit {
        print("敌人被击中")
    }
}
//创建子弹实例与敌人实例
var bullet:Bullet? = Bullet(place: 0)
var enemy:Enemy? = Enemy(place:300)
//记录追击回合
var i=0
//命中判断
while bullet!.place<enemy!.place {
    bullet!.fly()
    enemy!.escape()
    i+=1
    print("追击\(i)回合")
}
//将敌人和子弹一起销毁
bullet=nil
enemy=nil
```

9.8 模拟面试

（1）简述 Swift 中构造方法的特点。

回答要点提示：

①构造方法是类中比较特殊的一个方法，在构造实例时会调用。

②在 Swift 中，构造方法不需要使用 func 关键字声明，且必须命名为 init。

③Swift 是一种语法十分严格的语言，在构造方法执行完成之前，必须保证非 Optional 类型的存储属性赋值完成。

④Swift 中的构造方法分为指定构造方法和便利构造方法，其中指定构造方法是基础的构造方法，便利构造方法是为了方便开发者调用的构造方法，便利构造方法最终要调用指定构造方法。

⑤在 Swift 中，类实例的构造可能失败，使用 init?定义的构造方法允许构造失败。

⑥如果某个构造方法必须被子类实现，则可以使用 required 修饰。

⑦与构造方法对应，Swift 中的析构方法在对象销毁前会被调用。

核心理解内容：

在Swift语言中，构造方法规则较多且十分灵活，是一个比较难掌握的点，要熟记构造方法相关规则和使用方法。

第 10 章

内存管理与异常处理

尽可能少犯错误，这是人的准则；不犯错误，那是天使的梦想。尘世上的一切都是免不了错误的。错误犹如一种地心吸力。

—— 雨果

在软件开发中，开发者创建的任意一个变量、一个常量，设计的一个结构体、一个类都将在内存中占有一定的存储空间。试想一下，如果不对内存空间进行合理地管理，随着软件运行时间的增长，最终将因为内存不足而造成灾难性的后果。因此，合理地进行内存管理对于编程语言来说至关重要，其决定了软件的运行性能。

Swift语言延续了Objective-C语言对内存管理的思路，依然采用引用计数的方式来管理实例的内存空间。理解引用计数的实质可以帮助开发者减少编写会产生内存泄漏的代码。内存管理也是Swift编程语言学习中的一个难点，读者在学习本章内容时，需要多多思考并在实战演练中揣摩理解。

在编写代码时，任何开发者都不能保证其编写的代码完美无瑕。生产环境的复杂多变、数据结构的错乱与异常都会使程序的运行产生意料之外的错误。一种编程语言强大与否很大程度上也体现在对异常情况的处理能力上。Swift语言提供了一套十分完善的异常处理机制，开发者可以对有可能产生风险的代码进行可控的处理。

通过本章，你将学习到：

- 自动引用计数的原理。
- 会产生循环引用的场景。
- 通过弱引用与无主引用解决循环引用问题。
- 闭包中产生循环引用的解决方法。
- 对可能产生风险的代码进行异常抛出。

- 对产生的异常进行捕获和处理。
- 延时执行语句的应用。

10.1 自动引用计数

自动引用计数（Automatic Reference Counting，ARC）是Objective-C语言与Swift语言中解决内存管理问题的一种手段。

在Swift语言中，任何变量和常量都有作用域，普通变量和常量的作用域往往只在离其最近的大括号内。属性则特殊一些，其和具体的实例关联，和实例的生命周期保持一致。使用Xcode开发工具创建一个名为AutoReferCount的Playground文件，在其中编写如下代码：

```
//创建一个函数
func Test() {
    //变量 a 的作用域为整个函数内
    var a = 10
    while a>0 {
        a -= 1
        //变量 b 的作用域为 while 循环块内，出了 while 循环，变量 b 将被销毁，其占用的空间也将
被释放
        var b = 2
    }
    if a<0 {
        //变量 c 的作用域为 if 语句块内，if 语句块结束后，变量 c 将被销毁，其占用的空间将释放
        var c = 3
    }
}
//创建一个类
class TestClass {
    //name 属性与当前类的实例关联，其生命周期与当前类实例一致
    var name:String = "HS"
}
//创建 TestClass 实例的时候，其中的属性 name 也会被构造，并为其分配内存空间
var obj:TestClass? = TestClass()
//obj 实例被销毁，其中的属性也随同一起销毁，释放所占的内存空间
obj=nil
```

当一个量值脱离了其作用域，就会被销毁，其所占用的内存空间也会被释放，这十分好理解。但如果某个量值在销毁前进行了数据传递，情况又会变成怎样呢？前面的章节向读者介绍过，Swift语言中的数据传递分为两种，即值类型的数据传递和引用类型的数据传递。

对于值类型的数据传递，其采用的是完全复制的原理，因此原数据的销毁与内存的释放并不会影响新数据，新数据占用的内存会在它本身的作用域结束时释放，其过程如图10-1所示。

图 10-1 值类型在数据传递时的内存管理情况

使用代码来模拟图10-1中的过程，示例如下：

```
if true {
    var a = 0
    if true {
        var b = 1
        a = b
    }
    //此处变量 b 所占内存被释放
}
//此处变量 a 所占内存被释放
```

引用类型的数据传递复杂一些，我们知道引用类型的数据传递并不会完全复制原数据，而是通过引用的方式对原数据进行访问，因此无论一个类实例被多少个变量所承载，其真正访问的内存都是同一个地方。引用类型的数据传递如图10-2所示。

变量a的作用域结束后，不再有变量使用这块内存，此时内存才被释放

图 10-2 引用类型在数据传递时的内存管理情况

使用代码模拟图10-2中演示的场景，示例如下：

```
if true {
    var a = TestClass()
    if true {
        var b = a
    }
    //此处变量 b 已经不存在，但是 TestClass 实例依然占用内存，没有被释放
}
//此处变量 a 已经不存在，也没有其他变量引用 TestClass() 实例，该实例将调用 deinit 方法，其所
```

占内存会被释放

通过图10-1与图10-2的演示，读者对于值类型的内存管理可能会更好理解，一个变量对应着一块内存，当变量被销毁时，内存也被释放。但对于引用类型，读者可能就会有疑惑了，对于一块数据内存，当没有任何变量引用它时，它才会被释放。反之，只要有变量引用它，无论其变量情况如何，它都不会被释放。那么问题来了，系统是如何知道这块内存是否有其他变量在引用呢？这就用到了引用计数的内存管理技术，而ARC自动引用计数其实就是系统帮助开发者完成了引用计数的工作，开发者无须再编写繁杂的引用计数代码。

通过生活中的一个小例子就可以很好地理解引用计数原理。A市有一座十分庞大的图书馆，并且这座图书馆十分智能，其没有人工管理员，图书馆的日常维护都是由计算机来管理的。为了节约能源，这座庞大的图书馆有这样的环保功能，当图书馆中有读者时，图书馆会将走廊的灯打开；当图书馆中一个读者都没有时，图书馆走廊的灯自动关闭。其计算机的管理程序是这样设计的：当有一个读者走进图书馆时，图书馆的读者数就会加1，当有一个读者走出图书馆时，图书馆的读者数就会减1。这样，无须关心谁进来、谁离开，也无须知道他们的先后顺序，只要图书馆的读者数大于0，走廊的灯就开启，等于0走廊的灯就关闭。类比于程序中数据内存的管理，任何一个引用类型的实例都会有一个像这座图书馆中用于记录读者数的人员管理系统的标识位，只要有其他量值对其进行了引用，它的引用计数就会加1，当一个量值解除对它的引用时，它的引用计数就会减1。而这个实例所对应的内存数据，当引用计数变成0时，它就会被销毁释放。

引用计数的存在可以保证变量在使用时所引用的数据依然存在，示例代码如下：

```
var cls1:TestClass?=TestClass()
//进行引用类型的值的传递
var cls2 = cls1
var cls3 = cls2
//cls2对实例的引用取消，由于cls1与cls3的引用还在，实例所占内存依然安全
cls2 = nil
//cls1对实例的引用取消，由于cls3的引用还在，实例所占内存依然安全
cls1 = nil
//cls3对实例的引用取消，此时不再有变量对该实例进行引用，实例将调用deinit方法，所占内存被
释放
cls3 = nil
```

10.2　循环引用及其解决方法

Swift语言和Objective-C语言采用同样的ARC内存管理机制，熟悉Objective-C的读者应当了解，循环引用一直是初级开发者编程时的噩梦。对类实例进行不当的引用会造成内存泄漏，内存泄漏积累到一定程度就会给应用程序带来灾难性的后果。想要避免因循环引用造成的内存泄漏，首先需要理解为何会造成循环引用。先来看如下一段代码：

```
class ClassOne{
    deinit{
        print("ClassOne deinit")
```

```
    }
}
class ClassTwo{
    //ClassTwo 类中有一个 ClassOne 类的属性
    var cls:ClassOne?
    init(cls:ClassOne?){
        self.cls = cls
    }
    deinit{
        print("ClassTwo deinit")
    }
}
var obj:ClassOne? = ClassOne()
var obj2:ClassTwo? = ClassTwo(cls: obj)
//此时 ClassTwo 类中的 cls 属性依然在引用 obj 实例,因此 obj 实例所占内存没有释放
obj=nil
//此时 obj2 被释放,obj2 中的属性也都被释放,不再有谁引用 obj,obj 实例也被释放
obj2=nil
```

上面的代码并没有造成循环引用,只是示范了在一个实例内部引用另一个实例,这个过程可以用图10-3表示。

图 10-3　一个类实例中对另一个类实例进行引用

完成如图10-3所示的3个步骤后,obj和obj2实例所占用的内存都被释放,代码十分健康,通过析构方法的打印数据也可以证实上述过程。然而,如果ClassOne类中的某个属性对ClassTwo实例进行了引用,会怎么样呢?示例代码如下:

```
//循环引用
class ClassOne{
    var cls:ClassTwo?
    deinit{
        print("ClassOne deinit")
    }
}
class ClassTwo{
    var cls:ClassOne?
    init(cls:ClassOne?){
        self.cls = cls
    }
    deinit{
        print("ClassTwo deinit")
```

```
    }
}
var obj:ClassOne? = ClassOne()
var obj2:ClassTwo? = ClassTwo(cls: obj)
obj?.cls = obj2
obj2=nil
obj=nil
```

通过Xcode控制台的打印信息可以看出，obj与obj2所占用的内存都没有被释放，代码中，开发者已经将obj与obj2都置为nil，但其所占据的内存将无法释放，这便是循环引用最常出现的场景，上述产生循环引用的过程可以通过图10-4来理解。

图 10-4　两类实例相互引用示意图

通过图10-4可以清楚地看出，对于两个相互引用的实例，一旦造成循环引用，则系统无法完成对其内存的释放与回收。在开发中如何避免和解决这种循环引用呢？Swift语言中提供了弱引用关键字weak来处理这样的问题，weak关键字的作用是在使用这个实例的时候并不保有此实例的引用。这样来说，普通的引用类型数据在传递时会使实例的引用计数加1，使用weak关键字修饰的引用类型数据在传递时不会使引用计数加1。将上面造成循环引用的代码改写如下：

```
//循环引用
class ClassOne{
    //进行弱引用
    weak var cls:ClassTwo?
    deinit{
        print("ClassOne deinit")
    }
}
class ClassTwo{
    var cls:ClassOne?
    init(cls:ClassOne?){
        self.cls = cls
    }
    deinit{
        print("ClassTwo deinit")
    }
}
var obj:ClassOne? = ClassOne()
var obj2:ClassTwo? = ClassTwo(cls: obj)
```

```
obj?.cls = obj2
obj2=nil
obj=nil
//打印输出
//ClassTwo deinit
//ClassOne deinit
```

通过Xcode的打印信息可以看出，obj与obj2所占用的内存都被释放。这里使用图10-5来解释弱引用的原理。

图 10-5　使用弱引用解决循环引用

通过分析可以理解，由于obj中对其进行的是弱引用，当obj2实例被置为nil时，此时obj2的数据已经被销毁，内存已经被释放，如果之后又使用到obj中的obj2属性，将会造成意想不到的错误。

弱引用还有一个特点，其只能修饰Optional类型的属性，被弱引用的实例释放后，这个属性会被自动设置为nil。那么问题来了，如果开发中使用到的属性是非Optional值类型的，又恰巧出现了循环引用的场景，开发者该如何处理呢？其实Swift语言中还提供了一个关键字unowned（无主引用）来处理非Optional值类型属性的循环引用问题，示例代码如下：

```
class ClassThree{
    //不是 Optional 值，不能进行弱引用，使用无主引用来代替
    unowned var cls:ClassFour
    init(cls:ClassFour){
        self.cls = cls
    }
    deinit{
        print("ClassFour deinit")
    }
}
class ClassFour{
    var cls:ClassThree?
    deinit{
        print("ClassThree deinit")
    }
}
var obj4:ClassFour? = ClassFour()
var obj3:ClassThree? = ClassThree(cls: obj4!)
obj4!.cls = obj3!
obj3=nil
```

```
obj4=nil
```

　　无主引用与弱引用的最大区别在于，无主引用总是假定属性是不为nil的，如果属性所引用的实例被销毁释放了，再次使用这个实例程序会直接崩溃。而弱引用则允许属性值为nil，如果属性所引用的示例被销毁释放了，此属性会当成Optional值nil来处理，不会崩溃。两者相比，弱引用更加兼容，无主引用更加安全，开发者可以根据具体需求选择使用。弱引用与无主引用原理示意图如图10-6与图10-7所示。

图 10-6　强引用与弱引用的关系

图 10-7　强引用与无主引用的关系

　　无主引用与隐式拆包语法相结合可以使两个类中互相引用的属性都是非Optional值，这也是无主引用最佳的应用场景，示例代码如下：

```
class ClassThree{
    //不是 Optional 值，不能进行弱引用
    unowned var cls:ClassFour
    init(cls:ClassFour){
        self.cls = cls
    }
    deinit{
        print("ClassFour deinit")
    }
}
class ClassFour{
    //这里需要使用隐式拆包的方式
```

```
    var cls:ClassThree!
    init(){
        //在创建 cls 属性的时候将当前类实例本身作为参数传入
        //由构造方法的原则可知，在 cls 属性创建完成之前，不可以使用 self 属性
        //对于隐式解析类型的属性，上述原则可以忽略，其告诉编译器，默认此属性是构造完成的
        cls = ClassThree(cls: self)
    }
    deinit{
        print("ClassThree deinit")
    }
}
var obj5:ClassFour? = ClassFour()
obj5=nil
```

10.3　闭包中的循环引用

10.2节为读者所举的循环引用示例中，都是两个类实例之间的相互引用。在一个类中，如果其有属性为闭包，则也可能产生类与属性之间的互相引用。闭包是一种特殊的语法结构，在其中使用的引用类型的实例都会使引用计数加1。因此，如果在闭包属性中使用self关键字，就会对当前类实例本身进行引用计数加1。由于此闭包又是当前类的一个属性，闭包属性无法销毁，当前类实例也就无法销毁。反过来，当前类实例无法销毁，闭包属性也无法销毁。如此产生循环引用，将造成内存泄漏。

闭包中产生循环引用的示例代码如下：

```
class MyClassSix {
    var name:String = "HS"
    lazy var closure:()->Void = {
        //闭包中使用引用值会使引用+1
        print(self.name)
    }
    deinit{
        print("ClassSix deinit")
    }
}
var obj6:MyClassSix? = MyClassSix()
obj6?.closure
//并没有打印 deinit 方法中的信息
obj6=nil
```

为了解决这类情况产生的循环引用，Swift语言专门为闭包结构提供了捕获列表，来对闭包内使用到的变量或者实例进行弱引用或无主引用的转换。捕获列表在结构上需要紧跟在闭包的起始大括号后，使用中括号包围，修改上面的示例代码如下：

```
class MyClassSix {
    var name:String = "HS"
    lazy var closure:()->Void = {
```

```
        //使用捕获列表对闭包中使用到的 self 进行无主引用的转换
        [unowned self]()->Void in
        //闭包中使用引用值会使引用+1
        print(self.name)
    }
    deinit{
        print("ClassSix deinit")
    }
}
var obj6:MyClassSix? = MyClassSix()
obj6?.closure
//通过打印信息可以看出，内存已经被释放
obj6=nil
```

提　示

如果闭包的捕获列表中需要对多个引用类型的量值进行引用转换，使用逗号进行分隔即可。

10.4　异常的抛出与传递

　　程序代码的运行很多时候并不会完全按照程序员的设想进行，编写代码时进行可控的异常处理是十分必要的。在Swift语言中，所有的错误和异常都由Error协议来指定。例如，开发者可以编写自定义的枚举类型，使其遵守Error协议来描述所需求的异常类型。

　　使用Xcode开发工具创建一个名为ErrorDemo的Playground文件，在其中进行本章代码的演练。通过Error协议来自定义异常类型，示例代码如下：

```
//自定义的异常类型
enum MyError:Error{
    //定义 3 种程度的异常
    case DesTroyError
    case NormalError
    case SimpleError
}
print("should error")
//进行异常的抛出
throw MyError.DesTroyError
print("finish")
```

　　上面的示例代码中自定义了一种异常类型，之后在代码中通过throw关键字进行了异常的抛出。需要注意，抛出的异常如果不进行捕获解决，程序会断在抛出异常的地方，如以上代码将不会打印"finish"。

　　函数在执行时，也可能会产生异常，默认情况下，函数中产生的异常只能在函数内部解决，开发者也可以使用throws关键字将此函数声明为可抛异常函数，如此声明则允许开发者在函数外解决函数内部抛出的异常，创建一个可抛出异常的函数示例代码如下：

```
func MyFunc(param:Bool)throws->Void {
    if param {
        print("success")
    }else{
        throw MyError.NormalError
    }
}
```

上面的函数需要传入一个布尔类型的参数，当此参数为true时，执行正常的打印操作，当此参数为false时，函数将抛出异常。对于执行可抛异常的函数，Swift语言中要使用到try关键字。try关键字的作用是试图执行一个可能抛出异常的函数，其并不能捕获与处理异常，捕获与处理异常需要使用do-catch结构。

10.5   异常的捕获与处理

10.4节向读者介绍了，如果抛出了异常而不处理，程序会断在异常抛出的地方，这并不是开发者想要的结果。开发者需要在程序出现异常时对异常进行即时处理，以避免程序不能正常运转。Swift语言为开发者提供了3种异常处理的方法，即使用do-catch结构来捕获处理异常、将异常映射为Optional值、终止异常传递。

do-catch结构是Swift语言中处理异常最常用的方法，开发者需要将可能抛出异常的代码放入do结构块中，如果这部分代码中有抛出异常，则会从catch块中寻找对应的异常类型，如果找到对应的，则会执行此catch块中的异常处理代码，示例代码如下：

```
//使用 do-catch 进行异常的捕获与处理
do{
    //将可能产生异常的代码写在 do 块中
    try MyFunc(param: false)
//进行异常类型的匹配
}catch MyError.SimpleError{
    print("SimpleError")
}catch MyError.NormalError{
    print("NormalError")
}catch MyError.DesTroyError{
    print("DesTroyError")
//如果前面的异常类型都没有匹配上，就会被最后这个 catch 块捕获到
}catch{
    print("otherError")
}
```

使用do-catch结构处理异常可以根据异常类型分别提供处理方案，保证代码的健壮与可控性。

有些时候开发者可能并不关心产生异常的类型与原因，只需要知道有没有产生异常，对于这种情况，使用do-catch结构会显得十分烦琐冗余。Swift语言还提供了另一种方法，可以将异常映射为Optional值，如果函数正常运行，没有抛出异常，则正常返回；如果函数执行出错，抛出了异常，则会返回Optional值nil。使用try?来调用函数可以将异常映射为Optional值，示例代码如下：

```
var tmp = try? MyFunc(param: false)
if tmp == nil{
    print("执行失败")
}else{
    print("执行成功")
}
```

这里读者需要注意，返回值Void并不是nil，Void是空类型，nil是Optional类型中的一种特殊值。由于try?语法的存在，结合if-let语句，开发者可以写出十分飘逸的异常处理代码，示例如下：

```
//使用匿名标识符来接收返回值
if let _ = try? MyFunc(param: false) {
    print("success")
}else{
    print("fail")
}
```

除了上述两种处理异常的场景外，还有一种比较极端的情况：当开发者可以保证此函数一定不会抛出异常时，便可以使用try!来强行终止异常的传递，然而这么做有一定的风险，如果这个函数真的抛出了异常，则会产生运行时错误。示例代码如下：

```
//如果此函数抛出了异常，则会产生运行时错误
try! MyFunc(param: true)
```

10.6　延时执行结构

前面介绍过，延时构造语句lazy的作用是降低复杂类实例构造时所消耗的时间。Swift语言中还提供了一种延时执行结构，在函数中使用延时执行结构可以保证结构中的代码块始终在函数要结束时执行。通常情况下，延时执行结构会被用来释放函数中所使用的一些资源和关闭文件操作等。

读者可能会疑惑，如果想让一部分代码在函数结束前才执行，那么直接将它放在函数的最后不就行了吗？实际情况并非如此。在函数中，经常会由于特殊情况提前被break（中断）或者return（返回）；或者，一个复杂的函数很可能会因为抛出异常而被中断。这些情况都会造成函数的结束，使用延时执行语句可以保证无论函数因为何种原因结束，在结束前都会执行延时结构块中的代码。示例代码如下：

```
func TemFunc()throws -> Void {
    defer{
        print("finish")
    }
    print("handle")
    //抛出异常
    throw MyError.DesTroyError
}
//调用此函数执行的结果
/*
handle
```

```
finish
*/
try TemFunc()
```

提　示

延时执行语法通常引用于代码块结束前必须执行某段操作的场景中。

10.7　练习与解析

编写一个函数，其功能是输入一个学生分数，打印输出分数所在的成绩等级，60分以下为不及格，60~75分为及格，76~90分为良好，90分以上为优秀。需要注意，分数的取值范围为0~100，输入范围之外的分数将抛出异常，需要打印分数无效的提示。

解析：

```
enum AchieveError:Error{
    case achieveError
}
func printAchieve(mark:Int)throws{
    if mark<0 {
        throw AchieveError.achieveError
    }else if mark<60{
        print("成绩不及格")
    }else if mark<76{
        print("成绩及格")
    }else if mark<91{
        print("成绩良好")
    }else if mark<101{
        print("成绩优秀")
    }else{
        throw AchieveError.achieveError
    }
}
//调用函数
do{
    try printAchieve(mark: 98)
}catch AchieveError.achieveError{
    print("成绩无效")
}catch{
    print("2121")
}
```

10.8　模拟面试

（1）简述 Swift 中内存管理的原理。

回答要点提示：

①Swift 采用的是内存引用计数的方式进行内存管理。

②所谓内存引用计数，是指每一个对象（引用类型的示例）内部都有一个计数器，当它被创建出来时，引用计数为 1，每次当有其他对象对它进行引用时，引用计数会增加，当不再对它进行引用时，计数会减少。当某个对象的引用计数降为 0 时，对象会被销毁，内存会被回收。

③ARC 是 Xcode 编译器特有的功能，其也被称为自动引用计数，即在编写代码时开发者不再需要手动调用内存计数代码，编译器会帮我们完善。

核心理解内容：

理解引用计数的原理。

（2）什么是内存泄漏？简述开发中可能出现内存泄漏的场景。

回答要点提示：

①内存泄漏是指一个对象不再会被使用，却依然占据着内存空间，内存泄漏会随着程序运行时间的增长而积累，直到发生破坏性的错误。

②在 Swift 语言中，闭包是十分容易产生内存泄漏的一种场景，当闭包作为类成员的属性并且在闭包内使用了类成员本身时，十分容易产生循环引用。

③在编写代码时，要适时地使用弱引用和无主引用的方式来避免循环引用。

核心理解内容：

熟练使用弱引用与无主引用来避免循环引用，理解循环引用的原理和带来的影响。

第 11 章

类型转换、泛型、扩展与协议

科学最伟大的进步是由崭新的大胆的想象力所带来的。

—— 约翰·杜威

在 Objective-C 语言中，开发者通过强制转换可以强制使编译器认定实例对象为某一类型。这样做实际上将所有类型安全检查都交给了开发者自己，如果强制转换后的类型与实例的真实类型不相符，程序就会产生运行时错误。在 Swift 语言中，需要使用相应关键字来对实例的类型进行检查与转换，系统会帮助开发者监控此次类型转换是否成功，这样的设计使开发者编写代码更加容易，也在代码层面增强了安全性。

泛型是 Swift 语言强大的核心之一。泛型是对普通类型的一种抽象，使用泛型，开发者可以更加方便灵活地表达代码意图。Swift 语言对泛型提供了很强大的支持，熟练地使用泛型可以简化编码过程，节约开发成本，并且在一些棘手的情景中，泛型也是解决问题的关键。

Swift 语言中的扩展语法使得数据类型的构建更加灵活，开发者可以为已经存在的数据类型（如类、结构体、枚举等）添加新的属性和方法。协议是只有属性与方法的声明，而没有实现的约定集合，数据类型可以通过实现协议中约定的属性和方法来遵守这个协议。扩展和协议结合使用可以为协议中约定的属性或方法添加默认的实现。在 iOS 开发中，协议被广泛应用于事件回调中。

通过本章，你将学习到：

- 对类型进行检查与转换。
- Any 与 AnyObject 类型的应用。
- 以泛型作为参数的函数。
- 泛型在类型定义中的应用。
- 结合 where 子句来约束泛型。
- 使用扩展为已有类型添加属性和方法。

- 使用扩展使已有类型遵守协议。
- 对协议进行扩展添加新的约定方法。
- 使用协议约定属性和方法。
- 通过扩展为协议添加默认实现。

11.1　类型检查与转换

Swift语言中，数据类型的检查和转换需要使用is和as关键字。类型检查机制使得程序代码更加健壮安全。

11.1.1　Swift 语言中的类型检查

使用Xcode开发工具创建一个名为TypeCastAndGenerics的Playground文件，在其中进行本章代码的演示。Swift语言中要判断某个实例是否属于某个具体类型，可以使用is关键字，使用is关键字组成的判断语句将返回一个布尔值，开发者可以根据布尔值的真或者假来判断类型检查结果是否匹配。示例代码如下：

```
var str = "HS"
//进行实例的类型检查
if str is String {
    print("str 的类型是 String")
}
```

对于有继承关系的类，类型检查有如下原则：

- 子类实例进行父类类型的检查可以检查成功。
- 父类实例进行子类类型的检查不可以检查成功。

上面两条原则其实就是我们编程中常说的向下转换原则。

使用代码描述上面两条原则，示例代码如下：

```
//创建一个基类
class BaseClass {

}
//创建一个子类
class MyClass: BaseClass {

}
var cls1 = BaseClass()
var cls2 = MyClass()
//使用父类实例来进行子类类型的检查，会返回 false
if cls1 is MyClass{
    print("cls1 的类型是 MyClass")
```

```
}
//使用子类实例来进行父类类型的检查，会返回 true
if cls2 is BaseClass{
    print("cls2 的类型是 BaseClass")
}
```

11.1.2　Swift 语言中的类型转换

关于类型转换，Swift语言中使用的是as关键字。与类型检查相似，Swift语言中类型的转换有着向上兼容与向下转换的原则，简单描述如下：

- 一个父类类型的集合可以接收子类类型的实例。
- 在使用第1条原则中父类集合中的实例时，可以将其转换为子类类型。

使用代码描述类型转换的应用，示例代码如下：

```
//自定义一个类及其子类
class MyClass: BaseClass {
    var name:String?
}
class MySubClassOne: MyClass {
    var count:Int?
}
class MySubClassTwo: MyClass {
    var isBiger:Bool?
}
//创建 3 个实例
var obj1 = MyClass()
obj1.name = "HS"
var obj2 = MySubClassOne()
obj2.count = 100
var obj3 = MySubClassTwo()
obj3.isBiger=true
//将实例存放在其公共父类类型的数组集合中
var array:[MyClass] = [obj1,obj2,obj3]
//进行遍历
for var i in 0..<array.count {
    var obj = array[i]
    if obj is MySubClassOne {
        //进行类型转换
        print((obj as! MySubClassOne).count!)
        continue
    }
    if obj is MySubClassTwo {
        //进行类型转换
        print((obj as! MySubClassTwo).isBiger!)
        continue
    }
    if obj is MyClass {
```

```
        //使用父类共有的属性
        print(obj.name!)
    }
}
```

11.2　Any 与 AnyObject 类型

在实际开发中，开发者经常会使用一些通用类型。例如在iOS的Cocoa框架中，NSObject类是大部分类的一个基类，在Objective-C语言中，使用id类型来描述通用的对象类型。在某些情况下，使用通用类型将为开发带来很大的方便。11.1.2小节的演示代码中，就使用基类作为数组的元素类型来接收不同子类的元素。其实如果数组中的元素是不同类型，并且这些类型没有一个共同的基类，那么开发者可以使用AnyObject来作为引用类型的通用类型。示例代码如下：

```
//创建 3 个各自独立的类
class MyClassOne {

}
class MyClassTwo {

}
class MyClassThree {

}
//进行类的实例化
var clsOne = MyClassOne()
var clsTwo = MyClassTwo()
var clsThree = MyClassThree()
//使用 AnyObject 类型的数组来接收
var clsArray:Array<AnyObject> = [clsOne,clsTwo,clsThree]
for obj in clsArray {
    //进行类型的匹配
    if obj is MyClassOne{
        print("MyClassOne")
    }else if obj is MyClassTwo{
        print("MyClassTwo")
    }else if obj is MyClassThree{
        print("MyClassThree")
```

```
    }
}
```

这里读者需要注意，AnyObject是通用的引用类型，其并不能用来描述值类型。例如上面的数组不可以存放结构体、枚举等类型的数据。在Swift语言中还提供了一种更加通用的类型Any，它可以用来描述任意类型，包括值类型和引用类型。示例代码如下：

```
//创建 3 个各自独立的类
class MyClassOne {

}
class MyClassTwo {

}
class MyClassThree {

}
//进行类的实例化
var clsOne = MyClassOne()
var clsTwo = MyClassTwo()
var clsThree = MyClassThree()
//创建一个 Any 元素类型的数组
var anyArray:Array<Any> = [clsOne,clsTwo,clsThree,100,"HS",false,(1,1),
{()->() in print("Closures")}]
```

上面代码中的数组包含自定义类型实例、整型数据、字符串数据、布尔类型值数据、元组类型数据和闭包类型数据。

11.3 泛　　型

泛型是程序设计语言的一种特性，允许开发者在强类型程序设计语言中编写代码时定义一些可变部分，Swift语言的泛型应用不仅十分自由灵活，还可以根据需求添加泛型约束。

11.3.1 初识泛型

简单理解，泛型通常用来表达一种未定的数据类型。举一个例子，在编写函数时，如果这个函数有参数，开发者需要明确参数的类型。我们要实现一个函数，其功能将对两个inout且类型相同的参数进行值的交换。这个函数的功能需求并没有要求参数具体的类型，只是要求类型相同，对于这类需求，开发者不会也无法使用重载的方式将所有数据类型对应的函数都实现一遍，而泛型刚好可以解决这类问题，示例代码如下：

```
//定义泛型 T
func exchange<T>( param1: inout T, param2: inout T){
    let tmp = param1
    param1 = param2
```

```
        param2 = tmp
}
var p1 = "15"
var p2 = "40"
exchange(param1: &p1, param2: &p2)
print(p1,p2)//输出 40 15
```

如上面的代码所示，泛型可以作为函数的参数。其在语法上的表现为：在函数参数列表前使用尖括号，将要定义的泛型类型列出，其作用域为函数的参数列表与整个函数实现部分，如果要在一个函数中定义多个泛型，使用逗号进行分隔即可。

泛型除了可以用于定义函数的参数类型外，在定义数据类型时，也起着十分重要的作用。分析一下Array和Dictionary结构体的实现，读者可以发现：在声明这类集合类型时，开发者可以同时设置这些集合类型中所要存放的元素的类型。我们也可以通过泛型来实现。

熟悉程序开发的都知道，栈是一种先进后出的数据结构，其对数据的操作分为入栈和出栈两种，可以通过图11-1来理解。

图 11-1　栈结构示意图

模仿系统集合类型的实现思路，实现一个自定义结构体类型：栈结构体，示例代码如下：

```
//定义一个栈结构体，ItemType 为定义栈中元素类型的泛型
struct Stack<ItemType> {
    //内部有关元素类型的操作都使用 ItemType
    var items:[ItemType] = []
    mutating func push(param:ItemType)  {
        self.items.append(param)
    }
    mutating func pop()->ItemType{
        return self.items.removeLast()
    }
}
//整型栈
var obj7 = Stack<Int>()
//进行入栈和出栈操作
obj7.push(param: 1)
obj7.pop()
//字符串栈
var obj8 = Stack<String>()
//进行入栈和出栈操作
```

```
obj8.push(param: "HS")
obj8.pop()
```

Swift语言中，还有扩展这样一种语法，其作用是为已经存在的数据类型添加新的功能。后面章节中会对扩展进行详细的讲解。这里提前使用一下扩展的概念。如果对使用了泛型的数据类型进行扩展，在扩展中开发者不需要再次定义泛型，如果需要使用原数据类型定义的泛型，直接使用即可，示例代码如下：

```
//定义一个栈结构体，ItemType 为定义栈中元素类型的泛型
struct Stack<ItemType> {
    //内部有关元素类型的操作都使用 ItemType
    var items:[ItemType] = []
    mutating func push(param:ItemType)  {
        self.items.append(param)
    }
    mutating func pop()->ItemType{
        return self.items.removeLast()
    }
}
//为 Stack 栈类型添加一个扩展
extension Stack{
    //为其添加一个方法，这个方法将返回整体数据，直接使用泛型 ItemType 即可
    func getArray() -> [ItemType] {
        return items
    }
}
```

11.3.2 对泛型进行约束

11.3.1小节使用的泛型都是完全泛型，开发者并没有对其进行任何约束，其可以表达任何数据类型。然而有时候，开发需求的是有一定约束条件的泛型。Swift语言中可以通过两种方式对泛型进行约束，一种是通过继承基类或者遵守协议来进行约束，另一种是通过where子句来进行约束。

使用继承的方式约束泛型的类型。约束该泛型必须通过某一基类或者继承于某一基类的子类实现，示例代码如下：

```
//定义一个基类
class MyClass {

}
//只有 MyClass 的类或其子类才可以成为 Stack 栈中的元素
struct Stack<ItemType:MyClass> {
    var items:[ItemType] = []
    mutating func push(param:ItemType)  {
        self.items.append(param)
    }
    mutating func pop()->ItemType{
        return self.items.removeLast()
    }
}
```

```
}
```

　　使用遵守协议的方式约定泛型。协议是Swift语言中的一种重要结构，在Objective-C中也有协议的概念，类似于Java语言中的接口。协议中可以定义一些没有实现的方法或者属性，遵守这个协议的类型需要对其中定义的方法和属性进行实现。关于协议的详细内容，后面章节会有所讲解，这里提前使用协议来进行泛型约束的演示，示例代码如下：

```
protocol MyProtocol {

}
//定义一个 Stack 栈结构体，只有遵守了 MyProtocol 协议的类型才可以作为 Stack 栈中的元素
struct Stack<ItemType:MyProtocol> {
    //内部有关元素类型的操作都使用 ItemType
    var items:[ItemType] = []
    mutating func push(param:ItemType)  {
        self.items.append(param)
    }
    mutating func pop()->ItemType{
        return self.items.removeLast()
    }
}
```

　　其实在协议中，泛型还有特殊的应用：在创建协议时，可以使用associatedtype关键字进行泛型类型的关联，当有数据类型实现此协议时，这个关联的泛型的具体类型才会被指定，示例代码如下：

```
//定义一个协议
protocol MyProtocol {
    //实现协议时才指定类型
    associatedtype ItemType
    //协议中约定一个 ItemType 类型的计算属性 param
    var param:ItemType {get set}
    //协议中约定一个打印方法
    func printParam(param:ItemType)->Void;
}
//定义一个遵守 MyProtocol 协议的类
class MyClassP:MyProtocol {
    //进行 param 计算属性的实现
    //由于 Swift 可以自动识别类型，这时 MyProtocol 中的 ItemType 为 Int
    var param: Int{
        get{
            return 0
        }
        set{

        }
    }
    //对打印方法进行实现，此时方法中的参数类型会被识别为 Int
    func printParam(param: Int) {
        print(param);
```

```
    }
}
```

使用where子句与泛型进行结合,可以为泛型添加更加严格的类型约束,示例代码如下:

```
//T和C都要遵守整型协议
class MyClassTC<T,C> where T:BinaryInteger,C:BinaryInteger {
    var param1:T
    var param2:C
    init(param1:T,param2:C){
        self.param1=param1
        self.param2=param2

    }
}
var obj9 = MyClassTC(param1: 1, param2: 1)
```

11.4 扩展与协议

扩展用于对已经存在的数据类型进行新功能的追加,而协议用于约定属性与方法供遵守它的数据类型实现。在Swift语言中,扩展与协议结合使用可以使代码结构更加规整,开发者在编写功能逻辑时更加方便简单,也更有利于程序的扩展性。

11.4.1 使用扩展对已经存在的数据类型进行补充

熟悉Objective-C语言的读者都知道,在Objective-C语言中有着类别的语法,其功能是为已经存在的类添加新的功能。与Swift语言中的扩展不同的是,类别是有名称的,而扩展没有名称。Swift语言中的扩展支持如下功能:

- 添加计算属性。
- 定义示例方法和类型方法。
- 定义新的构造方法。
- 定义下标方法。
- 定义嵌套类型。
- 使一个已有的类型遵守协议。
- 对协议进行扩展、添加新的属性或方法约定。

使用Xcode开发工具创建一个名为ExtensionAndProtocol的Playground文件,用作本章代码的演示。在语法上,扩展使用extension关键字来进行定义,示例代码如下:

```
//创建一个类,有两个属性
class MyClass {
    var name:String
    var age:Int
```

```
    init(){
        name = "HS"
        age = 24
    }
}
//为 MyClass 类扩展一个计算属性
extension MyClass {
    var nameAndAge:String{
        return "\(name)"+"\(age)"
    }
}
var obj = MyClass()
//调用扩展中添加的属性
obj.nameAndAge
```

上面的代码演示了通过扩展为类新增计算属性。同样，也可以为类型新增一个构造方法，示例代码如下：

```
extension MyClass {
    var nameAndAge:String{
        return "\(name)"+"\(age)"
    }
    convenience init(name:String,age:Int){
        self.init()
        self.name=name
        self.age=age
    }
}
//使用扩展中的构造方法
var obj2 = MyClass(name: "ZYH", age: 24)
```

也可以通过扩展添加实例方法与类方法，示例代码如下：

```
extension MyClass{
    //扩展一个实例方法
    func logName() -> String {
        print(name)
        return name
    }
    //扩展一个类方法
    class func logClassName(){
        print("MyClass")
    }
}
var obj3 = MyClass()
//调用扩展中的方法
obj3.logName()
MyClass.logClassName()
```

有一点需要注意，如果是对值类型进行扩展，可以使用mutating关键字来修饰方法，使得在方法内部可以直接修改当前实例本身，示例代码如下：

```
extension Int{
    //修改本身需要使用 mutating
    mutating func change() {
        self = self*self
    }
}
var count = 3
count.change()
//打印 9
print(count)
```

可以使用扩展来使某个类遵守一个协议，示例代码如下：

```
//定义一个协议
protocol MyProtocol {
    func myFunc();
}
//使用扩展使类型遵守某个协议
extension MyClass:MyProtocol{
    //必须对协议中的方法进行实现
    func myFunc() {
        print("myFunc")
    }
}
var cls = MyClass()
cls.myFunc()
```

需要注意，如果使用扩展使某个数据类型遵守了一个协议，在此扩展中就需要实现协议中的方法。

11.4.2　协议的特点与应用

协议是一个比较抽象的概念。在语法上，协议中可以定义一些属性和方法，这些属性和方法只是声明，协议中并不能实现这些属性和方法。协议不是一种数据类型，没有构造方法，也不需要实例化。关于协议，读者可以通过现实中的一种场景来理解，以汽车生产厂商为例，他们的工作更多是对汽车的组装，而并不需要生产汽车上所需的所有元件。例如，轮胎由专门生产轮胎的厂商生产，引擎由专门生产引擎的厂商生产，等等。那么汽车生产商是如何保证所有元件的生产刚好互相匹配，可以完美地组装在一起呢？其实这里用到的也是一种协议的思想，汽车生产商只需要定义一套标准的协议，各个元件生产商根据协议中的规范来生产相应的元件，最后就可以将所有的元件完美拼装在一起。在这个过程中，汽车生产商只是作为协议的制定者，他并没有参与具体的元件生产，各个元件生产商也并不关心汽车的总体结构，他们只需要按照协议规范来生产元件即可。类比于软件开发，协议的指定只是约定了一系列的属性或者方法，遵守协议的数据类型来为其提供真正的实现。

Swift语言中的协议使用protocol关键字来创建，其中可以声明属性与方法。其中属性在具体实现时可以是计算属性，也可以是存储属性。示例代码如下：

```
protocol ProtocolNew {
    //定义实例属性
```

```
    //可读的
    var name:String{get}
    //可读可写的
    var age:Int{set get}
    //可读的
    var nameAndAge:String{get}
    //定义静态属性
    static var className:String{get}
}
//创建一个类来遵守协议
class ClassNew: ProtocolNew {
    //进行协议中属性的实现
    var name: String
    var age: Int
    var nameAndAge: String{
        get{
            return "\(name)"+"\(age)"
        }
    }
    static var className: String{
        get{
            return "MyClass"
        }
    }
    init(){
        name = "HS"
        age = 24
    }
}
```

读者需要注意，当协议中约定的属性是可读时，并非只读的意思，它在实现中可以是只读的，也可以是可读可写的。如果协议中约定的属性为可读可写，则在实现时其必须是可读可写的。

在协议中进行方法的定义，示例代码如下：

```
//定义一个协议
protocol ProtocolNewTwo {
    //声明示例方法
    func logName()
    //声明静态方法
    static func logClassName()
}
//遵守协议进行实现
class ClassNewTwo: ProtocolNewTwo {
    var name: String
    var age: Int
    init(){
        name = "HS"
        age = 24
    }
    func logName() {
```

```
        print(name)
    }
    static func logClassName() {
        print("ClassNewTwo")
    }
}
```

上面的代码演示了如何在协议中声明实例方法与静态方法。同样，协议中也可以进行构造方法的声明。

协议中虽然没有任何属性和方法的实现，但在很多应用场景中，其在语法上和普通数据类型有着相似的结构。例如其可以作为函数中参数的类型，其意义是此参数可以是任意遵守了此协议的数据类型，示例代码如下：

```
protocol MyProtocol {
    //定义实例属性
    var name:String{get}
    var age:Int{set get}
    var nameAndAge:String{get}
    static var className:String{get}
    func logName()
    static func logClassName()
}
//将协议类型作为参数
func test(param:MyProtocol) {
    param.logName()
}
```

协议也可以作为某一个集合的元素类型，其意义是集合中所有的元素都要遵守此协议，示例如下：

```
var array:Array<MyProtocol>
```

协议和类拥有相同的继承语法，一个协议继承了另一个协议，它就会拥有父协议中声明的属性和方法，示例代码如下：

```
//定义一个协议
protocol ProtocolNewTwo {
    //声明示例方法
    func logName()
    //声明静态方法
    static func logClassName()
}
protocol SubProtocol:ProtocolNewTwo {
    //此协议中自动继承 ProtocolNewTwo 协议中约定的方法
}
```

协议可以被类、结构体等数据类型遵守。如果开发者需要使某个协议只能被类遵守，可以使用class关键字来修饰，示例如下：

```
protocol ClassProtocol:class {
    //此协议只能被类遵守
}
```

协议中还有一个语法点需要读者注意，如果需要协议中约定的属性或者方法可选择是否实现，则可以将其声明为optional类型，同时，需要将整个协议用@objc关键字修饰，示例代码如下：

```
@objc protocol ClassProtocol:class {
    //此协议方法可选择是否实现，即遵守协议的类可以实现，也可以不实现
    @objc optional func log();
}
```

提　示

由于协议可以继承，因此协议也可以使用 is、as!、as?等关键字进行检查与转换。

11.4.3　协议与扩展的结合

11.4.2小节向读者介绍的扩展可以为数据类型添加新的功能。事实上，通过扩展也可以为协议中约定的属性方法提供默认的实现，这种语法功能的意义十分重大。开发者可以为某个协议提供一个扩展，在扩展中为其约定的属性方法提供一套默认的实现，这样所有遵守此协议的数据类型都获取到了扩展中的默认实现，示例代码如下：

```
@objc protocol ClassProtocol:class {
    //此协议方法可选择是否实现，即遵守协议的类可以实现，也可以不实现
    optional func log()
}
//为ClassProtocol中的方法提供默认实现
extension ClassProtocol{
    func log(){
        print("log")
    }
}
//遵守ClassProtocol协议
class ClassE: ClassProtocol {

}
var clsE = ClassE()
//可以直接调用协议中默认的实现方法
clsE.log()
```

11.5　模拟面试

（1）简述泛型在实际编程中的意义。

回答要点提示：

①泛型的"泛"是泛指的意思。在编程中，尤其是在某些集合类型中，我们常常不能明确指

定其类型，比如某个数组要存放多种类型的对象，这时候就需要使用泛型。

②泛型有其灵活的一面，但是不能滥用泛型，使用泛型会丢失编译器的类型检查功能。

③泛型配合as和is类型转换与类型检查关键字可以在十分灵活的情况下保证代码的安全性。

核心理解内容：

能够熟练使用泛型来定义集合类型，在使用具体类型未知的数据前，要使用类型检查或转换的相关方法保证代码安全。

（2）在Swift中，协议是怎样的一种语法，有什么使用场景？

回答要点提示：

①协议是用来声明属性或方法的一种语法结构，在协议中，并没有属性和方法的定义，只有声明，这些声明的属性和方法需要类来遵守协议并实现。

②协议中声明的方法可以标记为必须实现和选择实现，对于必须实现的方法，如果类遵守了此协议，则必须实现它们，选择实现的方法可以按照需要来实现。

③面向协议编程是一种非常现代的编程思路，在开发项目时，我们可以先把要设计的功能接口定义为协议，之后编写具体的类来实现协议。这样的优势是无论之后类的实现怎么修改，接口协议只要确定，外界就不需要关心，降低了耦合性。

第 12 章

Swift 的高级特性

众所周知，Swift 3.0版本是Swift语言发展过程中非常大的一次更新。Swift 3.0版本在2016年9月13日发布，优化了接口命名、语法结构等，之后在2016年10月27日与2017年3月27日分别发布了Swift 3.0.1和Swift 3.1版本，这两个版本只是在Swift 3.0的基础上做了小的完善和优化。至此，Swift语言的语法和功能基本定型，2017年9月19日发布了Swift 4.0版本，期间又有过几次小的迭代，到2020年9月16日为止，目前最新的Swift版本为5.3。从4.0之后的版本更新的内容对Swift语言本身来说并不算核心，但是我们依然有必要了解和学习一下。

本章将介绍从Swift 4.0到Swift 5.3版本中比较显著且重要的新特性。

通过本章，你将学习到：

- 内存安全检查特性。
- 关联类型的约束方式。
- 多行字符串的创建。
- 区间运算符的更多功能。
- 协议的混合方法。
- 特殊的Self类型。

12.1 内存安全检查（独占访问权限）

独占访问权限是 Swift 4 中引入的一大新特性。然而大部分人都将这一特性误解了，很多开发者认为这是一种编译器的编译时特性，可以在数组越界时、对遍历中的数组删添元素时产生编译异常。其实并非如此，独占内存访问权限特性是一种编译时和运行时的安全特性，其和数组也没有任何关系，当两个变量访问同一块内存时，会产生独占内存访问限制。

新建一个名为AccessMemory的Playground文件，在其中进行本节测试代码的编写。首先，在Swift中对内存的访问有读访问与写访问两种，例如：

```
//写访问
var name = "jaki"
//读访问
print(name)
```

在Swift 4以前，程序对内存的读写访问并没有严格的控制，你在读内存时有写内存操作，或者在写内存时有读操作并不会产生什么异常（当然，你自己要清楚读写后变量的值，以免产生逻辑歧义）。Swift 4中则引入了独占内存访问权限的特性，如果符合如下3个条件，则程序会产生读写权限冲突：

（1）至少有一个变量在使用写权限。

（2）变量访问的是同一个内存地址。

（3）持续时间有重叠。

在开发中，可能会产生读写权限冲突的情况有3种，下面一一介绍。

1. inout 参数读写权限冲突

一般情况下，值类型的传参总会产生复制操作。inout参数则使得函数内可以直接修改外部变量的值。inout参数是最容易产生读写冲突的场景，例如下面的代码：

```
var stepSize = 1
func increment(_ number: inout Int) {
    number += stepSize//crash
}
increment(&stepSize)
```

需要注意，上面的代码Playground中可能并不产生异常，这是一个运行时错误，你可以创建一个完整的项目或者尝试运行Playground工程，在其中测试这段代码。

上面的代码在Swift 3中没有任何问题，在Swift 4环境中运行则会直接引发崩溃。在函数中，inout参数从声明开始到函数结束，这个变量始终开启着写权限，对应上面的代码，number参数开启着写权限，stepSize则进行了读访问，如此则满足上面的权限冲突规则，会产生读写冲突。同样，如果对两个inout参数访问同一个内存地址，也会产生读写权限冲突，例如：

```
var stepSize = 1
func increment(_ number: inout Int,_ number2: inout Int) {
  var a = number+number2
}
increment(&stepSize,&stepSize)
```

2. 结构体中自修改函数的读写冲突

Swift语言中的结构体也是一种值类型，因此其也存在读写冲突的场景，例如如下代码：

```
struct Player {
    var name: String
    var health: Int
```

```
    var energy: Int

    let maxHealth = 10
    mutating func shareHealth(_ player:inout Player) {
        health = player.health
    }
}
var play = Player(name: "jaki", health: 10, energy: 10)
play.shareHealth(&play)//产生错误
```

上面的shareHealth函数中使用的health是对self自身的读访问，而inout参数是写访问，会产生读写权限冲突。

3. 值类型中属性的读写访问权限冲突

在Swift语言中，像结构体、枚举和元组中都有属性的概念。由于其都是值类型，因此在对不同的属性进行访问时都会产生冲突，例如：

```
class Demo {
    var playerInformation = (health: 10, energy: 20)
    func balance(_ p1 :inout Int,_ p2 :inout Int) {

    }
    func test() {
        self.balance(&playerInformation.health,
&playerInformation.energy)//crash
    }
}
let demo = Demo()
demo.test()
```

看到这里你一定觉得这太严格了，对不同属性的访问也会产生读写冲突。实际上，在开发中大部分这种访问都被认为是安全的，需要满足下面3个条件：

（1）访问的是存储属性，而不是计算属性。

（2）访问的是结构体局部变量（函数中的变量），而不是全局变量。

（3）结构体不被闭包捕获，或者只是被非逃逸的闭包捕获。

将上面的playerInformation变量修改成局部的，程序就可以正常运行了：

```
class Demo {
    func balance(_ p1 :inout Int,_ p2 :inout Int) {

    }
    func test() {
        var playerInformation = (health: 10, energy: 20)
        self.balance(&playerInformation.health, &playerInformation.energy)
    }
}
let demo = Demo()
demo.test()
```

其实，Swift中的独占内存访问权限特性一般情况下我们都不会使用到，但是了解一下还是很有必要的。Swift是一种安全性极高的语言，也是其设计的核心思想与方向，例如类构造方法的安全性检查特性、变量类型的安全限制特性等都将开发者编写代码的安全交给语言特性来负责，而不是开发者的经验。这让初学者可以更少出错，语言运行时的不可控因素更少。

12.2　关联类型可以添加 where 约束子句

associatedtype是Swift协议中一个很有用的关键字，其也是Swift泛型编程思想的一种实现。在Swift 3中，associatedtype从语法上是不能追加where子句的，Swift 4增强了associatedtype的功能，其可以使用where子句进行更加精准的约束，示例代码如下：

```
//容器协议
protocol Container {
    //约束item 泛型为 Int类型
    associatedtype Item where Item == Int
    func append(_ item: Item)
    var count: Int { get }
    subscript(i: Int) -> Item { get }
}
class MyIntArray: Container {
    //这个地方必须指定为Int，否则会报错
    typealias Item = Int
    func append(_ item: Int) {
        self.innerArray.append(item)
    }
    var count: Int{
        get{
            return self.innerArray.count
        }
    }
    subscript(i: Int) -> Int {
        return self.innerArray[i]
    }
    var innerArray = [Int]()
}
```

12.3　增强字符串和区间运算符的功能

在Swift 4以前，字符串只能创建单行的，Swift 4中引入了字面量创建多行文本的语法，例如：

```
var multiLineString = """
```

```
abcd
jaki
24
"""
print(multiLineString)
```

这种方式可以大大减少在创建字符串时人为添加换行符。

关于String操作的相关API，在Swift 4版本之后有许多优化，例如字符串的下标操作与字符操作一直是Swift语言的硬伤，使用起来十分麻烦，在Swift 4中都进行了优化。取字符串的子串的方式也更加规范。

在Swift 5.0版本中引入了字符串界定符的语法，其可以指定哪些位置为字符串的边界，使用符号"#"来定义边界。例如，当我们的字符串中有单引号、双引号这类特殊字符时，通常需要使用转义符来进行处理，如下：

```
var string1 = "这里有一个双引号\""
```

如果使用字符串界定符，就可以去掉转义的烦恼，如下：

```
var string2 = #"这里有一个双引号""#
```

字符串界定符也可以用来界定多行文本，如果界定的文本中本身有转义字符，则其会被原封不动地输出，例如：

```
// 将输出"1\n2\n3\n"
var string3 = #"""
1\n2\n3\n
"""#
```

如果我们需要让转义字符在字符串界定符中保持原有的作用，则需要使用"\#"进行转义，如下：

```
/*
 1
 2
 3
 */
var string3 = #"""
1\#n2\#n3\#n
"""#
```

Swift语言中的区间运算符使用起来十分方便，例如在Swift 3中，若要遍历数组的范围，则可以使用如下代码：

```
//Swift3代码
let array = ["1","2","3"]
for item in array[0..<array.count]{
    print(item)
}
```

Swift 3中的...运算符只是作为闭区间运算符使用，在Swift 4中，可以用它来取集合类型的边界，如字符串、数组等，示例代码如下：

```
let array = ["1","2","3"]
for item in array[0...]{
    print(item)
}
```

12.4　动态成员查找与动态方法调用

动态成员查找是Swift 4.2版本后增加的新特性。这个特性使得使用Swift语言在访问类、结构体或枚举等属性时，更具动态化。首先，使用Xcode创建一个DynamicDemo.playground测试文件，在其中编写如下代码：

```
class CustomData {
    var name:String = ""
    var age:Int = 0
}
let obj = CustomData()
print(obj.name)
// 报错，CustomData类中没有other属性
let str:String = obj.other
print(str)
```

上面的示例代码中，CustomData类中并没有定义other属性，直接对其进行访问会产生编译错误，我们可以使用@dynamicMemberLookup来对CustomData类进行修饰，@dynamicMemberLookup可以为数据结构增加动态成员查找的能力，修改上面的代码如下：

```
@dynamicMemberLookup
class CustomData {
    var name:String = ""
    var age:Int = 0
    subscript(dynamicMember member: String) -> String {
        return "unknow"
    }
    subscript(dynamicMember member: String) -> Int {
        return 0
    }

}
let obj = CustomData()
print(obj.name)
let str:String = obj.other
let num:Int = obj.num
// 将输出unknow 0
print(str, num)
```

如以上代码所示，增加了动态成员查找功能后，如果我们访问了不存在的属性，就会根据指定的属性类型调用对应的subscript方法来返回对应类型的值。

动态方法调用与动态成员查找类似，其实 Swift 5.0 版本之后引入的特性就像不能访问不存在的属性一样，对于一般的数据类型，我们也不可以直接将其实例作为方法进行调用，除非其支持动态方法调用。

使用 @dynamicCallable 可以将类型修饰为支持动态方法调用，示例代码如下：

```
@dynamicMemberLookup
@dynamicCallable
class CustomData {
    var name:String = ""
    var age:Int = 0
    subscript(dynamicMember member: String) -> String {
        return "unknown"
    }
    subscript(dynamicMember member: String) -> Int {
        return 0
    }
    func dynamicallyCall(withArguments arg:[String]) {
        print("unknown func:\(arg)")
    }
    func dynamicallyCall(withKeywordArguments pairs: KeyValuePairs<String,
Int>) {
        let res = pairs.map {key, value in
                return "[\(key):\(value)]"
            }.joined(separator: "")
        print(res)
    }
}
let obj = CustomData()
obj("字符串参数","a","b") // unknown func:["字符串参数", "a", "b"]
obj(a:1, b:2) //[a:1][b:2]
```

要支持动态方法调用，我们需要实现 dynamicallyCall(withArguments:) 方法与 dynamicallyCall(withKeywordArguments:) 方法，这两个方法的区别在于调用的时候是直接传入一组参数还是以键值对的方式传入参数。

动态成员查找和动态方法调用都使得 Swift 语言有了更加强大的动态性，我们可以通过动态成员查找在运行时获得要调用的方法和参数，再使用动态方法调用使其执行，这种能力使得 Swift 编程有了更多的可能性。

12.5　泛型与协议功能的增强

subscript 方法可以为 Swift 中的类添加下标访问的支持，在 Swift 4 版本后，subscript 方法更加强大，其不止可以支持泛型，而且可以支持 where 子句进行协议中关联类型的约束，示例如下：

```
//下标协议
```

```
protocol Sub {
    associatedtype T
    func getIndex()->T
}
//实现下标协议的一种下标类
class Index:Sub {
    init(_ index:Int) {
        self.index = index
    }
    var index:Int
    func getIndex() -> Int {
        return self.index
    }
}
class MyArray {
    var array = Array<Int>()
    func push(item:Int)  {
        self.array.append(item)
    }
    //泛型并进行约束
    subscript<T:Sub>(i:T)->Int where T.T == Int {
        return self.array[i.getIndex()]
    }
}
var a = MyArray()
a.push(item: 1)
print(a[Index(0)])
```

Swift在对变量类型进行界定时，是支持使用协议的。例如，在Swift 3中，我们可以编写如下代码：

```
//swift3
protocol People {
    var name:String{set get}
    var age:Int{set get}
}
protocol Teach {
    func teachSwift()
}
class Teacher: People,Teach {
    var name: String = "jaki"

    var age: Int = 25

    func teachSwift() {
        print("teaching...")
    }
}
func printTeacher(p:Teacher)  {
    print(p.name,p.age)
```

```
        p.teachSwift()
}
```

上面的代码中，printTeacher方法中使用Teacher类对参数进行界定，实际上这种做法并不好，Teacher类只是Teach协议与People协议的一种混合实现，在定义方法参数时，应该使用协议来进行参数的界定，但是Teacher类同时实现了两个协议，这在Swift 3版本中是无法解决的问题，在Swift 4之后则可以这样写：

```
protocol People {
    var name:String{set get}
    var age:Int{set get}
}
protocol Teach {
    func teachSwift()
}
class Teacher: People,Teach {
    var name: String = "jaki"

    var age: Int = 25

    func teachSwift() {
        print("teaching...")
    }
}
func printTeacher(p:Teach&People)  {
    print(p.name,p.age)
    p.teachSwift()
}
```

使用"&"符号可以对协议进行混合，更加贴近面向协议的编程方式。

12.6　模拟面试

（1）使用 Swift 语言进行编程，简述你认为的 Swift 语言的独到之处。

回答要点提示：

①安全性极高。所谓安全性，实际上就是语言是否容易出错，再通俗一些，即一种编程语言是依赖其自身特性防止其出错还是依赖开发者经验防止其出错。笔者记得在初学 JavaScript 时感觉十分苦恼，因为 JavaScript 是变量弱类型的，并且其隐式转换十分危险（虽然代码编写起来畅快无比），在 Swift 中则基本不会出现类型不匹配、类型被隐式转换了等问题。当然，换句话说，这也使得编程者必须遵守更多的规则（或者说写更多的代码），虽然各有利弊，但对初学者来说，Swift 明显要友好很多。

②灵活性极高。Swift 语言的灵活性非常有现代编程语言的特点，尤其是其对泛型的支持，使得面向协议的编程方式在 Swift 语言上可以畅行无阻。

③编码体验极优。编码体验这点并不完全依赖于 Swift 的语法，也多有编译器的功劳。例如支

持字符串内嵌变量来构建字符串，支持后置闭包的写法，支持元组类型，支持默认隐式拆包类型，等等。

核心理解内容：

从Swift语言第1个版本发布到Swift 3和Swift 3.2进行了语言内容和风格的大改，Swift 4中的改动实际上并不大，而且大多是开发中可能用不到的特性。随着Swift语言的成长，这种语言的设计风格与其他传统语言有着本质的区别，要在使用中体会Swift语言的设计之妙。

第二部分　iOS 开发基础

读者可能会觉得第一部分的语法学习枯燥无趣，在一种编程技术的学习过程中，难免会有这样的糟糕体验，不过本部分的内容一定会使你兴趣大增，精神百倍。并且，如果严格学习并掌握了本书第一部分的语法内容，那么在学习本部分以及之后的内容时一定会游刃有余。

本部分将向读者介绍iOS软件开发基础，本部分及之后的内容也是对Swift编程语言的实际应用。在一款移动客户端软件的开发中，有4项技术是必须掌握的：

（1）语言基础。
（2）界面开发技术。
（3）网络处理技术。
（4）数据处理与存储技术。

学习完本书第一部分的读者应该已经掌握了上面的第一项技术——语言基础。界面开发技术用于搭建直接与用户交互的UI界面，一款应用程序中的标题、按钮、列表、输入框等都属于界面开发的领域，读者学习本部分后，应该可以做到根据设计师给的设计图开发出对应的UI界面。界面是应用程序的外表，而一款应用程序的业务逻辑则离不开数据，更多情况下，数据都是通过网络进行传输与交换的，因此网络技术和数据处理技术是开发一款完整的应用程序不可缺少的部分。本部分内容将分为6章向读者介绍，除了基础界面开发技术、网络处理与数据处理技术外，还将基于实用的原则向读者介绍iOS程序开发中动画技术的应用，掌握动画技术可以为你的应用程序增光添彩。在第18章将介绍SwiftUI技术，通过SwiftUI读者能够更加深入地体会到iOS编程的迅捷与高效。

第13章

UI 控件与逻辑交互（1）

真正美丽的人是不多施脂粉，不乱穿衣服。

—— 老舍

　　UI是软件的外表，也是软件与用户交互最直接的方式。一款软件成功与否很大程度上取决于UI设计是否美观大方。学习iOS开发，在有了扎实的编程语言基础后，就可以踏上UI界面的开发之路了。iOS开发框架为开发者提供了许多原生的UI控件，这些控件的接口设计得十分简洁优美，并且易于扩展和自定义。本章将逐步向读者介绍iOS开发中常用的UI控件及其使用方法。

提　示

该部分知识将使用 iOS 模拟器来进行代码效果的演示，这与第一部分的语法学习有很大不同。边学边练、学有所得、得有所见是本部分学习的基本思路，通过程序界面的效果展示，读者可以从自己的学习成果中获得很大的鼓励。

通过本章，你将学习到：

- iOS项目工程的创建及项目结构。
- UILabel标签控件的使用。
- UIButton按钮控件的使用。
- UIImageView图片视图的使用。
- UITextField文本输入框控件的使用。
- UISwitch开关控件的使用。
- UIPageControl分页控制器控件的使用。
- UISegmentedControl分部控制器的使用。

13.1 iOS 项目工程简介

在学习第一部分的语法时，我们一直使用Playground来进行代码的编写与演示，Playground是非常适合初学者学习语法或进行代码演练的工具。但如果要开发一个完整项目，我们就需要在项目工程中编写代码，并且在模拟器或者相关设备上运行程序。

13.1.1 创建 iOS 项目工程

打开Xcode开发工具，在欢迎界面选择Create a new Xcode project，创建一个Xcode项目工程，如图13-1所示。

在弹出的选择项目模板窗口中选择iOS栏目下的App模板，这个模板将会帮助开发者创建一个应用主界面，如图13-2所示。

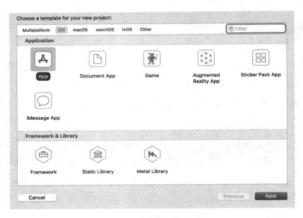

图 13-1　创建一个 Xcode 项目工程 　　　　　　　　图 13-2　选择工程模板

在之后的项目配置窗口中填写相关信息，如图13-3所示。其中Product Name填写项目名称，这里取名为FirstProject。Team需要填写开发者团队，如果读者没有配置开发者账号，这里可以不选择。Organization Identifier用于填写公司组织的名称和编号。Bundle Identifier是应用的唯一标识符，Xcode会自动生成，开发者也可以在项目工程中进行修改。Interface用来选择开发界面所使用的方式，有SwiftUI与Storyboard两种，这里先选择Storyboard。Life Cycle选项不需要改动。Language选择使用的开发语言，iOS程序开发只支持Objective-C与Swift两种语言，这里选择Swift语言。下面的两个复选框用于选择是否创建CoreData数据管理模型以及单元测试相关功能，由于本节不需要这些功能，读者可以不勾选。之后单击Next按钮进行项目工程的创建。

Choose options for your new project:

Product Name:	FirstProject
Team:	None
Organization Identifier:	huishao
Bundle Identifier:	huishao.FirstProject
Interface:	Storyboard
Life Cycle:	UIKit App Delegate
Language:	Swift

☐ Use Core Data
☐ Host in CloudKit
☐ Include Tests

Cancel　　　　　　　　　　Previous　　Next

图 13-3　填写项目配置信息

创建好iOS项目工程后，首先观察工程结构：工程最外层被分为两个文件夹，一个文件夹用于存放项目开发中的源代码文件，另一个文件夹用于存放工程编译后的可执行文件。模板创建的源代码文件有 3 个，分别为 AppDelegate.swift 文件、SceneDelegate.swift 文件与 ViewController.swift 文件。AppDelegate是应用程序的入口，SceneDelegate用来进行多场景应用的管理，ViewController是模板默认创建的一个视图控制器文件。如果读者运行工程，这个控制器中的内容将展现在模拟器的屏幕上。除了这3个Swift代码文件外，还有其他的文件和文件夹：Main.storyboard 文件是可视化的界面开发文件，Assets.xcassets是一个文件夹，用于存放项目中需要用到的图片素材文件，LaunchScreen.storyboard是应用的启动闪屏界面，Info.plist是项目的配置文件。上面所提的目录结构如图13-4所示。

图 13-4　iOS 工程的目录结构

13.1.2　运行第一个 iOS 程序

本小节将基于13.1.1小节的工程模板来完成iOS设备上的第一个应用程序：HelloWorld。首先选择工程目录中的Main.storyboard文件，可以看到Xcode开发工具的编码区变成了Storyboard可视化开发界面，如图13-5所示。

图 13-5　使用 Storyboard 可视化开发界面

使用Storyboard工具进行开发最大的好处是所见即所得，开发者单击Xcode开发工具右上方的加号按钮，即可弹出组件选择窗口，在其中选取所需要的独立UI控件，直接将其拖曳至可视化界面开发区的视图上即可，如图13-6所示。

图 13-6　组件选择窗口

例如，在控件列表中找到Label控件（标签控件），直接将其拖曳至屏幕界面的中央，双击Label控件可以编辑其中的文字，在其中输入HelloWorld，如图13-7所示。

在Xcode开发工具中选择需要使用的模拟器，这里选择iPhone 12，之后单击"运行"按钮（三角形按钮），如图13-8所示。

图 13-7　在屏幕中添加一个 Label 控件　　　　　　图 13-8　选择模拟器并运行工程

稍等片刻，就可以看到程序运行的效果，如图13-9所示。

图 13-9　模拟器运行效果

至此，一个最简单的HelloWorld应用程序就完成了。后面会向读者具体介绍iOS开发中每个独立UI控件的特点与应用。

13.2　标签控件——UILabel

UILabel控件是iOS界面开发中最简单的文本标签显示控件，其可以灵活设置要显示文本的字体、颜色、行数、阴影等效果。

13.2.1　使用代码创建一个 UILabel 控件

iOS界面的开发除了可以使用Storyboard可视化工具外，也可以直接通过代码来创建。本小节将使用纯代码的方法来演示UILabel控件的使用。首先使用Xcode开发工具创建一个名为UILabelTest的工程，选择模板中创建好的ViewController.swift文件，这个文件中默认提供了一个方法，如下：

```
override func viewDidLoad() {
    super.viewDidLoad()
}
```

通过override关键字可以知道，这个方法是覆写父类的方法，viewDidLoad()方法会在视图控制器已经加载时调用，开发者一般会将视图控制器中控件的创建工作放入viewDidLoad()方法中。在viewDidLoad()方法中编写如下代码：

```
override func viewDidLoad() {
    super.viewDidLoad()
    //创建 UILabel 控件对象
    let label = UILabel(frame: CGRect(x: 20, y: 120, width: 200, height: 30))
    //设置文本
    label.text = "我是一个普通的便签控件"
    //将其添加到当前视图上
    self.view.addSubview(label)
}
```

上面的示例代码使用UILabel(frame:)构造方法进行UILabel控件的创建，其中frame参数为CGRect类型的矩形，CGRect(x:y:width:height:)构造方法中前两个参数用于设置控件的x坐标与y坐标，后两个参数用于设置控件的宽度和高度。

> **提　示**
>
> 在 iOS 系统坐标体系中，横向为 x 轴，纵向为 y 轴。和数学中的坐标系不同的是，iOS 系统的坐标系沿 x 轴向右为 x 轴的正方向，沿 y 轴向下为 y 轴的正方向，故坐标原点在左上角。

运行工程，效果如图13-10所示。

图 13-10　使用代码创建普通的 UILabel 控件

13.2.2　自定义 UILabel 控件的展示效果

UILabel控件是用来显示文本的视图控件，它给开发者提供了很多灵活丰富的接口，用于对文字进行不同风格的设置，例如字体的大小、颜色等。示例代码如下：

```
override func viewDidLoad() {
    super.viewDidLoad()
    //创建 UILabel 控件对象
    let label = UILabel(frame: CGRect(x: 20, y: 120, width: 200, height: 30))
    //设置文本
    label.text = "我是一个普通的便签控件"
    //将其添加到当前视图上
    self.view.addSubview(label)

    //创建自定义的 UILabel 控件对象
    let label2 = UILabel(frame: CGRect(x: 20, y: 160, width: 200, height: 30))
    //设置文本
    label2.text = "我是一个自定义的便签控件"
    //设置字体，这里设置字号为20、加粗的系统字体
    label2.font = UIFont.boldSystemFont(ofSize: 20)
    //设置字体颜色
    label2.textColor = UIColor.red
    //设置阴影颜色
    label2.shadowColor = UIColor.green
    //设置阴影的位置偏移
    label2.shadowOffset = CGSize(width: 2, height: 2)
```

```
        //设置文字对齐模式
        label2.textAlignment = NSTextAlignment.center
        //将其添加到当前视图上
        self.view.addSubview(label2)
    }
```

上面的示例代码中，textColor用于设置字体的颜色；shadowColor用于设置阴影的颜色；shadowOffset用于设置阴影的偏移尺寸；textAlignment用于设置文字的对齐方式，其需要设置为NSTextAlignment类型的枚举值，除了设置为center居中外，还可以设置为left、right，即居左和居右。

运行工程，模拟器效果如图13-11所示。

图 13-11　自定义样式的 UILabel 控件

13.2.3　定义更加丰富多彩的 UILabel 控件

UILabel控件默认只显示单行文本，开发者也可以通过设置相关属性使其显示多行文本，示例代码如下：

```
//创建长文本的 UILabel 控件对象
let label3 = UILabel(frame: CGRect(x: 20, y: 210, width: 200, height: 150))
//设置文本
label3.text = "我是长文本我是长文本我是长文本我是长文本我是长文本我是长文本我是长文本我是长文本我是长文本我是长文本我是长文本我是长文本我是长文本我是长文本我是长文本我是长文本"
//设置显示行数
label3.numberOfLines = 7;
self.view.addSubview(label3)
```

　　UILabel控件的**numberOfLines**属性用于设置显示的文本行数，如果设置为0，则代表不限制显示行数，但这并不表示UILabel控件的高度会自动扩展。如果文本行数总和的高度超出了控件本身的高度，文字依然会被截断。

　　运行工程，效果如图13-12所示。

　　上面的演示代码对UILabel控件中所有的文本进行了统一设置，其实UILabel还有一个十分强大的功能，其支持对部分独立文本进行个性化的设置，示例代码如下：

```
//创建 UILabel 控件对象
let label4 = UILabel(frame: CGRect(x: 20, y: 390, width: 200, height: 30))
//设置个性化文本
let attri = NSMutableAttributedString(string: "我是个性化文本")
attri.addAttributes([NSAttributedString.Key.font:UIFont.boldSystemFont(ofSize: 20),NSAttributedString.Key.foregroundColor:UIColor.red], range: NSRange(location: 0, length: 2))
 attri.addAttributes([NSAttributedString.Key.font:UIFont.systemFont(ofSize: 13),NSAttributedString.Key.foregroundColor:UIColor.blue], range: NSRange(location: 3, length: 3))
label4.attributedText = attri
//将其添加到当前视图上
self.view.addSubview(label4)
```

　　运行工程，效果如图13-13所示。

图 13-12　使用 UILabel 展示多行文本　　　　　图 13-13　个性化文本

　　上面的代码中使用了一个新的类**NSMutableAttributedString**，这个类用于配置个性化字符串，**addAttributes(_:,range:)**方法用于追加个性化设置，其中第1个参数为个性化设置字典，第2个参数为此个性化设置在字符串中的生效范围。关于个性化字典的使用，系统已经为我们定义了许多属性键，开发者选择需要的属性并设置相关值即可，常用键名定义如下：

```
//设置字体，对应值为 UIFont 类型
font
//设置段落风格，对应值为 NSParagraphStyle 类型
paragraphStyle
//设置文本颜色，对应值为 UIColor 类型
foregroundColor
//设置背景颜色，对应值为 UIColor 类型
backgroundColor
//设置下画线风格，对应值为 NSNumber 类型
underlineStyle
//设置阴影，对应值为 NSShadow 类型
shadow
//设置超链接，对应值可以为 NSURL 或者 NSString 类型
link
//设置下画线颜色，对应值为 UIColor 类型
underlineColor
```

13.3　按钮控件——UIButton

按钮控件是应用程序中基础的用户交互控件，按钮控件通常用来处理诸如界面跳转、取消、确定等逻辑操作。iOS开发框架中为开发者提供了UIButton类作为基础的按钮控件。

13.3.1　创建 UIButton 按钮控件

使用Xcode开发工具创建一个Swift语言工程，取名为UIButtonTest。首先在ViewController.swift文件的viewDidLoad()方法中添加如下示例代码：

```
override func viewDidLoad() {
    super.viewDidLoad()
    //创建 UIButton 实例
    let buttonOne = UIButton(type: UIButton.ButtonType.system)
    //设置按钮位置与尺寸
    buttonOne.frame = CGRect(x: 20, y: 40, width: 100, height: 30)
    //设置按钮背景色
    buttonOne.backgroundColor = UIColor.purple
    //设置按钮标题
    buttonOne.setTitle("标题", for: .normal)
    //设置标题文字颜色
    buttonOne.setTitleColor(UIColor.white, for: .normal)
    //添加到当前视图
    self.view.addSubview(buttonOne)
}
```

运行工程，效果如图13-14所示。

图 13-14　创建一个普通的按钮

上面的示例代码中，使用构造方法UIButton(type:)进行了按钮实例的创建，这个方法需要传入一个按钮类型的参数，这个参数是UIButton.ButtonType枚举类型，可以使用的按钮类型枚举值如下：

```
//自定义类型
custom
//系统类型
system
//详情按钮类型
detailDisclosure
infoLight
infoDark
//添加按钮类型
contactAdd
//关闭按钮类型
close
//这个类型已经被系统类型代替
roundedRect
```

由于兼容旧版本的原因，系统虽然定义了7种按钮类型，但除了自定义类型外，实际上只有3种在UI风格上有区别，分别为系统类型、详情类型和添加类型，它们的效果如图13-15~图13-17所示。close类型是iOS 13后新增的样式类型，其UI展现上会显示一个叉号按钮。

图 13-15　系统风格

图 13-16　详情风格

图 13-17　添加风格

在为按钮添加标题文字时，使用的是setTitle(_: ,for:)方法，这个方法需要传入两个参数：第1个参数为想要设置的标题文字，第2个参数为显示此标题时所对应的按钮状态。

在iOS系统中，多数可以和用户进行交互的UI控件都有状态这样的概念。简单来说，状态描述的是人与控件交互时控件所处的状态。例如控件的正常状态、控件被选中时的状态、控件被按下时的状态、控件禁用时的状态等。这些控件的状态由结构体UIControl.State来描述，若需要获取其他状态，则可以使用UIControl.State结构体定义的静态属性，代码如下：

```
//控件正常状态
public static var normal: UIControlState { get }
//控件高亮状态
public static var highlighted: UIControlState { get }
//控件禁用状态
public static var disabled: UIControlState { get }
//控件被选中状态
public static var selected: UIControlState { get }
```

> **提 示**
>
> 所谓控件的高亮状态，就是控件被按下并且手指没有抬起时的状态。

13.3.2 为按钮添加触发事件

UIButton控件与UILabel控件最大的区别在于：UIButton可以进行用户逻辑交互。从代码层面来看，用户的逻辑交互就是当用户点击某个按钮后，应用程序执行开发者设计好的一段代码。因此，对于开发者来说，只要可以监听到用户的点击事件，然后调用设计好的函数即可。在viewDidLoad()方法中添加如下代码：

```
buttonOne.addTarget(self, action: #selector(touchBegin), for:
UIControl.Event.touchUpInside)
```

addTarget(_: , action:, for:)方法用于向UIButton控件添加一个触发事件，这个函数需要传入3个参数：第1个参数需要传入按钮触发时事件方法的执行者，这里传入self代表当前视图控制器实例本身；第2个参数需要传入一个方法选择器Selector实例，这个参数决定要执行的方法，由于方法的执行者是当前视图控制器，因此需要在ViewController中实现touchBegin方法；第3个参数用于设置触发事件的条件，这个参数为UIControlEvents类型的结构体，这个结构体定义了各种按钮触发情况，列举如下：

```
public struct Event : OptionSet {
    //按钮被按下时触发
    public static var touchDown: UIControl.Event { get }
    //按钮被重复按下时触发，点击次数大于1
    public static var touchDownRepeat: UIControl.Event{ get }
    //按钮被按下并且在控件区域内拖曳
    public static var touchDragInside: UIControl.Event{ get }
    //按钮被按下并且在控件区域外拖曳
    public static var touchDragOutside: UIControl.Event{ get }
    //按钮被按下并且拖曳
```

```
public static var touchDragEnter: UIControl.Event{ get }
//按钮拖曳结束
public static var touchDragExit: UIControl.Event{ get }
//按钮被按下并且在控件区域内抬起
public static var touchUpInside: UIControl.Event{ get }
//按钮被按下并且在控件区域外抬起
public static var touchUpOutside: UIControl.Event{ get }
//按钮取消点击
public static var touchCancel: UIControl.Event{ get }
}
```

在ViewController.swift文件中实现touchBegin触发方法，代码如下：

```
@objc func touchBegin() {
    print("用户点击了按钮")
}
```

运行工程，点击按钮，可以看到Xcode开发工具的调试区中出现了touchBegin方法中的打印数据。

13.3.3　为 UIButton 添加自定义图片

UIButton控件也支持进行自定义图片的设置，同时开发者还可以灵活定义图片与文字的相对位置。UIButton控件支持设置两种类型的图片：一种是将图片作为按钮的内容图片，这时图片和文字将并列显示；另一种是将图片作为按钮的背景图片，此时图片将填充整个按钮控件，文字将覆盖显示在图片上面。

要给UIButton控件设置图片，首先应该向工程中导入一张图片素材，这就需要使用到前面介绍的Assets文件夹。选中工程中的Assets文件夹，在其中的素材目录中右击，在弹出的菜单中选择import选项，之后可以将计算机中的图片素材导入工程中，默认支持PNG与JPG格式的图片素材。导入图片的过程如图13-18所示。

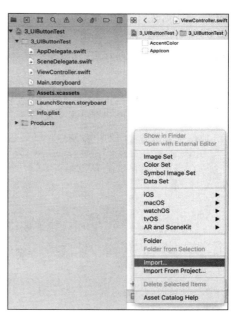

图 13-18　向工程中导入图片素材

提　示

读者也可以直接将图片素材拖入如图 13-18 所示的素材目录中，即可完成图片素材的导入。

为UIButton控件添加显示图片的代码，示例如下：

```
//设置 UIButton 控件的内容图片
buttonOne.setImage(UIImage(named: "image"), for: .normal)
```

```
//设置 UIButton 控件的背景图片
buttonOne.setBackgroundImage(UIImage(named: "image"), for: .normal)
```

上面的示例代码中演示的两个方法分别用于设置按钮的内容图片和背景图片。需要注意，如果要自定义按钮的显示图片，需要将按钮的类型设置为UIButton.ButtonType.custom才会有效。上面两个设置图片的方法中都需要传入一个UIImage类型的实例，使用UIImage(named:)方法可以构造出一个UIImage类的实例。这个方法需要传入的参数为工程中图片素材的文件名。上面代码的示例效果如图13-19与图13-20所示。

图 13-19 设置按钮的内容图片

图 13-20 设置按钮的背景图片

通过上面对UIButton控件标题与内容图片的设置，读者会发现这样的规律：如果没有设置内容图片，则标题会出现在按钮的中心位置；如果设置了内容图片，则标题会和内容图片并列排放，并且标题出现在右边。那么开发者可不可以根据自己的需求灵活设置按钮标题或者背景图片的位置呢？答案是肯定的。在UIButton类中有titleEdgeInsets、imageEdgeInsets和contentEdgeInsets三个属性，分别用来设置按钮标题的位置偏移、内容图片的位置偏移以及按钮内容的位置偏移。contentEdgeInsets属性实际上是将按钮标题和按钮图片当作整体来处理。例如，想让按钮的标题和图片上下排列，调整代码如下：

```
//设置标题文字的位置偏移
buttonOne.titleEdgeInsets = UIEdgeInsets(top: 50, left: 0, bottom: 0, right: 20)
//设置内容图片的位置偏移
buttonOne.imageEdgeInsets = UIEdgeInsets(top: 0, left: 30, bottom: 30, right: 0)
```

UIEdgeInsets结构体用于设置偏移量，其构造方法中的4个参数分别用于设置上、左、下、右4个方向的位置偏移量。此时运行工程，按钮效果如图13-21所示。

图 13-21 自定义按钮标题与内容图片位置

13.4 图片显示控件——UIImageView

在iOS开发中，UIImageView控件专门用来负责图片的显示，其实UIImageView除了可以简单地显示图片外，还支持进行简单动画的开发。

13.4.1　图片类 UIImage

使用UIImageView控件之前，不得不提到UIImage类，在前面学习UIButton控件的章节中，为按钮设置图片时就已经使用到这个类，可以将其简单理解为用于创建一个图片实例。开发者可以通过图片素材名称创建UIImage实例，也可以通过Data数据或者文件路径来创建UIImage实例。使用Xcode开发工具创建一个名为UIImageViewTest的工程，在其中编写如下示例代码：

```
//通过图片素材名称创建 UIImage 实例
let image = UIImage(named: "imageName")
//通过文件路径创建 UIImage 实例
let image2 = UIImage(contentsOfFile: "filePath")
//通过 Data 数据创建 UIImage 实例
let image3 = UIImage(data: Data())
```

上面示例的3个构造方法中，使用图片素材名称作为参数的构造方法最为常用。

创建了UIImage实例后，开发者可以通过UIImage类中的size属性获取图片的尺寸信息，示例如下：

```
//获取图片尺寸，返回 CGSize 类型的结构体
let size = image?.size
```

13.4.2　使用 UIImageView 进行图片的展示

向工程中导入一张图片素材，在UIImageViewTest工程中的ViewController.swift文件的viewDidLoad()方法中添加如下代码：

```
override func viewDidLoad() {
    super.viewDidLoad()
    let image = UIImage(named: "image")
    //创建 UIImageView 控件
    let imageView = UIImageView(image: image)
    //设置 UIImageView 控件的位置和尺寸
    imageView.frame = CGRect(x: 30, y: 30, width: 200, height: 200)
    //将控件添加在当前视图上
    self.view.addSubview(imageView)
}
```

运行工程，效果如图13-22所示。

图 13-22 使用 UIImageView 展示图片

13.4.3 使用 UIImageView 播放动画

有动画相关知识的读者都知道，生活中我们看到的电视、电影其实都是很多幅静态的图片快速播放所产生的效果。在编程中对动画效果的开发采用同样的原理，UIImageView控件支持将一系列的图片快速切换，进而产生动画效果。

首先需要向工程中引入一系列动作连续的静态图片素材。需要注意：使用多张静态图片进行动画的创建时，导入的图片素材应规范命名并且遵循一定的规律，这样不容易出错且十分有利于代码的编写。图片命名如图13-23所示。

图 13-23 动画图片的命名

如图13-23所示，向工程中添加了8张小鸟飞行的图片，它们的动作不同，且根据图片命名的顺序，小鸟飞行的动作呈连续性。在viewDidLoad()方法中继续编写如下代码：

```
//创建一个数组，用于存放动画图片
var imageArry = Array<UIImage>()
//进行图片的循环创建
```

```
for index in 1...8{
    //使用格式化的字符串进行创建
    let birdImage = UIImage(named: "bird\(index)")
    //将创建的图片添加进数组中
    imageArry.append(birdImage!)
}
//创建 UIImageView
let birdImageView = UIImageView(frame: CGRect(x: 30, y: 250, width: 200, height:
100))
    //设置动画数组
    birdImageView.animationImages = imageArry
    //设置动画播放时长
    birdImageView.animationDuration = 3
    //设置动画播放次数
    birdImageView.animationRepeatCount = 0
    self.view.addSubview(birdImageView)
    //开始播放动画
    birdImageView.startAnimating()
```

上面的示例代码中，UIImageView类的animationImages属性用于设置要播放的动画图片的数组；animationDuration属性用于设置动画播放一轮的时间长度，单位为秒；animationRepeatCount属性用于设置动画播放次数，如果这个属性设置为0，则会无限循环播放。配置完这些属性后，UIImageView动画并不会自动播放，开发者需要调用startAnimating()方法开启播放，与这个方法相对应，开发者也可以调用stopAnimating()方法来停止动画的播放。运行工程，效果如图13-24所示，可以看到小鸟已经在屏幕上飞起来了。

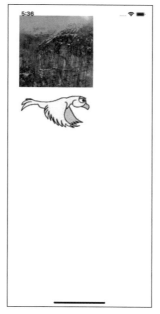

图 13-24　使用 UIImageView 进行简单动画的播放

提 示

在 iOS 开发中，合理地应用动画可以使应用界面更加美观漂亮，给你的 App 增添一份活力。UIImageView 通过图片数组创建动画的方式是 iOS 动画开发中最简单的一种。iOS 系统还提供了许多关于转场动画与核心动画的编程接口，后面章节会专门向读者介绍。

13.5　文本输入框控件——UITextField

一款应用程序中，经常会使用到表单。例如，对于有用户注册功能的应用来说，用户注册界面就需要使用表单的形式来展现，其中可能需要多个文本输入框，帮助用户进行昵称、密码、生日、电话等信息的填写。在iOS开发中，UITextField控件专门用来创建文本输入框，其可以让用户输入文本信息，还提供了丰富的代理方法给开发者，以便进行用户交互状态的监听。UITextField控件的设计采用了代理的模式，读者在学习本节时，可以更加深入地理解协议在实际开发中的应用。

13.5.1　创建文本输入框控件

使用Xcode开发工具创建一个名为UITextFieldTest的工程，在ViewController.swift文件的viewDidLoad()方法中编写如下示例代码：

```swift
override func viewDidLoad() {
    super.viewDidLoad()
    //创建UITextField实例，并且设置位置与尺寸
    let textField = UITextField(frame: CGRect(x: 20, y: 30, width: 200, height: 30))
    //设置输入框边框风格
    textField.borderStyle = UITextField.BorderStyle.line
    //设置文字颜色
    textField.textColor = UIColor.red
    //设置文字对齐方式
    textField.textAlignment = NSTextAlignment.center
    //设置提示文字
    textField.placeholder  = "请输入姓名"
    //将输入框控件添加到当前视图上
    self.view.addSubview(textField)
}
```

上面的示例代码中，UITextField类中的borderStyle属性用于设置文本输入框的边框风格；textColor属性用于设置文本框中输入文字的颜色；textAlignment属性用于设置文字的对齐模式，其与UILabel控件设置文字的对齐模式方法一致；placeholder属性用于设置文本输入框的提示文字，所谓提示文字，即当用户没有向文本框中输入文字时，文本框中默认显示的一些起到提示作用的文字。例如应用程序中的密码框，在用户没有输入任何文字时，通常会显示"请输入您的密码"。

运行工程，效果如图13-25和图13-26所示。

图 13-25　正常状态下的文本输入框

图 13-26　编辑状态下的文本输入框

对于UITextField类的borderStyle属性，其需要设置为一个UITextBorderStyle类型的枚举值，可以选择的枚举值如下：

```
public enum BorderStyle : Int {
    //无边框
    case none
    //直线边框
    case line
    //贝塞尔风格边框
    case bezel
    //圆角边框
    case roundedRect
}
```

每种风格的UITextField样式如图13-27~图13-30所示。

请输入姓名

图 13-27　none 风格

请输入姓名

图 13-28　line 风格

请输入姓名

图 13-29　bezel 风格

请输入姓名

图 13-30　roundedRect 风格

提　示

当文本输入框进入编辑状态后，系统会自动弹出默认的键盘。

13.5.2 为 UITextField 设置左右视图

应用程序的登录界面都会有一个账号、密码输入框，在这些输入框的左侧往往会有一个小图标，这些图标从另一个角度暗示了这些输入框的功能。例如用户名输入框往往使用人像做图标，密码输入框往往使用钥匙做图标。UITextField控件可以通过设置左右视图的方式来为文本输入框添加这样的图标。首先向工程中导入一张图片作为素材，之后为13.5.1小节创建的UITextFiled实例进行如下设置：

```
//创建左视图
let imageView1 = UIImageView(image: UIImage(named: "image"))
imageView1.frame = CGRect(x: 0, y: 0, width: 30, height: 30)
//创建右视图
let imageView2 = UIImageView(image: UIImage(named: "image"))
imageView2.frame = CGRect(x: 0, y: 0, width: 30, height: 30)
//设置UITextField控件的左右视图
textField.leftView = imageView1
textField.rightView = imageView2
//设置UITextField控件的左右视图显示模式
textField.leftViewMode = UITextField.ViewMode.always
textField.rightViewMode = UITextField.ViewMode.always
```

UITextField类的leftView与rightView分别用来设置文本输入框的左视图和右视图，这两个属性必须设置为UIView或者UIView子类的实例。如以上代码所示，UIImageView类就是UIView的子类。除了需要设置左右视图外，还需要设置左右视图的显示模式，UITextField类的leftViewMode与rightViewMode属性分别用来设置左右视图的显示模式，其需要设置为UITextFieldViewMode类型的枚举值、枚举值的意义列举如下：

```
public enum ViewMode : Int {
    //从不显示
    case never
    //只有当UITextField控件处于编辑状态时才显示
    case whileEditing
    //只有当UITextField控件不处于编辑状态时才显示
    case unlessEditing
    //任何状态下都显示
    case always
}
```

运行工程，效果如图13-31所示。

提 示
UITextField 控件的编辑状态就是当键盘弹出、用户进行文字输入时的状态。

图 13-31　为 UITextField 控件添加左右视图

13.5.3　UITextField 控件的代理方法

代理是 iOS 开发中常用的一种设计模式，其实质是通过协议来完成一些方法的回调。以 UITextField 控件为例，在实际项目中，往往需要对用户输入的文字进行校验。例如一个电话号码输入框往往只允许用户输入数字，并且数字的位数不能超过 11 位，因此开发者需要对输入框中的文字进行实时监听，这种监听操作是由代理方法来提供的。

使用 UITextField 控件的代理方法通常需要 3 步，首先遵守相应协议，之后设置控件的代理，最后实现代理方法。示例如下：

为 UIViewController 添加遵守协议的代码如下：

```
class ViewController: UIViewController,UITextFieldDelegate
```

设置 UITextField 控件的代理为当前视图控制器实例，代码如下：

```
textField.delegate = self
```

之后可以在 ViewController 类中进行代理方法的实现，可以实现的代理方法都定义在 UITextFieldDelegate 协议中，其中方法的意义如下：

```
//这个方法在输入框即将进入编辑状态时被调用
func textFieldShouldBeginEditing(_ textField: UITextField) -> Bool {
    return true
}
//这个方法在输入框已经开始编辑时被调用
func textFieldDidBeginEditing(_ textField: UITextField){

}
//这个方法在输入框即将结束编辑时被调用
func textFieldShouldEndEditing(_ textField: UITextField) -> Bool{
    return true
}
```

```
//这个方法在输入框已经结束编辑时被调用
func textFieldDidEndEditing(_ textField: UITextField){

}
//这个方法在输入框中的文本发生变化时被调用
func textField(_ textField: UITextField, shouldChangeCharactersIn range:
NSRange, replacementString string: String) -> Bool{
    return true
}
//这个方法在用户点击输入框中的清除按钮时被调用
func textFieldShouldClear(_ textField: UITextField) -> Bool{
    return true
}
//这个方法在用户按键盘上的 Return 按钮时被调用
func textFieldShouldReturn(_ textField: UITextField) -> Bool{
    return true
}
```

读者可以如此理解，代理方法都是由系统调用的，开发者不需要手动调用这些方法，当UITextField控件符合某些条件时，代理方法会被自动调用，开发者只需要实现这些代理方法，并在其中实现自己的逻辑即可。

- textFieldShouldBeginEditing(_ :)方法在UITextField控件即将进入编辑模式时会被调用，其中需要返回一个Bool类型的值作为返回值，如果返回true，则允许输入框进入编辑状态，否则不允许。

- 如果textFieldShouldBeginEditing(_ :)方法返回true，则之后会调用textFieldDidBegin- Editing(_ :)方法，这个方法的调用标志着UITextField控件正式进入编辑状态。

- textFieldShouldEndEditing(_ :)方法与textFieldShouldBeginEditing(_ :)方法相对应，其在UITextField控件将要结束编辑时会被调用，同样，这个方法需要一个Bool类型的返回值，如果返回true，则允许结束编辑状态，否则不允许。

- textFieldDidEndEditing(_ :)方法与textFieldShouldBeginEditing(_ :)方法相对应，其在UITextField结束编辑状态后会被调用。

- textField(_, shouldChangeCharactersIn:, replacementString:)方法是UITextFieldDelegate方法中最重要的一个回调方法，开发者对用户输入文本的监听就是通过这个方法来实现的。当UITextField控件中的文字变化时就会调用这个方法，包括追加文字和删除文字。这个方法中将传递3个参数给开发者，其中第1个参数为文字发生改变的UITextField控件，第2个参数为文字发生变化的范围，第3个参数为变化后的字符串。这个方法也需要一个Bool类型的返回值，如果返回true，则允许此次变化，否则不允许此次变化。

- textFieldShouldClear(_:)方法在用户点击了文本输入框上的清除按钮时会被调用，如果返回true，则允许此次清除操作，否则不允许。

- textFieldShouldReturn(_ :)方法在用户点击了虚拟键盘上的Return键时会被调用，开发者通常会在这个方法中结束输入框编辑状态，即收键盘的动作。

上面提到了UITextField控件的清除按钮，开发者可以通过设置UITextField类的

clearButtonMode属性来设置清除按钮的显示模式，示例代码如下：

```
textField.clearButtonMode = UITextField.ViewMode.always
```

清除按钮显示效果如图13-32所示。

下面的代码将演示对文本框输入的约束，即文本框只能输入数字且不能超过11位：

```
//这个方法在输入框中的文本发生变化时被调用
    func textField(_ textField: UITextField,
shouldChangeCharactersIn range: NSRange,
replacementString string: String) -> Bool{
        //如果输入框中的文字已经等于11位，则不允许再输入
        if (textField.text?.count)! >= 11 {
            return false
        }
        //只有0～9的数字可以输入
        if (string.first)! >= "0" && (string.first)! <=
"9" {
            return true
        }else{
            return false
        }
    }
```

图 13-32　展示 UITextField 控件
的清除按钮

UITextField控件一旦进入编辑状态，就不会自动结束编辑，开发者需要手动注销UITextField控件的第一响应来结束它的编辑状态。当UITextField控件的编辑状态结束后，系统会自动将虚拟键盘收起。下面的代码将演示用户点击键盘上的Return键时收键盘的操作。

```
//这个方法在用户点击键盘上的 Return 键时会被调用
func textFieldShouldReturn(_ textField: UITextField) -> Bool{
    textField.resignFirstResponder()
    return true
}
```

13.6　开关控件 UISwitch

iOS中的UISwitch控件又被称为开关控件，其在UI上表现为固定样式的按钮形状，在逻辑上只有开与关两种状态。使用 Xcode 开发工具创建一个名为UISwitchTest的测试工程。在ViewController.swift文件的viewDidLoad()方法中编写如下代码：

```
override func viewDidLoad() {
    super.viewDidLoad()
    //实例化开关控件
    let swi = UISwitch()
    //设置控件的位置
    swi.center = CGPoint(x: 100, y: 100)
```

```
//设置开启状态的颜色
swi.onTintColor = UIColor.green
//设置普通状态的颜色
swi.tintColor = UIColor.red
//设置开关滑块的颜色
swi.thumbTintColor = UIColor.purple
//设置开关初始状态
swi.isOn = true
//添加到当前视图上
self.view.addSubview(swi)

}
```

由于UISwitch控件有其本身的UI样式，开发者无须设置其尺寸，只需要设置其位置即可。center属性用于设置视图控件的中心点坐标；onTintColor属性用于设置开关控件开启状态下的风格颜色；tintColor属性用于设置开关控件正常状态下的风格颜色；thumTintColor属性用于设置开关控件滑块的颜色；isOn属性需要设置为Bool值，如果设置为true，则开关控件的初始状态为开，如果设置为false，则开关控件的初始状态为关。运行工程，效果如图13-33和图13-34所示。

UISwitch控件也可以添加用户交互事件，和UIButton按钮控件不同的是，按钮控件监听的是用户手指触发的动作，而开关控件监听的是按钮的开关状态，示例如下：

```
//添加用户交互操作
swi.addTarget(self, action: #selector(change), for:
UIControl.Event.valueChanged)
```

在ViewController.swift类中实现change方法，代码如下：

```
@objc func change(swi:UISwitch) {
    //可以从传递进来的UISwitch控件中获取开关的状态
    print("开关状态\(swi.isOn)")
}
```

图 13-33 关闭状态的开关控件

图 13-34 开启状态的开关控件

> **提　示**
>
> iOS 系统中的开关控件十分小巧简洁。在 iOS 7 之前，UISwitch 控件可以通过 onImage 与 offImage 两个属性来设置开关不同状态下所显示的自定义图片。在 iOS 7 之后，为了配合系统的扁平化设计，这个功能被移除了，虽然 UISwitch 类中还有这两个属性，但是开发者再进行设置将没有任何效果。

13.7　分页控制器——UIPageControl

分页控制器通常与滑动视图结合使用，读者可以简单将其理解为页码点，应用于多页视图中，用于标识用户当前所在的分页位置。UIPageControl的使用方法十分简单，使用Xcode开发工具创建一个名为UIPageControlTest的工程，在ViewController.swift文件的viewDidLoad()方法中添加如下代码：

```swift
override func viewDidLoad() {
    super.viewDidLoad()
    //实例化 UIPageControl
    let pageControl = UIPageControl(frame:
CGRect(x: 20, y: 100, width: 280, height: 30))
    //设置页数
    pageControl.numberOfPages = 10
    //设置背景色
    pageControl.backgroundColor = UIColor.red
    //设置页码点背景色
    pageControl.pageIndicatorTintColor =
UIColor.green
    //设置当前选中页码点的颜色
    pageControl.currentPageIndicatorTintColor =
UIColor.blue
    //设置当前选中的页码数
    pageControl.currentPage = 3
    //添加到当前视图
    self.view.addSubview(pageControl)
}
```

图 13-35　分页控制器

运行工程，效果如图13-35所示。

用户在点击分页控制器左半部分时，选中的页码点会向左移动；点击分页控制器右半部分时，选中的页码点会向右移动。实际开发中，在轮播广告中经常会使用这种效果。分页控制器的用户交互触发方式和UISwitch相似，开发者可以监听其页码值的改变，示例代码如下：

```swift
    //添加用户交互事件
    pageControl.addTarget(self, action: #selector(change), for:
UIControl.Event.valueChanged)
```

在ViewController类中实现change方法，代码如下：

```
@objc func change(pageControl:UIPageControl) {
    print("当前所在页码：\(pageControl.currentPage)")
}
```

如以上代码所示，在change方法中会传入当前分页控制器，开发者可以通过currentPage属性来获取当前选中的页码数。

13.8　分部控制器——UISegmentedControl

UISegmentedControl控件在UI展现上为一组切换按钮，其常用于多界面切换的场景，用户选中UISegmentedControl控件中一个分部按钮后即可完成界面的切换。

13.8.1　创建分布控制器控件

使用Xcode开发工具创建一个名为UISegmentedControlTest的工程，在ViewController.swift文件的viewDidLoad()方法中添加如下代码：

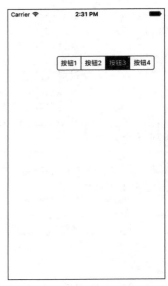

```
override func viewDidLoad() {
    super.viewDidLoad()
    //创建分部控制器实例
    let segmentedControl =
UISegmentedControl(items: ["按钮1","按钮2","按钮3","按钮
4"])
    //设置控件位置与尺寸
    segmentedControl.frame = CGRect(x: 100, y: 100,
width: 200, height: 30)
    //设置控件风格颜色
    segmentedControl.tintColor = UIColor.blue
    //添加到当前视图
    self.view.addSubview(segmentedControl)

}
```

在创建UISegmentedControl控件实例时，需要开发者传入一个items数组参数，这个数组的元素可以是String类型或者UIImage类型，如果是String字符串，则会将其对应的按钮渲染为带文字标题的按钮，如果是UIImage类型，则会将其对应的按钮渲染为带图片背景的按钮。运行工程，效果如图13-36所示。

图13-36　UISegmentedControl控件

需要注意，当用户点击分部控制器上的某个按钮后，默认此按钮一直保持选中状态。UISegmentedControl类中有一个名为isMomentary的布尔属性，这个属性默认为false，如果开发者将其手动设置为true，则当用户按下按钮时，按钮会呈现选中状态，当用户抬起手指后，按钮又会变回正常状态，不再保持选中。

给分部控制器添加用户交互事件的方法与UIPageControl一致，通过获取UISegmentedControl

类的selectedSegmentIndex属性值来获知用户选择的按钮。示例代码如下：

```
//添加用户交互
        segmentedControl.addTarget(self, action: #selector(sele), for:
UIControl.Event.valueChanged)
```

sele方法实现如下：

```
@objc func sele(seg:UISegmentedControl) {
    print("选择了\(seg.selectedSegmentIndex)")
  }
```

13.8.2 UISegmentedControl 控件中按钮的增、删、改操作

除了对UISegmentedControl类进行实例化时可以对其中的item进行设置外，UISegmentedControl还支持运行中对其中的按钮进行动态更新，更新操作主要包括增、删、改。

使用如下代码可以实现向UISegmentedControl中插入一个新的item：

```
//向 SegmentedControl 中插入新的文字 item
        segmentedControl.insertSegment(withTitle:
"按钮 5", at: 0, animated: true)
        //向 SegmentedControl 中插入新的图片 item
        segmentedControl.insertSegment(with:
UIImage(named:
"image")?.withRenderingMode(UIImage.RenderingMode.alw
aysOriginal), at: 4, animated: true)
```

如以上代码所示，两种插入item的方法都需要传入3个参数：第1个参数决定了item的标题或者图片，第2个参数设置插入的位置，第3个参数设置插入的动作是否带动画效果。

运行工程，效果如图13-37所示。

使用如下方法可以删除UISegmentedControl控件中已有的一个item：

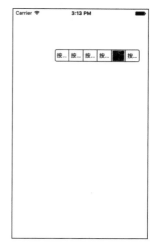

图 13-37 向 UISegmentedControl 中动态插入 item

```
//删除某个位置的 item
        segmentedControl.removeSegment(at: 0, animated: true)
        //删除所有 item
        segmentedControl.removeAllSegments()
```

使用如下方法可以修改一个已经存在的item：

```
//修改某个 item 的图片
        segmentedControl.setImage(UIImage(named: "image")?.withRenderingMode
(UIImage.RenderingMode.alwaysOriginal), forSegmentAt: 1)
        //修改某个 item 的标题
segmentedControl.setTitle("new", forSegmentAt: 1)
```

13.8.3　关于 UISegmentedControl 控件中按钮的尺寸问题

从前面的示例中读者可以发现，UISegmentedControl中所有的item是平均分配控件的总宽度的，无论item中标题的长短是多少。为UISegmentedControl实例中每个item的标题文字设置不同的宽度，代码如下：

```
let segmentedControl = UISegmentedControl(items: ["1","按钮","按钮按钮","按钮按钮按钮"])
```

运行工程，效果如图13-38所示。

很多时候，开发者需要根据UISegmentedControl控件中按钮标题的长度来自定义每个按钮的宽度，有两种方式可以达到这样的需求。开发者可以手动设置每个按钮的宽度：

```
segmentedControl.setWidth(8, forSegmentAt: 0)
segmentedControl.setWidth(32, forSegmentAt: 1)
segmentedControl.setWidth(85, forSegmentAt: 3)
```

运行工程，效果如图13-39所示。

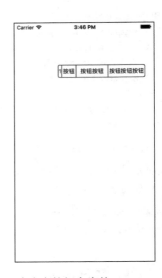

图 13-38　UISegmentedControl 控件中每个按钮宽度均分　　　图 13-39　自定义按钮宽度的 UISegmentedControl

然而这种方式并不优雅，因为很多时候，开发者要获取标题文字严格的宽度是一件十分烦琐的事。UISegmentedControl类中提供了一种自适应宽度的方法，示例如下：

```
segmentedControl.apportionsSegmentWidthsByContent = true
```

设置 UISegmentedControl 实例的 apportionsSegmentWidthByContent 属性为 true 后，UISegmentedControl会根据其中每个item内容的长短自动控制每个item的宽度，这样使用起来十分方便。

13.9　模拟面试

（1）在 iOS 开发中通常用什么方式来展示一组图片动画？

回答要点提示：

①UIImageView 组件可以用来展示图片组。

②在使用 UIImageView 进行图片展示时，要设置循环次数、图片组和动画时间。

核心理解内容：

熟练使用 UIImageView 组件进行图片素材的展示。

（2）iOS 开发中经常用什么组件来作为按钮使用？

回答要点提示：

①UIButton 是最基础的按钮组件，可以设置用户按下按钮、手指从按钮抬起、手指在按钮范围内外拖曳等事件的回调。

②UISegmentedControl 也是一种按钮组件，其提供一组按钮可以进行切换。

③UISwitch 是一种特殊的按钮组件，其也被称为开关组件，它有两种状态，分别表示开和关。

核心理解内容：

熟练应用各种基础的UI组件。

第 14 章

UI 控件与逻辑交互（2）

在美方面，相貌的美高于色泽的美，而秀雅合度的动作的美又高于相貌的美。

—— 培根

第13章向读者介绍了iOS开发框架中为开发者提供的一些基础UI控件，本章将作为补充继续向读者讲解更多常用的系统控件，包括常用于亮度调节的滑块控件、用于网络提示的活动指示器控件，还有进度条控件、搜索栏控件等。本章还将向读者介绍一些交互略微复杂的视图控件，例如选择器控件。通过本章的学习，读者将基本掌握iOS应用开发中应用于各种场景的视图控件，可以动手开发独立的应用界面。学习是一个由点到线、由线到面的过程，熟练掌握这些基础视图控件可为综合功能应用开发以及完整的商业应用开发打下良好的基础。

通过本章，你将学习到：

- 滑块控件UISlider的应用。
- 活动指示器控件UIActivityIndicatorView的应用。
- 进度条控件UIProgressView的应用。
- 步进器控件UIStepper的应用。
- 选择器控件UIPickerView的应用。
- 时间选择器控件UIDatePicker的应用
- 搜索栏控件UISearchBar的应用。

14.1 滑块控件 UISlider

滑块控件是iOS系统中一款经典的视图控件，使用它可以方便地调节一些需要连续变化的数据。一个比较经典的范例是屏幕亮度的调节，用户可以通过滑动滑块来调节亮暗，并实时看到调节后的效果。

14.1.1　UISlider 控件的创建与设置

使用Xcode开发工具创建一个名为UISliderTest的Swift工程，在ViewController.swift文件的viewDidLoad()方法中添加如下测试代码：

```
override func viewDidLoad() {
    super.viewDidLoad()
    //对 UISlider 控件进行实例化
    let slider = UISlider(frame: CGRect(x: 20, y: 100, width: 280, height: 30))
    //设置滑块控件的最大值
    slider.maximumValue = 10
    //设置滑块控件的最小值
    slider.minimumValue = 0
    //初始化滑块控件的值
    slider.value = 5
    //设置滑块左侧进度条的颜色
    slider.minimumTrackTintColor = UIColor.red
    //设置滑块右侧进度条的颜色
    slider.maximumTrackTintColor = UIColor.green
    //设置滑块颜色
    slider.thumbTintColor = UIColor.blue
    //将滑块控件添加到当前视图
    self.view.addSubview(slider)
}
```

上面的示例代码演示了UISlider控件的创建与基本属性的设置。前面介绍过的视图控件中很多也有"值"这样的概念，例如UISegmentedControl、UISwitch等。UISlider与它们最大的不同在于UISlider控件值的变化可以是连续的。maximumValue属性用于设置滑块控件的最大值，minimumValue属性用于设置滑块控件的最小值，value属性用于设置滑块控件当前的值。默认情况下，滑块控件的初始值为0，即滑块在进度条的最左端。

运行工程，效果如图14-1所示。

开发者可以通过拖曳滑块来改变UISlider控件的值。

14.1.2　UISlider 控件的外观自定义与用户交互

系统默认的UISlider控件外观十分简洁，仅由简单的线条和色块组成。除了颜色可以自由设置外，开发者也可以对其进行更深度的自定义设计，示例代码如下：

```
//设置滑块图片
slider.setThumbImage(UIImage(named: "image"),
```

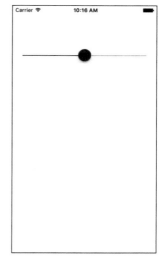

图 14-1　UISlider 控件

```
for: .normal)
        //设置滑块左侧进度图片
        slider.setMinimumTrackImage(UIImage(named: "imageS"), for: .normal)
        //设置滑块右侧进度图片
        slider.setMaximumTrackImage(UIImage(named: "imageS"), for: .normal)
```

效果如图14-2所示。

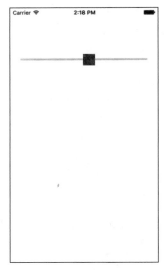

图 14-2 自定义 UISlider 控件样式

提 示

在设置 UISlider 控件的外观图片时，需要设置一个状态参数 UIControl.State，开发者可以为不同状态下的滑块控件设置不同的图片，用户拖曳滑块时可以显示特殊的效果。

UISlider控件的用户交互事件也是通过改变控件值来获知的，示例代码如下：

```
slider.addTarget(self, action: #selector(change), for:
UIControl.Event.valueChanged)
```

在ViewController类中实现触发方法change()，代码如下：

```
@objc func change(slider:UISlider) {
    print(slider.value)
}
```

运行工程，拖曳UISlider控件的滑块，在Xcode开发工具的打印调试区可以看到输出的UISlider控件当前的值。细心的读者会发现，在拖曳UISlider控件滑块的过程中，change()方法是连续不断执行的，表现在Xcode开发工具打印调试区的现象就是连续不断地打印输出UISlider当前的值。在很多情景中，这是开发者的需求。但是，如果开发者只想在拖曳动作结束后触发用户交互的事件，可以通过设置UISlider的isContinuous属性做到。示例代码如下：

```
slider.isContinuous = false
```

默认isContinuous属性为true，即在滑动过程中UISlider控件的触发方法将不断被调用；设置

isContinuous属性为false，只有当用户手指离开滑块时，UISlider控件的触发方法才会被执行，并且直接获取到滑块控件停止时的值。

14.2　活动指示器控件 UIActivityIndicatorView

　　UIActivityIndicatorView活动指示器控件有一个更加形象的俗名——风火轮。活动指示器是iOS系统中自带动画的原生视图控件，其作用是提示用户某项任务正在进行中。举一个常用的例子，网络类应用软件都需要联网来获取数据，在网络条件较差的情况下，网络数据的请求往往需要一定时间，为了告知用户当前请求正在进行，防止用户误操作而将应用程序关闭，通常会使用活动指示器来指示用户。UIActivityIndicatorView控件在UI展现上为一个不断旋转的"风火轮"，系统提供了3种样式供开发者选择使用。

　　使 用 Xcode 开 发 工 具 创 建 一 个 名 为 UIActivityIndicatorViewTest 的 测 试 工 程， 在 ViewController.swift文件的viewDidLoad()方法中添加如下代码：

```swift
override func viewDidLoad() {
    super.viewDidLoad()
    //设置当前界面的背景色
    self.view.backgroundColor = UIColor.red
    let activity = UIActivityIndicatorView(style:
UIActivityIndicatorView.Style.gray)
    activity.center = self.view.center;
    //开始播放
    activity.startAnimating()
    //添加到当前视图
    self.view.addSubview(activity)
}
```

　　由于活动指示器控件有白色风格，为了便于观察效果，将页面的背景颜色设置为红色。UIActivityIndicatorView 控 件 有 自 己 的 UI 尺 寸， 开 发 者 只 需 要 设 置 其 位 置 即 可。UIActivityIndicatorView(style:)构造方法需要传入一个UIActivityIndicatorView.Style枚举类型的风格参数，可选枚举值如下：

```swift
public enum UIActivityIndicatorViewStyle : Int {
    //大号白色风格
    case whiteLarge
    //白色风格
    case white
    //灰色风格
    case gray
    // 中等尺寸风格，iOS 13 后可用
    case medium
    // 大尺寸风格，iOS 13 后可用
    case large
}
```

运行工程，各种风格的UIActivityIndicatorView控件效果如图14-3~图14-5所示。

UIActivityIndicatorView类中的startAnimating()和stopAnimating()方法分别表示开始指示器动画和停止指示器动画。需要注意，当调用stopAnimating()方法后，活动指示器控件会自动隐藏，这个功能是由UIActivityIndicatorView的hidesWhenStopped属性控制的。hidesWhenStopped属性需要设置为一个Bool类型的值，默认为true，当活动指示器动画停止时，活动指示器本身也将隐藏；如果设置为false，动画停止后，活动指示器则不会隐藏。

图 14-3　whiteLarge 风格的指示器　　　图 14-4　white 风格的指示器　　　图 14-5　gray 风格的指示器

一般开发场景中，系统提供的活动指示器风格已经可以满足需求。当然，UIActivityIndicatorView类中也提供了自定义活动指示器颜色的接口，示例如下：

```
//设置活动指示器颜色
activity.color = UIColor.green
```

> **提　示**
>
> UIActivityIndicatorView 是一款十分简单的 UI 控件。实际上，开发者也可以使用前面介绍的 UIImageView 帧动画来实现更加绚丽多彩的活动指示器。

14.3　进度条控件 UIProgressView

类似听一首音乐、观看一部电影这样的需求往往需要开发者在界面上添加一个进度条控件，来提示用户当前音乐或电影播放的进度。iOS 系统同样为开发者准备了一款简洁的进度条控件 UIProgressView。

使用Xcode开发工具创建一个名为UIProgressViewTest的工程，在ViewController.swift文件的viewDidLoad()方法中添加如下代码：

```
override func viewDidLoad() {
    super.viewDidLoad()
```

```
       //创建进度条控件实例
       let progressView = UIProgressView(progressViewStyle:
UIProgressView.Style.default)
       //设置位置和宽度
       progressView.frame = CGRect(x: 20, y: 100, width: 280, height: 10)
       //设置当前进度
       progressView.progress = 0.5
       //设置已走过进度的进度条颜色
       progressView.progressTintColor = UIColor.green
       //设置未走过进度的进度条颜色
       progressView.trackTintColor = UIColor.red
       //添加到到当前视图
       self.view.addSubview(progressView)
   }
```

　　UIProgressView控件并没有用户交互的功能，其只用来负责显示当前进度。在实际应用中，开发者需要根据事件完成的比例实时调整UIProgressView控件的进度值。UIProgressView中的progress属性就是用来设置进度条的进度的，progress属性类型为浮点值类型，其取值范围是0~1，默认为0，最大为1。运行工程，效果如图14-6所示。

图 14-6　UIProgressView 进度条控件

　　同时，开发者也可以通过设置图片来对UIProgressView的UI进行自定义，示例代码如下：

```
       //设置已走过进度的进度条图案
       progressView.progressImage = UIImage(named: "imageH")
       //设置未走过进度的进度条图案
       progressView.trackImage = UIImage(named: "imageN")
```

14.4　步进器控件 UIStepper

　　前面向读者介绍的UISlider控件对属性值进行连续调节时十分好用，iOS系统还提供了另一个用于调节属性值的控件UIStepper。UIStepper控件也叫步进器，和UISlider不同的是，UIStepper的取值是离散性的，其用于调节非连续性量值。

　　使用 Xcode 开发工具创建一个名为 UIStepperTest 的工程，在 ViewController.swift 文件的 viewDidLoad()方法中创建UIStepper控件，代码如下：

```
override func viewDidLoad() {
    super.viewDidLoad()
    //创建 UIStepper 实例
    let stepper = UIStepper(frame: CGRect(x: 100, y: 100, width: 0, height: 0))
    //设置控件颜色
    stepper.tintColor = UIColor.red
    //设置控件的最小值
    stepper.minimumValue = 0
    //设置控件的最大值
    stepper.maximumValue = 10
    //设置控件的步长
    stepper.stepValue = 1
    //将控件添加到当前视图
    self.view.addSubview(stepper)
}
```

图 14-7　UIStepper 步进器控件

　　使用上面的代码创建UIStepper控件，并对其进行简单的配置，需要注意，UIStepper控件有其自己的UI尺寸，开发者在构造实例时只需要设置其位置，其尺寸的设置将不起作用。UIStepper类中的minimumValue和maximumValue属性分别用来设置UIStepper控件的最小值和最大值，在用户调节UIStepper控件时，其值将在这个取值范围内变化。UIStepper类中还有一个十分重要的属性stepValue，这个属性用于设置步进器的步长，即用户每次操作UIStepper控件的值所改变的大小，默认这个属性的值为1。

　　运行工程，界面效果如图14-7所示。

　　UIStepper控件还有3个十分有趣的属性：isContinuous、autorepeat和wraps，具体说明如下：

- isContinuous属性用于设置当UIStepper控件的值改变时，是否触发用户交互的事件方法。举一个例子，当用户按住UIStepper控件上的某个按钮不放时，UIStepper控件的值会不断发生改变。这时，如果isContinuous属性为true，则用户交互触发的事件方法会不断重复执行；如果isContinuous属性为false，则只有用户抬起手指时，触发的事件方法才会执行一次。isContinuous属性的默认值为true。

- autorepeat属性用于设置UIStepper控件的值是否自动叠加，即当用户按住UIStepper控件上的按钮不放时，如果autorepeat属性为true，则UIStepper控件的值会不断发生改变；如果autorepeat属性为false，则只有当用户抬起手指时，UIStepper控件的值才会改变一次。

- wraps属性用于设置UIStepper的值是否循环，即warps属性为true时，UIStepper控件的值达到极限后会自动进行首尾循环。举例来说，UIStepper控件的取值范围为0～10，如果UIStepper的值为10，用户继续进行增加操作，则UIStepper的值会回到0继续递增；同样，如果UIStepper的值已经为0，而用户继续进行减少操作，则UIStepper的值会直接变为10，进而继续减小。

UIStepper控件添加用户交互方法的示例如下：

```
stepper.addTarget(self, action: #selector(click), for: UIControl.Event.
valueChanged)
```

在触发方法click()时，可以获取到UIStepper实例的value属性用于逻辑操作，示例如下：

```
@objc func click(stepper:UIStepper) {
    print("步进控制器的值\(stepper.value)")
}
```

UIStepper控件也支持进行自定义图片的操作，所需要使用的方法如下：

```
//设置控件背景图片
public func setBackgroundImage(_ image: UIImage?, for state: UIControl.State)
//设置控件分隔线图片
public func setDividerImage(_ image: UIImage?, forLeftSegmentState leftState:
UIControlState, rightSegmentState rightState: UIControl.State)
//设置增加按钮图片
public func setIncrementImage(_ image: UIImage?, for state: UIControl.State)
//设置减少按钮图片
public func setDecrementImage(_ image: UIImage?, for state: UIControl.State)
```

> **提　示**
>
> 细心的读者可能已经发现，在 iOS 系统中，很多可以进行 UI 交互的控件都是通过 addTarget()
> 方法来添加交互事件的。其实，这些控件都是继承自 UIControl 的子类，UIControl 又是 UIView
> 的一个子类，专门用于有交互功能的视图控件。

14.5　选择器控件 UIPickerView

UIPickerView选择器控件相比前面介绍的UI控件要复杂一些，前面向读者介绍的视图控件大多通过简单的配置就可以展现其UI效果，并且用户都是通过addTarget()方法来完成交互的，UIPickerView则不同，其主要是通过协议来实现控件配置及用户交互的，UIPickerView选择器是代理设计模式下的一款视图控件。

使用Xcode开发工具创建一个名为UIPickerViewTest的工程，在ViewController.swift文件的viewDidLoad()方法中添加如下测试代码：

```
override func viewDidLoad() {
    super.viewDidLoad()
    //创建选择器控件实例
    let pickerView = UIPickerView(frame: CGRect(x: 20, y: 100, width: 280,
height: 200))
```

```
        //设置代理
        pickerView.delegate = self
        //设置数据源
        pickerView.dataSource = self
        //将选择器控件添加到当前视图上
        self.view.addSubview(pickerView)
    }
```

上面的代码将UIPickerView实例的代理和数据源设置为当前控制器ViewController实例本身，因此需要为ViewController添加遵守协议的代码，如下所示：

```
    class ViewController: UIViewController,UIPickerViewDelegate,
UIPickerViewDataSource
```

遵守相关协议后，可以看到Xcode开发工具报出了错误，原因是没有实现协议中的方法，示例代码如下：

```
        //这个协议方法需要返回选择器控件每个分组的行数
        func pickerView(_ pickerView: UIPickerView, numberOfRowsInComponent
component: Int) -> Int {
            return 10
        }
        //这个协议方法需要返回选择器控件的分组数
        func numberOfComponents(in pickerView: UIPickerView) -> Int {
            return 2
        }
        //这个协议方法需要返回每个分组中每行数据的标题
        func pickerView(_ pickerView: UIPickerView, titleForRow row: Int,
forComponent component: Int) -> String? {
            return "第\(component+1)组第\(row)行"
        }
```

实现了如上3个协议方法后，运行工程，效果如图14-8所示。

UIPickerView在UI上的设计十分美观，用户通过滑动选择器滑轮就可以实现选择器内容的切换。通过协议方法，开发者可以十分灵活地设计UIPickerView控件的分组数与每个分组的行数。上面的代码演示的是在选择器控件中展示单一的文本数据，开发者也可以对文本的属性进行自定义设置，代码如下：

```
        func pickerView(_ pickerView: UIPickerView, attributedTitleForRow row: Int,
forComponent component: Int) -> NSAttributedString? {
            //创建属性字符串
            let attri = NSMutableAttributedString(string: "第\(component+1)组第\(row)
行")
            //为属性字符串添加颜色属性

attri.addAttributes([NSAttributedString.Key.foregroundColor:UIColor.red], range:
NSRange(location: 0, length: attri.length))
            return attri
        }
```

实现上面的方法，可以将选择器控件上的文本修改为红色。这里需要使用到

NSMutableAttributeString类，这个类专门用来创建属性字符串，其addAttributes()方法可以追加属性设置，其中支持的属性有字体、文字颜色、下画线等。

如果开发中遇到的需求更加复杂，不是简单文本可以描述的，UIPickerView控件也支持自定义每条数据的内容视图，例如将UIPickerView中每条数据都以图片的方式展现，可实现如下协议方法：

```
func pickerView(_ pickerView: UIPickerView, viewForRow row: Int, forComponent
component: Int, reusing view: UIView?) -> UIView {
        let view = UIImageView(image: UIImage(named: "image"))
        view.frame = CGRect(x: 0, y: 0, width: 110, height: 30)
        return view
}
```

运行工程，效果如图14-9所示。

图 14-8　UIPickerView 控件　　　　图 14-9　自定义 UIPickerView 的展现 UI

UIPickerView控件的核心配置都是通过协议方法来实现的，同样，其用户交互的功能也是通过协议方法来实现的。当用户滑动UIPickerView控件选中一条数据时，系统会调用如下协议方法，开发者可以在其中获取用户选择的数据信息：

```
func pickerView(_ pickerView: UIPickerView, didSelectRow row: Int,
inComponent component: Int) {
        print("用户选择了\(component)组\(row)行")
}
```

开发者也可以自定义设置UIPickerView控件的行宽与行高，需要实现的协议方法如下：

```
//设置选择器控件各个组的行宽
func pickerView(_ pickerView: UIPickerView, widthForComponent component: Int)
-> CGFloat {
        if component==0 {
            return 180
        }else{
            return 100
        }
```

```
    }

    //设置选择控件的行高
    func pickerView(_ pickerView: UIPickerView, rowHeightForComponent component:
Int) -> CGFloat {
        return 20
    }
```

运行工程，效果如图14-10所示。

图 14-10　自定义 UIPickerView 控件的行宽和行高

　　UIPickerView类中封装了一些属性和方法，方便开发者对选择器控件进行控制以及对相关信息进行获取，常用属性与方法列举如下：

```
//获取 UIPickerView 控件有多少个组
public var numberOfComponents: Int { get }
//获取 UIPickerView 控件某个组有多少行
public func numberOfRows(inComponent component: Int) -> Int
//获取 UIPickerView 某个组的行尺寸
public func rowSize(forComponent component: Int) -> CGSize
//获取某个分组某行的自定义视图，可能为 nil
public func view(forRow row: Int, forComponent component: Int) -> UIView?
//重新加载 UIPickerView 控件的全部分组数据
public func reloadAllComponents()
//重新加载 UIPickerView 控件的某个分组
public func reloadComponent(_component: Int)
//使用代码选中某个分组的某一行，可以决定是否带动画效果
public func selectRow(_ row: Int, inComponent component: Int, animated: Bool)
//获取某个分组用户选中的行
public func selectedRow(inComponent component: Int) -> Int
```

```
┌─────────────────────────────────────────────────────────────┐
│                         提　示                               │
├─────────────────────────────────────────────────────────────┤
│  UIPickerView 在调用 reloadComponent()方法进行重新加载的时候，实际上是从头再次执行 │
│  一遍协议方法。通常情况下，开发者会将 UIPickerView 上要显示的数据放入一个集合中， │
│  以便在协议方法中获取集合中的数据，当集合中的数据发生变化时，通过调用 │
│  reloadComponent()方法，重新加载 UIPickerView 所有分组的数据，以实现界面的刷新操作。 │
└─────────────────────────────────────────────────────────────┘
```

14.6　时间选择器控件 UIDatePicker

14.5节介绍了UIPickerView控件，其使用场景是用户需要从一组或多组数据列表中选择某行数据时，例如出生日期、省市地区等。针对日期与时间，iOS系统提供了一个独立的UI控件UIDatePicker，专门用于日期和时间的选择。

使用Xcode开发工具创建一个名为UIDatePickerTest的工程，在ViewController.swift文件的viewDidLoad()方法中添加如下测试代码：

```
override func viewDidLoad() {
    super.viewDidLoad()
    //创建 UIDatePicker 实例
    let datePicker = UIDatePicker(frame: CGRect(x: 20, y: 100, width: 280,
height: 200))
    //设置时间选择器的模式
    datePicker.datePickerMode = UIDatePicker.Mode.countDownTimer
    //将控件添加到当前视图
    self.view.addSubview(dataPicker)
}
```

上面的代码创建了UIDatePicker实例，并且设置了时间选择器控件的模式，UIDatePickerMode中的枚举值定义如下：

```
public enum UIDatePickerMode : Int {
    //时间模式
    case time
    //日期模式
    case date
    //日期与时间混合模式
    case dateAndTime
    //计时模式
    case countDownTimer
}
```

各种模式的UIDatePicker控件UI展现如图14-11～图14-14所示。

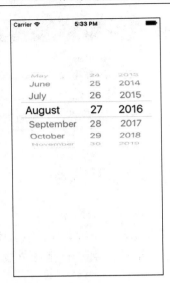

图 14-11　日期模式下的 UIDatePicker　　　图 14-12　时间模式下的 UIDatePicker

图 14-13　日期与时间混合模式下的 UIDatePicker　　图 14-14　计时模式下的 UIDatePicker

　　UIDatePicker控件基本可以满足开发中用户对时间选择的需求，并且UIDatePicker控件在创建时将默认选中当前的系统日期和时间，开发中也可以对UIDatePicker进行一些简单的初始配置，常用属性与方法列举如下：

```
//设置控件的地区，不设置则默认为当前地区
public var locale: Locale?
//设置控件的时区，不设置则默认为当前时区
public var timeZone: TimeZone?
//控件选中的日期
public var date: Date
//控件所显示的最小日期
public var minimumDate: Date?
//控件所显示的最大日期
```

```
public var maximumDate: Date?
//计时模式下的控件所显示的时间差
public var countDownDuration: TimeInterval
//计时模式下的控件相邻时间的时间间隔
public var minuteInterval: Int
```

需要特别注意，虽然 UIDatePicker 在 UI 展现上和 UIPickerView 十分相似，但它并不是 UIPickerView 的子类，也不可以通过协议的方式进行配置或用户交互。实际上，UIDatePicker 继承自 UIControl，其通过 addTarget() 方法来添加用户交互事件，示例代码如下：

```
datePicker.addTarget(self, action: #selector(sele), for: UIControl.Event.
valueChanged)
```

在交互方法中，开发者可以获取到用户选择的日期时间信息，示例如下：

```
@objc func sele(datePicker:UIDatePicker) {
    //获取当前选择的日期或者时间
    let date = datePicker.date
    let time = datePicker.countDownDuration
    print(date,time)
}
```

提　示
虽然 UIDatePicker 和 UIPickerView 在 UI 展现及名称上都有相似之处，但其实现方式完全不同。

14.7　搜索栏控件 UISearchBar

前面学习过 UITextField 控件，其是一个简单的文本输入框。在实际开发中，除了简单的登录注册功能需要使用输入框外，许多应用都有搜索功能，搜索栏也是一种输入框。在 iOS 系统中，UISearchBar 控件专门用于创建功能强大的搜索栏。

14.7.1　创建 UISearchBar 控件

使用 Xcode 开发工具创建一个名为 UISearchBarTest 的工程，在 ViewController.swift 文件的 viewDidLoad() 方法中添加如下示例代码：

```
override func viewDidLoad() {
    super.viewDidLoad()
    //进行 UISearchBar 控件的实例化
    let searchBar = UISearchBar(frame: CGRect(x: 20, y: 100, width: 280, height:
30))
    //设置控件风格
    searchBar.searchBarStyle = UISearchBar.Style.minimal
    //将控件添加到当前视图上
```

```
        self.view.addSubview(searchBar)
    }
```

上面的代码对UISearchBar控件进行了创建，UISearchBar类的searchBarStyle属性用于设置搜索栏控件的视图风格，其需要设置为UISearchBarStyle类型的枚举值，UISearchBarStyle枚举值定义如下：

```
public enum UISearchBarStyle : UInt {
    //默认风格，与prominent相同
    case `default`
    //用于系统邮件、信息和联系人等应用中的搜索栏风格
    case prominent
    //迷你风格，用于日历、音乐等应用中
    case minimal
}
```

搜索栏控件在UI展现上比UITextField控件多一个搜索图标，并且在切换搜索栏输入状态时，图标位置会以动画效果改变。各种风格的UISearchBar控件效果如图14-15~图14-17所示。

图 14-15　minimal 风格的搜索栏　　图 14-16　prominent 风格的搜索栏　　图 14-17　标记状态下的搜索栏

开发者也可以对UISearchBar控件的UI样式进行更加灵活的自定义，例如可以修改UISearchBar控件的风格颜色：

```
//将控件的风格颜色修改为红色
searchBar.barTintColor = UIColor.red()
```

运行工程，效果如图14-18所示。

同样，开发者也可以将UISearchBar控件的背景设置成一张图片，代码如下：

```
//将控件背景设置为图片
searchBar.backgroundImage = UIImage(named: "image")
```

运行工程，效果如图14-19所示。

图 14-18　自定义搜索栏的风格颜色

图 14-19　将搜索栏控件的背景设置为图片

对于UITextField控件，开发者可以设置默认提示文字placeholder，使输入框能够显示默认的提示性文字，UISearchBar搜索框控件同样支持，代码如下：

```
//设置默认用户提示文字
searchBar.placeholder = "请输入要搜索的文字"
```

运行工程，效果如图14-20所示。

设置了用户提示文字的UISearchBar控件美观了很多，UISearchBar控件还支持开发者对其设置一个抬头标题，示例代码如下：

```
//设置搜索栏标题
searchBar.prompt = "搜索"
```

运行工程，效果如图14-21所示。

图 14-20　为搜索栏添加用户提示文字

图 14-21　为搜索栏设置抬头标题

14.7.2 UISearchBar 控件的更多功能按钮

UISearchBar控件中为开发者封装了一些功能按钮，帮助开发者更加方便地使用UISearchBar控件实现与用户的交互操作。使用时，开发者只需要设置UISearchBar控件的相应属性即可，支持的功能按钮有取消按钮、书库按钮和搜索结果按钮。示例代码如下：

```
//显示控件的取消按钮
searchBar.showsCancelButton = true
//显示控件的书库按钮
searchBar.showsBookmarkButton = true
//显示控件的搜索结果按钮
searchBar.showsSearchResultsButton = true
```

各种功能按钮的UI效果如图14-22~图14-24所示。

图 14-22　搜索栏控件的取消按钮　　图 14-23　搜索栏控件的书库按钮　　图 14-24　搜索栏控件的搜索结果按钮

开发者通过如下方法可以实现对功能按钮图标的自定义：

```
public func setImage(_ iconImage: UIImage?, for icon: UISearchBarIcon, state: 。
normal)
```

setImage(_:for:state:)方法用于设置出现在UISearchBar中的按钮图标，其需要传入3个参数：第1个参数为设置的UIImage图片实例；第2个参数为设置图标的功能按钮；第3个参数为设置UISearchBar在显示该按钮时的状态。UISearchBarIcon是一个枚举，其中列举了在UISearchBar中出现的按钮，解释如下：

```
public enum UISearchBarIcon : Int {
    //对应搜索图标
    case search
    //对应清除按钮
    case clear
    //对应书库按钮
    case bookmark
    //对应搜索结果按钮
```

```
        case resultsList // The list lozenge icon
}
```

需要注意，清除按钮在搜索栏未输入文字时默认是隐藏的，当用户向输入框中输入文字时，清除按钮会显示在搜索框右侧，点击清除按钮会默认清除掉搜索框中所有的文字。

提　示

取消按钮、书库按钮和搜索结果按钮默认都只是 UI 的效果展示，其并没有默认实现相应的功能，具体的用户交互逻辑需要开发者在相关协议方法中实现。

14.7.3　UISearchBar 控件的附件视图

在电子商城类应用软件中，搜索功能通常都比较强大。这类软件通常都具有分域搜索的功能，举一个简单的例子，搜索一个品牌的所有女鞋类商品，用户可以到女鞋域搜索。UISearchBar控件提供的附件视图可以十分方便地实现分类功能的界面展示。

使用如下代码对UISearchBar控件的附件视图进行配置：

```
//显示控件的附件视图
searchBar.showsScopeBar = true
//设置附件视图按钮的个数和标题
searchBar.scopeButtonTitles = ["女鞋","男装","男鞋","女装","童装"]
//设置默认选中的附件视图按钮
searchBar.selectedScopeButtonIndex = 0
//由于附件视图会修改搜索栏控件的 frame，因此需要重新设置
searchBar.frame = CGRect(x: 20, y: 100, width: 280, height: 150)
```

运行工程，效果如图14-25所示。

看到如图14-25所示的效果，读者可能会恍然大悟，UISearchBar控件更像是UITextField控件与UISegmentedControl控件的结合体，实际上也确实如此。复杂的控件往往是由简单的控件组合与扩展而来的。

使用下面的方法可以对UISearchBar控件的附件视图UI进行自定义：

```
//设置附件视图按钮的背景图片
public func setScopeBarButtonBackgroundImage(_ backgroundImage: UIImage?, for
state: UIControl.State)
//设置附件视图按钮间分隔线的图片
public func setScopeBarButtonDividerImage(_ dividerImage: UIImage?,
forLeftSegmentState leftState: UIControlState, rightSegmentState rightState:
UIControl.State)
//设置附件视图按钮的标题文字属性
public func scopeBarButtonTitleTextAttributes(for state: UIContrl.State) ->
[String : AnyObject]?
```

图 14-25　搜索栏控件的附件视图

14.7.4　UISearchBarDelegate 协议详解

　　本节前面介绍了很多UISearchBar控件界面展现相关的内容，UISearchBar与用户的交互比较复杂，包括用户点击键盘搜索按钮时触发的方法、用户点击UISearchBar控件上的功能按钮时触发的方法、用户点击UISearchBar附件视图上的按钮时触发的方法以及对用户输入搜索内容和搜索框状态的监听等。这些交互操作需要通过UISearchBarDelegate协议中约定的方法来完成，首先需要使ViewController类遵守这个协议，代码如下：

```
class ViewController: UIViewController,UISearchBarDelegate
```

　　将UISearchBar实例的代理设置为当前的ViewController实例，添加代码如下：

```
searchBar.delegate = self
```

UISearchBarDelegate 中约定的方法及意义列举如下：

　　//搜索栏将要开始编辑时调用的方法，返回 false 则不允许进入编辑状态，返回 true 则允许进入编辑状态

```
    func searchBarShouldBeginEditing(_ searchBar: UISearchBar) -> Bool{
        return true
    }
```

　　//搜索栏已经进入编辑状态时调用的方法

```
    func searchBarTextDidBeginEditing(_ searchBar: UISearchBar) {

    }
```

　　//搜索栏将要结束编辑状态时调用的方法，返回 false 则不允许结束编辑状态，返回 true 则允许结束编辑状态

```
    func searchBarShouldEndEditing(_ searchBar: UISearchBar) -> Bool {
        return true
    }
```

　　//搜索框已经结束编辑状态调用的方法

```
    func searchBarTextDidEndEditing(_ searchBar: UISearchBar) {

    }
```

　　//搜索框中的文本发生变化时调用的方法

```
func searchBar(_ searchBar: UISearchBar, textDidChange searchText: String){

}
//搜索框中的文本将要发生变化时调用的方法，返回 false 则此次修改无效
func searchBar(_ searchBar: UISearchBar, shouldChangeTextIn range: NSRange,
replacementText text: String) -> Bool{
    return true
}
//用户点击键盘上的 Search 按钮（搜索按钮）后触发的方法
func searchBarSearchButtonClicked(_ searchBar: UISearchBar){

}
//用户点击书库按钮后触发的方法
func searchBarBookmarkButtonClicked(_ searchBar: UISearchBar){

}
//用户点击取消按钮后触发的方法
func searchBarCancelButtonClicked(_ searchBar: UISearchBar){

}
//用户点击搜索结果按钮后触发的方法
func searchBarResultsListButtonClicked(_ searchBar: UISearchBar){

}
//用户点击搜索栏附件视图上的按钮后触发的方法
func searchBar(_searchBar: UISearchBar, selectedScopeButtonIndexDidChange
selectedScope: Int){

}
```

明确上述代理方法调用的时机和意义，可以灵活实现搜索栏控件与用户复杂交互的交互逻辑。

提　示

UISearchBarDelegat 协议中的 searchBar(_searchBar: UISearchBar, textDidChange searchText: String)方法十分重要。在实际应用中，当用户向搜索框中输入某个关键字后，应用可以智能地将此关键字相关的搜索条件提示给用户，也可以根据输入的关键字快速分析并给出预期的搜索结果。这些功能就是通过 UISearchBarDelegate 协议方法实现的。

14.8　模拟面试

（1）在开发过程中，遇到复杂的 UI 界面需要怎样的开发思路？

回答要点提示：

①在 iOS 界面开发中，独立组件的使用是基础，复杂的界面由各种复杂的组件组成，复杂的组件又是由基础组件组成的。因此，在开发复杂组件时，先进行界面组成的拆分，将复杂界面拆分

成独立的组件，再对组件进行拆分，将复杂组件拆分成简单组件的组合，之后分别进行开发。

②iOS 界面有两种布局方式，一种是使用严格的坐标尺寸进行绝对布局，这种布局方式非常精准，却不太灵活，适配性也差；另一种是使用 Autolayout 技术进行相对布局，这是一种非常灵活的布局方式，也是比较流行的。

③复杂界面在开发时要灵活使用懒加载以及组件复用相关的思路，提高界面的渲染性能。

核心理解内容：

能够综合使用各种独立组件进行复杂组件的开发。

第 15 章

视图控制器与高级 UI 视图控件

管理就是把复杂的问题简单化，把混乱的事情规范化。

—— 杰克·韦尔奇

本章是 iOS 平台软件开发中关于界面开发的进阶与综合。第 13 章与第 14 章介绍了很多基础的 UI 控件，这些控件是为实现某个单独的功能而设计的。本章除了继续向读者介绍一些复杂的、需要多个控件组合使用的高级 UI 控件外，也会向读者引入视图控制器的概念，视图控制器是通过组合各种控件来展现一个完整的界面并且处理界面中业务逻辑的管理者。通过本章的学习，读者将系统地了解一款 iOS 应用程序的 UI 架构。

通过本章，你将学习到：

- 使用 UIViewController 搭建界面，并熟练地进行界面的切换。
- 导航控制器 UINavigationController 的应用。
- 标签栏控制器 UITabBarController 的应用。
- 警告视图控制器 UIAlertController 的应用。
- 网页视图 UIWebView 与 WKWebKit 的应用。
- 滚动视图 UIScrollView 的应用。
- 列表视图 UITableView 的应用。
- 集合视图 UICollectionView 的应用。
- 分页视图控制器 UIPageViewControler 的应用。

15.1 应用程序的界面管理器 UIViewController

UIViewController这个类的字面意思"视图控制器"可能不易理解，换一种说法就十分形象了。ViewController我们可以理解为应用程序的一个界面，当应用程序在不同界面间切换时，实际上切换的也是ViewController实例。在ViewController内部，各个视图控件协同合作，以展现完整的UI界面，ViewController统一来处理各个独立视图控件的业务逻辑。其实，前面章节中所创建的所有测试工程中，Xcode模板都自动生成了一个ViewController类，其继承自UIViewController，当读者运行工程时，在模拟器上所看到的就是这个ViewController所展现的界面。

15.1.1 关于 MVC 设计模式

设计模式是一种比较抽象的概念，它是一种编程思想，也是一代代前辈们总结并制定的编程规范。在一款应用程序的开发中，设计模式的选择将直接影响项目的健壮性、可扩展性与可维护性。在iOS应用开发中，官方推荐开发者使用MVC（Model-View-Controller）设计模式。MVC设计模式将一款应用程序分为3个层次：数据层（Model）、视图层（View）和视图控制器层（ViewController）。简单来理解，View层提供视图界面的渲染，例如第13章和第14章所提到的独立UI控件都属于View层。Model层为视图提供需要展示的数据，在实际开发中，开发者一般会将某个视图中要填充的数据封装成Model对象。ViewController层起到管理与衔接的作用，其和Model层的关联在于：一方面，从Model层拿取数据并进行整合；另一方面，将交互中产生的数据更新至Model层。同时，ViewController层也会将各个独立的View进行组合，以处理View层产生的用户交互事件等。

图15-1描述了MVC设计模式各层之间的功能与关系。

图 15-1　MVC 设计模式

提　示
使用 MVC 设计模式开发的项目具有很强的扩展性。例如，开发成型后的项目在 UI 展现上有了更改，在不改变接口的情况下，只需要修改 View 层即可。同样，如果逻辑交互有了修改，开发者也不需要关心 View 层与 Model 层，在 ViewController 层中修改即可。

15.1.2　UIViewController 的生命周期

　　UIViewController类是UIKit开发框架中最基础的一个视图控制器类，许多复杂的视图控制器都继承自UIViewController。ViewController是视图与数据的管理者，一般情况下，开发者会将应用中每一个界面都用一个ViewController的实例来管理，切换不同的界面只是切换了不同的ViewController实例，因此可以理解为大多数应用程序都是由很多ViewController实例组成的，如果ViewController实例被创建出来后没有对其生命周期进行管理，所占用的内存不能及时释放，随着应用程序运行时间的增长，程序将会出现严重的后果。实际上，系统对UIViewController有着完整的生命周期管理体系，这体现在代码上可看到在UIViewController实例从创建到销毁的整个过程中，系统都会回调一系列的生命周期函数。本小节主要向读者介绍这些生命周期函数的意义及调用的时机。

　　使用Xcode创建一个名为UIViewControllerTest的工程，在ViewController类中覆写如下方法：

```
//加载视图时调用的方法
override func loadView() {
    super.loadView()
}
//视图加载完成时调用的方法
override func viewDidLoad() {
    super.viewDidLoad()
}
//将要布局子视图时调用的方法
override func viewWillLayoutSubviews() {
    super.viewWillLayoutSubviews()
}
//已经布局子视图时调用的方法
override func viewDidLayoutSubviews() {
    super.viewDidLayoutSubviews()
}
//界面将要展现时调用的方法
override func viewWillAppear(_ animated: Bool) {
    super.viewWillAppear(animated)
}
//界面已经展现时调用的方法
override func viewDidAppear(_ animated: Bool) {
    super.viewDidAppear(animated)
}
//界面将要消失时调用的方法
override func viewWillDisappear(_ animated: Bool) {
    super.viewWillDisappear(animated)
}
//界面已经消失时调用的方法
override func viewDidDisappear(_ animated: Bool) {
    super.viewDidDisappear(animated)
}
//析构方法
```

```
deinit {
    print("deinit")

}
//收到内存警告时调用的方法
override func didReceiveMemoryWarning() {
    super.didReceiveMemoryWarning()
}
```

需要注意，以上方法全都是覆写父类的方法。在实现时，首先要调用父类的方法，即用super调用。以上示例代码基本完整列举了一个UIViewController实例的全部生命周期方法。其中loadView()方法会在UIViewController实例被创建时调用，用于其中视图的构造加载。当调用viewDidLoad()方法时，表明视图控制器中的视图已经加载完成，因此开发者通常会在这个方法中进行自定义视图的加载。viewWillLayoutSubviews()方法和viewDidLayoutSubviews()方法会在视图控制器对其内部的子视图进行布局时调用。viewWillAppear()与viewDidAppear()两个方法则是当视图控制器上的视图展示在屏幕上才会被调用。需要注意，在视图控制器实例被创建后，当调用了相应的视图控制器切换方法后，控制器上的视图才会展现在屏幕上。viewWillDisappear()方法和viewDidDisappear()方法会在视图控制器上的视图从屏幕上消失时调用，这两个方法的调用并不一定代表视图控制器实例将会被释放。在iOS系统中进行视图控制器的切换时，系统会保留基层的视图控制器不被释放，只有当deinit析构方法被调用时，才表明视图控制器实例完全被释放了。除此之外，UIViewController的生命周期还有一个函数didReceiveMemoryWarning()，一般情况下，开发者不需要对这个函数进行特殊处理，其只有在收到系统的内存警告时才会被调用。随着iOS设备内存性能逐渐强大，这个函数的应用已经不多，如果要适配低性能的iOS设备，读者可以在这个函数中对无用数据进行销毁及释放操作。

15.1.3 UIViewController 之间的切换与传值

商业级的应用程序大都不止一个界面，对UIViewController界面的切换是开发中必不可少的技能。很多时候，各个界面之间并不是独立的，互相都有着或简或繁的关联。举例来说，一个新闻列表界面，当用户点击某条新闻标题后，界面会切换到对应的新闻详情页。

界面间的传值可分为两种情况，例如由新闻列表跳转至新闻详情页这类情况就属于正向传值，其特点是之后的页面内容由前一个页面中的数据决定；另一种情况则是反向传值，例如在新闻列表页点击分类按钮，在弹出的新页面中选择一个分类，再回到新闻列表页时，页面将根据选择的分类重新为用户加载与其分类相关的新闻,这类传值的特点是前一个页面的内容由后一个页面的数据决定。

使用Xcode开发工具创建一个名为UIViewControllerTest2的工程。要进行界面跳转，需要有两个ViewController，在创建出的工程中默认已经生成了一个ViewController类，在Xcode的文件导航区右击，在弹出的菜单中选择New File…选项，如图15-2所示。

在弹出的选择文件类型窗口中，选择iOS类别下的Cocoa Touch Class文件，如图15-3所示。

图 15-2　在工程中创建一个新的文件

图 15-3　选择 Cocoa Touch Class 文件

之后会弹出文件配置窗口，将Subclass of设置为UIViewController，即新建的视图控制器为UIViewController的子类。这里将创建的新类取名为ViewControllerTwo，如图15-4所示，需要注意，语言选择Swift。

图 15-4　选择所继承的类和开发语言

做完上述操作后，单击Next按钮进行类文件的创建，在Xcode工具的文件导航区可以看到多了一个新的文件ViewControllerTwo.swift，这就是创建出的第2个视图控制器类。

要实现从应用程序的首页跳转到第2个界面，在首页要有一个跳转按钮，打开Main.storyboard文件，在其中拖入一个UIButton按钮控件，并重命名为"跳转"，如图15-5所示。

前面介绍了独立的UI控件，你已经知道UIButton是通过addTarget()方法来添加用户交互事件的，这种方式适用于通过纯代码创建出来的控件。如果是用Storyboard工具拖曳的控件，开发者可以直接将该按钮的触发方法与其附着的视图控制器关联，单击Xcode工具右上角的模式切换按钮，将开发界面切换成双视图模式，如图15-6所示。

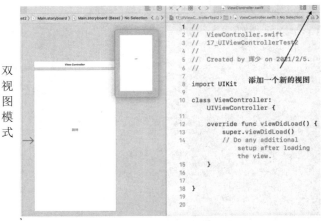

图 15-5　在界面中添加跳转按钮　　　　　图 15-6　切换当前开发视图为双视图模式

单击Storyboard界面中的按钮控件不放，同时按住Ctrl键不放，将鼠标拖曳到ViewController类的大括号中。这时会弹出关联选项窗口，将Connection设置为Action，将方法名称Name设置为touch，将触发条件Event设置为Touch Up Inside（默认值），设置好后，单击Connect按钮即可，如图15-7所示。

实现生成的按钮交互事件如下：

图 15-7　关联按钮的触发方法

```
@IBAction func touch(_ sender: Any) {
        //跳转到第2个ViewController界面
        self.present(ViewControllerTwo(),
animated: true, completion: nil)
        }
```

在点击事件touch中，使用当前视图控制器实例调用present()方法进行视图控制器的切换，这个方法中需要传入3个参数：第1个参数为要切换的第2个视图控制器实例；第2个参数决定界面切换时是否有动画效果；第3个参数为一个闭包，其内容会在视图控制器切换完成后被执行。

向ViewControllerTwo视图控制器的页面中添加一个返回按钮，便于测试视图控制器的返回操作，在ViewControllerTwo类的viewDidLoad()方法中添加如下代码：

```
override func viewDidLoad() {
    super.viewDidLoad()
    //添加返回按钮
    self.view.backgroundColor = UIColor.red
    let button = UIButton(frame: CGRect(x: 100, y: 100, width: 100, height:
30))
    button.setTitle("返回", for: UIControl.State)
    button.addTarget(self, action: #selector(ret), for: UIControl.Event.
touchUpInside)
    self.view.addSubview(button)
}
```

实现ret触发方法的代码如下：

```
@objc func ret() {
```

```
        self.dismiss(animated: true, completion: nil)
    }
```

UIViewController类实例的dismiss()方法与present()方法相对应,其作用是使当前视图控制器的界面消失。这个方法中需要传入两个参数:第1个参数决定消失过程是否带动画;第2个参数为一个闭包,其会在返回完成后被执行。

在使用present()方法和dismiss()方法进行视图控制器的切换时,很多时候并不是进行单纯的界面切换,大多都需要进行数据传递。正向传值较为容易,开发者可以对之后视图控制器的属性进行赋值,或者设计新的构造方法,在构造时对其属性进行初始化。

视图控制器间正向传值的第1种方式为通过属性传值。

在ViewControllerTwo类中声明一个Optional类型的属性,并在viewDidLoad()方法中创建一个文本标签来展示传递进来的值,示例如下:

```
//声明一个属性来接收传递的数据
var data:String?
override func viewDidLoad() {
    super.viewDidLoad()
    //添加返回按钮
    self.view.backgroundColor = UIColor.red
    let button = UIButton(frame: CGRect(x: 100, y: 100, width: 100, height: 30))
    button.setTitle("返回", for: UIControlState())
    button.addTarget(self, action: #selector(ret), for: UIControlEvents.
touchUpInside)
    self.view.addSubview(button)
    //添加一个文本标签
    let label = UILabel(frame: CGRect(x: 20, y: 200, width: 280, height: 30))
    label.text = data
    self.view.addSubview(label)
}
```

修改ViewController类中视图控制器的跳转代码如下:

```
@IBAction func touch(_ sender: AnyObject) {
    let viewController =
ViewControllerTwo()
    viewController.data = "这是从第一个界面传
递进来的数据"
    self.present(viewController, animated:
true, completion: nil)
}
```

运行工程,点击跳转按钮进行视图控制器的切换,可以看到第2个视图控制器获取了传递进来的字符串,效果如图15-8所示。

视图控制器间正向传值的第2种方式为使用构造方法传值。

在学习关于Swift的构造方法时,你应该知道,对于非Optional类型的属性,开发者需要在类的构造方法中完成该属

图 15-8　视图控制器之间的正向传值

性的初始化工作，在ViewControllerTwo类中定义一个新的构造方法，并实现init?(coder:NSCoder)
方法，代码如下：

```
init(data:String) {
    self.data = data
    super.init(nibName: nil, bundle: nil)
}
required init?(coder: NSCoder) {
    super.init(coder: coder)
}
```

使用新的构造方法对ViewControllerTwo类进行实例化，示例如下：

```
@IBAction func touch(_ sender: AnyObject) {
    let viewController = ViewControllerTwo(data: "这是从第一个界面传递进来的
数据")
    self.present(viewController, animated: true, completion: nil)
}
```

这种方式也可以完成视图控制器之间的正向传值。

反向传值比正向传值要复杂一些，在实际开发中通常使用协议或者闭包来完成反向传值。

视图控制器间反向传值的第1种方式为通过协议进行传值。

首先在ViewController类中声明一个UILabel控件，并在viewDidLoad()方法中对其完成构造，其
用于显示从后面的界面传递过来的数据，示例如下：

```
var label:UILabel?
override func viewDidLoad() {
    super.viewDidLoad()
    label = UILabel(frame: CGRect(x: 20, y: 100, width: 280, height: 30))
    self.view.addSubview(label!)
}
```

在ViewControllerTwo.swift文件中创建一个协议，其中约定方法为视图控制器键的传值桥梁，
示例如下：

```
protocol ViewControllerTwoProtocol {
    func sentData(data:String)
}
```

在 ViewControllerTwo 类 中 声 明 一 个 Optional 类 型 的 代 理 属 性，其 要 遵 守 ViewController-
TwoProtocol协议，代码如下：

```
var delegate:ViewControllerTwoProtocol?
```

当点击返回按钮时进行值的传递，修改ret()方法如下：

```
func ret() {
    delegate?.sentData(data: "第2个界面传递的值")
    self.dismiss(animated: true, completion: nil)
}
```

做完了如上操作，需要在ViewController类中同步做一些修改，首先使ViewController类遵守

ViewControllerTwoProtocol协议，代码如下：

```
class ViewController: UIViewController,ViewControllerTwoProtocol
```

在创建ViewControllerTwo实例时，将其delegate属性设置为当前ViewController实例：

```
@IBAction func touch(_ sender: AnyObject) {
    let viewController = ViewControllerTwo(data: "这是从第一个界面传递进来的
数据")
    //设置代理
    viewController.delegate=self
    self.present(viewController, animated: true, completion: nil)
}
```

在ViewController类中实现协议中的传值方法，代码如下：

```
func sentData(data: String) {
    //进行label的赋值
    self.label?.text = data
}
```

运行工程，当从第2个视图控制器返回第1个视图控制器时，可以看到第1个界面显示了第2个视图控制器传递回来的字符串。

视图控制器间反向传值的第2种方式为使用闭包进行反向传值。

通过闭包的方式进行反向传值主要使用闭包参数来传值，首先在ViewControllerTwo类中声明一个Optional类型的闭包，代码如下：

```
var closure:((String)->Void)?
```

点击返回按钮执行此闭包，并将要传递的值作为参数传入，示例如下：

```
func ret() {
    self.closure!("第2个界面通过闭包传递的值")
    self.dismiss(animated: true, completion: nil)
}
```

在ViewController中对ViewControllerTwo类进行实例化时，对其闭包属性进行赋值，在其实现部分获取参数并使用，示例如下：

```
@IBAction func touch(_ sender: AnyObject) {
    let viewController = ViewControllerTwo(data: "这是从第一个界面传递进来的
数据")
    //对闭包进行赋值
    viewController.closure = {(data:String) in
        self.label?.text = data
    }
    self.present(viewController, animated: true, completion: nil)
}
```

从上面的示例代码可以看出，使用闭包的方式进行反向传值比使用协议更加方便，但是其缺点是不如协议结构清晰，不易于理解，在实际开发中，开发者可以根据场景选择适合的方式。

15.2 导航视图控制器 UINavigationController

导航控制器并非视图控制器，视图控制器用来综合管理当前界面中的视图，导航控制器则是一种框架结构，其内部管理的不是视图，而是视图控制器，可以将导航控制器理解为视图控制器的管理者。

15.2.1 理解导航结构

iOS应用开发中的导航采用的是栈结构的设计模式。要理解导航，首先应该熟悉栈结构的工作原理。

在学习栈结构时，需要记住一句话：先进后出，后进先出。可以将栈理解为只有一个开口的长盒子。当元素被放入栈中时，先放入的元素总是在盒子的底部，后放入的元素总是在盒子的顶部，当要将元素从盒子中取出时，需要先将顶部的元素取出，才能取出盒子底部的元素。图15-9很好地表达了导航栈的这种特点。

图 15-9 导航栈的工作原理

把元素压入栈结构的操作也被称为push操作，将元素从栈中弹出的操作也被称为pop操作。

15.2.2 搭建使用导航结构的项目

使用Xcode开发工具创建一个名为UINavigationControllerTest的Swift工程，Xcode模板默认创建出的工程并不是导航结构的，需要对其做一些修改。首先打开Main.storyboard文件，将其中的View Controller删除，选中界面中的View Controller后，单击键盘上的Delete键就可以完成删除。之后从Xcode右下方的控件模板中找到Navigation Controller，将其拖入故事板中，如图15-10所示。

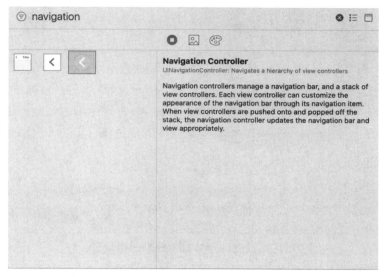

图 15-10　向界面中拖入导航控制器

此时在Main.storyboard中可以看到一个Navigation Controller和一个Root View Controller，导航控制器模板控件自动帮助开发者创建了一个视图控制器来作为导航控制器的根视图控制器。根据导航结构的原理可以知道，单独的导航控制器并没有任何意义，其必须对具体的视图控制器进行管理。创建了导航控制器后，需要将其设置为应用项目程序的入口。选中导航控制器，在Xcode右侧的元素属性设置栏中找到Is Initial View Controller选项并将其勾选，如图15-11所示。此时，运行工程，则工程将以此Navigation Controller的根试图控制器作为起始界面。

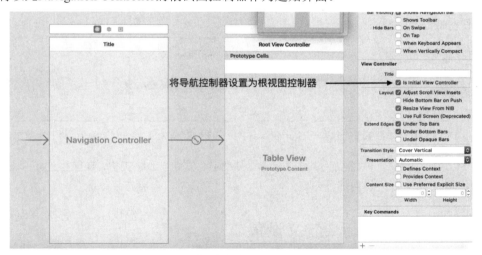

图 15-11　将导航控制器设置为程序入口

由于Navigation Controller中的Root View Controller是UITableViewController，需要将其与一个类进行关联，将ViewController.swift文件删除，新建一个继承自UITableViewController的类，并命名为TableViewController，如图15-12所示。

图 15-12　创建继承自 UITableViewController

UITableViewController 是表视图控制器，后面章节会对其详细介绍。创建完 TableView-Controller 后，将其与 Main.storyboard 中的 Root View Controller 进行关联，选中 Main.storyboard 中的 Root View Controller，将其 Class 类设置为 TableViewController，如图 15-13 所示。

运行工程，效果如图 15-14 所示。

图 15-13　将自定义的视图控制器与 Storyboard 中的视图控制器关联　　图 15-14　导航控制器示例

在图 15-14 中，导航控制器会为其中每个视图控制器添加一个导航栏，导航栏上可以显示标题，也可以根据需求自定义一些功能按钮。

15.2.3　对导航栏进行自定义设置

UINavigationController 中内嵌着一个导航栏 UINavigationBar，开发者可以根据需求对其 UI 和功能进行自定义，例如修改导航栏的颜色、向导航栏上添加功能按钮等。紧接着 15.2.2 小节搭建的工程，在 TableViewController 类的 viewDidLoad() 方法中添加如下代码：

```
override func viewDidLoad() {
    super.viewDidLoad()
    //设置导航栏颜色
```

```
self.navigationController?.navigationBar.barTi
ntColor = UIColor.white
            //创建导航按钮实例
            let barItem =
UIBarButtonItem(barButtonSystemItem:
UIBarButtonItem.SystemItem.done, target: self,
action: #selector(click))

self.navigationItem.leftBarButtonItem = barItem
        }
```

运行工程，在导航栏左侧可以看到添加了一个功能按钮，如图15-15所示。

图 15-15　在导航栏上添加左侧功能按钮

> **提　示**
>
> 在结构上，导航栏上的功能按钮实际上属于当前对应的视图控制器，如果在导航中进行视图控制器的切换，则导航栏上的功能按钮也会进行相应的切换。

上面的示例代码使用 leftBarButtonItem 属性来设置导航栏的左侧按钮，与其对应，rightBarButtonItem 属性用于设置导航栏上的右侧按钮。除了这两个属性外，开发者也可以使用 leftBarButtonItems 和 rightBarButtonItems 属性设置一组左侧或者右侧功能按钮，开发者传入 UIBarButtonItem 的数组即可。

UIBarButtonItem 类专门用来创建导航功能按钮，开发者可以自由选择该类中提供的5种构造方法之一来进行 UIBarButtonItem 的实例化。构造方法代码如下：

```
//通过自定义的图片创建功能按钮
public convenience init(image: UIImage?, style: UIBarButtonItem.Style, target:
AnyObject?, action: Selector?)
//通过自定义的图片创建功能按钮，支持设置横竖屏状态下的不同图片
public convenience init(image: UIImage?, landscapeImagePhone: UIImage?, style:
UIBarButtonItem.Style, target: AnyObject?, action: Selector?)
//通过文字标题创建功能按钮
public convenience init(title: String?, style: UIBarButtonItem.Style, target:
AnyObject?, action: Selector?)
//创建系统风格UIBarButtonItem实例
public convenience init(barButtonSystemItem systemItem:
UIBarButtonItem.SystemItem, target: AnyObject?, action: Selector?)
//通过自定义的视图创建功能按钮
public convenience init(customView: UIView)
```

上面列举的构造方法中，需要在创建系统风格的 UIBarButtonItem 实例的构造方法中传入一个 UIBarButtonItem.SystemItem 枚举类型的风格参数，系统定义了一系列的按钮风格，枚举值列举如下：

```
public enum SystemItem : Int {
    //done文字风格
```

```
        case done
        //cancel文字风格
        case cancel
        //edit文字风格
        case edit
         //save文字风格
        case save
        //添加图标风格
        case add
        //无UI展现，布局占位
        case flexibleSpace
        //无UI展现，布局占位
        case fixedSpace
        //整理图标风格
        case compose
        //返回图标风格
        case reply
        //行动图标风格
        case action
        //组织图标风格
        case organize
        //书库图标风格
        case bookmarks
        //搜索图标风格
        case search
        //刷新图标风格
        case refresh
        //停止图标风格
        case stop
        //相机图标风格
        case camera
        //清除图标风格
        case trash
        //播放图标风格
        case play
        //暂停图标风格
        case pause
        //退后图标风格
        case rewind
        //前进图标风格
        case fastForward
        //undo文字风格
        case undo
        //redo文字风格
        case redo
    }
```

在开发中，开发者可以根据实际需求选择相应功能的按钮风格，如果无法满足需求，也可以使用自定义按钮视图的构造方法来创建UIBarButtonItem实例。

15.2.4　使用导航进行视图控制器的切换管理

在前面学习UIViewController类的相关知识时，我们可以使用present()与dismiss()方法进行视图控制器的跳转与返回。如果项目采用了导航的框架结构，则视图控制器的跳转操作也将交由导航控制器来处理。首先在项目中新建一个类文件，使其继承自UIViewController，并命名为ViewController。在ViewController类的viewDidLoad()方法中为当前视图控制器设置一个标题，并自定义其背景颜色。代码如下：

```
override func viewDidLoad() {
    super.viewDidLoad()
    self.view.backgroundColor = UIColor.white
    self.title = "第2个视图控制器"
}
```

在TableViewController中，实现导航功能按钮用户交互的触发方法click()，在其中演示导航中的视图控制器间的切换操作，代码如下：

```
@objc func click() {
    let viewController = ViewController()
    self.navigationController?.pushViewController(viewController,
animated: true)
}
```

运行工程，跳转后的界面如图15-16所示。跳转过程中，后一个界面会从屏幕右外侧向左滑入屏幕中，覆盖第一个界面。使用导航控制器跳转的视图控制器会默认带一个返回按钮，点击返回按钮会返回上一级界面。

UINavigationController类实例的pushViewController()方法用于将一个新的视图控制器压入导航栈的栈顶。对于返回操作，开发者也可以使用代码来实现，其原理是将导航栈中栈顶的视图控制器弹出。在ViewController类的viewDidLoad()方法中添加如下代码：

```
let item = UIBarButtonItem(title: "Pop", style:
UIBarButtonItem.Style.plain, target: self, action:
#selector(pop))
    self.navigationItem.rightBarButtonItem = item
```

在ViewController类中实现pop方法，代码如下：

图15-16　使用导航控制器进行
视图控制器的跳转

```
@objc func pop() {
    //返回被弹出的视图控制器
    //self.navigationController?.popViewController(animated: true)
    //使用匿名变量接收，可以消除"返回值未使用"警告
    _ = self.navigationController?.popViewController(animated: true)
}
```

运行工程，在第2个视图控制器中，点击导航栏上的Pop功能按钮与Back按钮的作用一样。

在导航控制器中，除了可以进行界面的逐级跳转与返回外，也可以指定返回导航栈中的某一个ViewController。如果采用这种方式，则会将此ViewController上的所有视图控制器都弹出导航栈，方法如下：

```
//弹出到某个指定的视图控制器，这个方法将会把所有被弹出的视图控制器以数组的形式返回
public func popToViewController(_ viewController: UIViewController, animated:
Bool) -> [UIViewController]?
```

15.3　标签栏控制器 UITabBarController

导航控制器用于处理多个控制器为层级结构的情况。在实际开发中，并列结构的视图控制器也十分常见，层级结构的界面之间往往有一些或多或少的关联，可进行交互与传值等。并列结构的视图控制器之间往往没有什么必然的联系，例如一款新闻类应用可以分为首页、推荐、直播和个人中心4个板块，这4个板块各自独立，在开发中就可以使用并列结构来处理这种情况。

在iOS开发中，UITabBarController是一种容器视图控件，其可以管理多个视图控制器，UITabBarController进行管理的视图控制器为并列的关系。和导航类似，UITabBarController会默认生成一个标签栏，每一个标签对应一个视图界面，并且可以将UINavigationController作为并列关系的子视图控制器，实现多个导航结构的并列关系。

15.3.1　创建以 UITabBarController 为项目结构的工程

使用Xcode开发工具创建一个名为UITabBarControllerTest的Swift工程，首先打开Main.storyboard文件，将其中自动创建的View Controller删掉。找到视图控件模板中的Tab Bar Controller，将其拖入界面中，此时可以看到Storyboard界面上自动生成了一个TabBarController和两个ViewController，如图15-17所示。TabBarController被称为标签栏控制器，因其中管理的视图控制器都是并列的，因此不存在根视图控制器的概念。创建了标签栏控制器后，将其设置为项目的入口界面，选中TabBarController，在其属性配置中勾选Is Initial View Controller项。

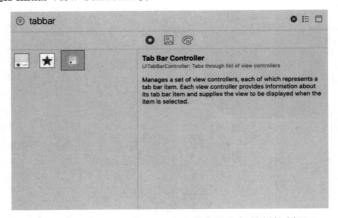

图 15-17　向 Main.storyboard 文件中拖入标签栏控制器

当向Main.storyboard中拖入Tab Bar Controller控件时，其默认生成了两个UIViewController，模拟前面提到的新闻类应用，再向Storyboard文件的开发界面中拖入两个ViewController控件，并且将这两个控件与TabBarController进行关联，选中界面中的TabBarController，按住键盘上的Ctrl键不放，单击选择TabBarController，再将鼠标分别移动到新拖入的两个ViewController上，松开鼠标左键后，界面会弹出一个选项菜单，选择其中的view controllers即可完成关联，如图15-18所示。

图 15-18　将 ViewController 关联进 TabBarController 中

完成关联后，可以看到，原本TabBarController界面下方的标签栏中只有两个标签，现在变成了4个，并且在Storyboard中也用线条直观地表达出了视图控制器之间的结构，如图15-19所示。

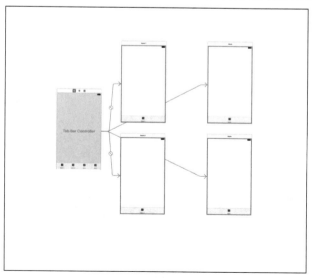

图 15-19　使用 TabBarController 管理的 4 个视图控制器

在工程中创建3个UIViewController的子类，加上模板默认创建的ViewController类，分别与

Main.storyboard中的4个View Controller相对应。新创建的3个类分别命名为ViewControllerTwo、ViewControllerThree和ViewControllerFour。将Main.storyboard中的4个View Controller中的Class属性分别设置为这4个对应的类名。

在使用导航控制器时，导航栏上的标题对应的是当前视图控制器的title属性。TabBarController的标签栏上的每个标签同样有一个标题，这个标题是通过UIViewController类中的tabBarItem属性进行配置的。

在ViewController类的viewDidLoad()方法中添加如下代码：

```
override func viewDidLoad() {
    super.viewDidLoad()
    //设置标签标题
    self.tabBarItem.title = "首页"
    self.view.backgroundColor = UIColor.red
}
```

在ViewControllerTwo类的viewDidLoad()方法中添加如下代码：

```
override func viewDidLoad() {
    super.viewDidLoad()
    self.tabBarItem.title = "推荐"
    self.view.backgroundColor = UIColor.green
}
```

在ViewControllerThree类的viewDidLoad()方法中添加如下代码：

```
override func viewDidLoad() {
    super.viewDidLoad()
    self.tabBarItem.title = "直播"
    self.view.backgroundColor = UIColor.blue
}
```

在ViewControllerFour类的viewDidLoad()方法中添加如下代码：

```
override func viewDidLoad() {
    super.viewDidLoad()
    self.tabBarItem.title = "个人中心"
    self.view.backgroundColor =
UIColor.orange
}
```

图 15-20　UITabBarController 应用

上面的代码为每个视图控制器设置了不同的背景色，便于在TabBarController标签切换时进行观察。运行工程，效果如图15-20所示。

提 示

细心的读者可能会发现，当项目首启动时，TabBarController 上除了第一个标签外，其余标签的标题并不是代码中所设置的那样，原因是前面的演示代码都写在 viewDidLoad()方法中，这个方法在视图控制器第一次展现在屏幕上之前是不会被调用的，只有读者点击过标签，其标题才会显示。因此在实际开发中，对标签控制器中标签标题的设置可以在视图控制器的构造方法中进行。

上面搭建的工程以UITabBarController为主结构，里面放入独立的ViewController，读者也可以结合15.2节学习的UINavigationController相关知识将工程搭建成UITabBarController中嵌套UINavigationController的结构。在UINavigationController中再进行ViewController的管理，这也是商业应用常用的结构。

15.3.2　对 UITabBarController 中的标签进行自定义配置

开发者也可以对每个视图控制器对应的标签进行自定义配置。一般情况下，对每个标签，开发者需要配置一个标题、一个未选中状态下的图标及一个选中状态下的图标。系统默认会将选中状态下的标签变为浅蓝色，未选中状态下的标签变为浅灰色，使用 UIImage 实例方法withRenderingMode()可以使标签显示图片原来的色彩。

向Xcode项目工程中引入两张图片素材，修改ViewController类的viewDidLoad()方法如下：

```
override func viewDidLoad() {
    super.viewDidLoad()
    //设置标签标题
    self.tabBarItem.title = "首页"
    //设置标签图标
    self.tabBarItem.image = UIImage(named: "imageNormal")?.
withRenderingMode(UIImage.RenderingMode.alwaysOriginal)
    //设置选中状态下的标签
    self.tabBarItem.selectedImage = UIImage(named: "imageSelect")?.
withRenderingMode(UIImage.RenderingMode.alwaysOriginal)
    self.view.backgroundColor = UIColor.red
}
```

运行工程，效果如图15-21所示。

开发者除了可以对标签上的标题和图标进行自定义设置外，也可以直接使用系统定义好的一些标签样式，这些样式同时包含标题和图标。在ViewControllerTwo类的viewDidLoad()方法中添加如下示例代码：

```
override func viewDidLoad() {
    super.viewDidLoad()
    self.view.backgroundColor = UIColor.green
    //使用系统风格的标签
    let item = UITabBarItem(tabBarSystemItem:
UITabBarItem.SystemItem.favorites, tag: 1)
    self.tabBarItem = item
}
```

运行工程，效果如图15-22所示。

图 15-21　自定义标签图标

图 15-22　使用系统风格的标签

UITabBarItem 的构造方法 UITabBarItem(tabBarSystemItem: ,tag:) 的第 1 个参数需要传入一个 UITabBarItem.SystemItem 类型的枚举值，其中列举了许多常用的标签风格，列举如下：

```
public enum SystemItem : Int {
    //更多风格
    case more
    //偏爱风格
    case favorites
    //特色风格
    case featured
    //排行风格
    case topRated
    //最近风格
    case recents
    //联系人风格
    case contacts
    //历史风格
    case history
    //书库风格
    case bookmarks
    //搜索风格
    case search
    //下载风格
    case downloads
    //最近风格
    case mostRecent
    //浏览风格
    case mostViewed
}
```

很多场景下，标签控制器上的标签会兼顾未读消息数的提示功能。以个人中心为例，很多应用程序内都有消息机制，当有新的未读消息时，个人中心的标签上往往会显示一个红点及数字来提示用户有新的未读消息，系统的 UITabBarItem 也实现了这样的功能。在 ViewControllerFour 类中的viewDidLoad()方法中修改代码如下：

```swift
override func viewDidLoad() {
    super.viewDidLoad()
    self.tabBarItem.title = "个人中心"
    //设置提示视图背景
    self.tabBarItem.badgeColor = UIColor.red
    //设置提示文字
    self.tabBarItem.badgeValue = "新消息"
    self.view.backgroundColor = UIColor.orange
}
```

运行工程，效果如图15-23所示。

图 15-23　为标签添加未读信息提示

15.3.3　标签栏上标签的溢出与排序功能

标签栏上的标签是并列横向排布的，因此读者可能会想到一个问题，如果标签栏控制器中管理的视图控制器过多，标签栏上的标签会怎样排布呢？实际上，UITabBarController有自动处理标签溢出的功能，默认标签栏上最多可以并列展示5个标签。如果标签数量超出5个，便签栏上最后一个标签会变成一个系统管理的更多样式的标签，其内部会自动创建一个以表视图控制器作为根视图控制器的导航控制器，将溢出的标签以列表的形式排列其中。

接着15.3.2小节编写的工程，在Tab Bar Controller中继续添加4个受其管理的视图控制器，为了测试方便，也可以直接在Main.storyboard中对新添加的视图控制器的标签进行简单设置。选中要进行设置的View Controller，在Main.storyboard文件左侧的视图导航区找到其中对应的Item控件，如图15-24所示。

此时，Xcode工具右侧会出现UITabBarItem控件的设置选项，将其设置为一个系统风格样式，如图15-25所示。

配置完所有新添加的视图控制器后，运行工程，效果如图15-26所示。可以看到标签栏上自动生成了一个"更多"风格的标签。

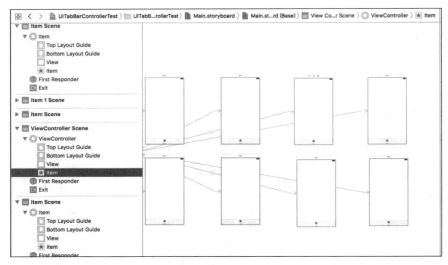

图 15-24　选中 ViewController 中的 Item 控件

图 15-25　对 UITabBarItem 进行设置　　　图 15-26　系统为溢出标签自动生成了一个视图控制器

　　点击More标签，界面会切换到一个导航控制器，其根视图控制器是表视图控制器，它将所有溢出的标签进行了排列，如图15-26所示。当用户选择相应标签时，界面会以导航push的方式跳转到具体的视图控制器。

　　从图15-27中可以发现，系统创建的这个视图控制器自带一个导航栏右侧按钮Edit，用户点击这个按钮后，TabBarController会进入编辑模式，这次界面上会弹出一个新的视图控制器，这个控制器会将标签栏上所有的标签平铺列举，用户可以通过拖曳将它们重新排列，改变标签的顺序，如图15-28所示。对应的，导航栏右侧按钮会变为Done，排列完成后，用户点击Done按钮即可完成标签栏上标签的重新排布。

图 15-27　导航控制器统一对溢出标签对应的　　图 14-28　对标签栏上的标签进行重新排布
　　　　　视图控制器进行管理

15.4　警告视图控制器的应用

　　警告视图控制器是iOS开发中一种特殊的视图控制器，UAlertController实例的创建和正常的UIViewController有很大差异。首先从功能上讲，其并不是为了管理和组合视图，其作用更像是一个独立的视图控件；从UI展现上讲，UIAlertController有两种表现形式，分别是警告框弹窗和上拉抽屉弹窗。警告视图控制器被应用在需要用户进行选项选择或操作确认的场景中。

15.4.1　认识 UIAlertAction 类

　　学习UIAlertController控制器首先要了解UIAlertAction类。首先，UIAlertController的主要作用是创建弹窗，弹窗展现后，上面都会提供一些按钮或者其他用户交互控件供用户进行操作。用户的操作行为可以理解为Action，因此，UIAlertAction的作用是处理用户交互行为。

　　UIAlertAction类只有一个构造方法，在构造方法中，开发者需要完成对UIAlertAction实例的标题、风格以及用户交互回调方法的设置。示例代码如下：

```
let action = UIAlertAction(title: "按钮一", style: UIAlertAction.Style.default)
{ (action) in
    print("用户点击了按钮一")
        }
```

　　这个构造方法有3个参数，只是上面的代码采用了后置闭包的写法，读者可能会有些不习惯，在本书讲解闭包的章节有过介绍，熟练掌握Swift语言的特点后，这种写法就会十分自然。UIAlertAction类的构造方法中，第1个参数需要传递一个字符串值，其会作为标题显示在弹窗的用户交互按钮上；第2个参数设置此交互按钮的显示风格，需要设置为UIAlertAction.Style类型的枚举值；第3个参数为一个闭包，在此闭包中，开发者可以写入用户点击此按钮后执行的代码。

UIAlertActionStyle枚举值及意义列举如下：

```
public enum Style : Int {
    //默认风格
    case `default`
    //取消按钮风格
    case cancel
    //消极按钮风格
    case destructive
}
```

UIAlertAction类的设计十分简洁，除了构造方法中设置的属性外，UIAlertAction类中还有一个isEnabled的布尔类型属性，这个属性可以控制此交互按钮的状态是否为可用。

15.4.2 使用 UIAlertController 创建警告框弹窗

UIAlertController的功能之一便是快捷创建警告框弹窗，在iOS系统中，这种弹窗十分常见。如果读者使用iPhone手机，就会经常遇到警告弹框。例如从AppStore下载软件时，系统会弹出警告框告知用户输入AppleID和密码；当安装完新应用程序第一次打开时，系统会弹出警告框告知用户此应用程序要获取某些权限等。下面使用UIAlertController创建一个警告框弹窗。

使用Xcode开发工具创建一个名为UIAlertControllerTest的工程，为了方便演示，首先在界面上创建一个按钮控件。打开Main.storyboard 文件，向其中的View Controller中拖入一个Button控件，设置其标题为"弹出警告框"，如图15-29所示。

将此按钮的触发方法与ViewController类进行关联，实现按钮的用户交互方法如下：

图 15-29　向界面中添加一个按钮

```
@IBAction func popAlert(_ sender: AnyObject) {
    let alertController = UIAlertController(title:
"我是警告框弹窗", message:
"这里填写内容", preferredStyle: .alert)
    let alertAction1 = UIAlertAction(title: "确定", style: .default, handler: nil)
    let alertAction2 = UIAlertAction(title: "取消", style: .cancel, handler: nil)
    alertController.addAction(alertAction1)
    alertController.addAction(alertAction2)
    self.present(alertController, animated: true, completion: nil)
}
```

上面的示例代码中创建了一个UIAlertController实例并向其中加入了两个交互按钮UIAlertAction，运行工程，点击"弹出警告框"按钮，可以看到当前界面上弹出了警告框弹窗，如图15-30所示，当用户点击任何一个按钮后，弹窗将自动消失。

UIAlertAction就是一个封装了UI和交互方法的类，当警告框弹窗中的按钮个数超出两个时，按钮的排列方式将由水平排列变为竖直排列，如图15-31所示。

图 15-30　警告框弹窗 　　　　　　　图 15-31　竖直排列按钮的警告框弹窗

　　除了展现简单的警告标题和警告信息外，开发者还可以在警告框上设置一个文本输入框，这个特点可以帮助开发者方便地开发登录框控件，将popAlert()方法中的代码修改如下：

```
@IBAction func popAlert(_ sender: AnyObject) {
    let alertController = UIAlertController(title: "我是警告框弹窗", message:
"这里填写内容", preferredStyle: .alert)
    let alertAction1 = UIAlertAction(title: "登录", style: .default) { (action) in
        print(alertController.textFields?.first?.text ?? "未输入文字")
    }
    let alertAction2 = UIAlertAction(title: "取消", style: .cancel, handler: nil)

    alertController.addAction(alertAction1)
    alertController.addAction(alertAction2)
    alertController.addTextField { (textField) in
        //在闭包中可以对UITextField进行配置
        textField.placeholder = "请输入用户名"
    }
    alertController.addTextField { (textField) in
        textField.placeholder = "请输入密码"
        //密码模式
        textField.isSecureTextEntry = true
    }
    self.present(alertController, animated: true, completion: nil)
}
```

运行工程，效果如图15-32所示。

提　　示
UIAlertController 类中的 addTextField()方法只能在警告控制器的风格为 Alert 时才可以使用，抽屉弹窗是不可以添加文本输入框的，否则运行时将产生错误，造成程序崩溃。

图 15-32　向警告框弹窗中添加文本输入框

15.4.3　使用 UIAlertController 创建抽屉弹窗

在 Main.storyboard 文件中的 View Controller 中拖入一个按钮控件，将其用户交互方法与 ViewController 进行关联，实现如下：

```
@IBAction func popSheet(_ sender: AnyObject) {
    //使用弹窗风格的警告控制器
    let alertController = UIAlertController(title: "我是抽屉弹窗", message:
"这里填写内容", preferredStyle: .actionSheet)
    let alertAction1 = UIAlertAction(title: "确定", style: .default)
{ (action) in
        print(alertController.textFields?.first?.text ?? "未输入文字")
    }
    let alertAction2 = UIAlertAction(title: "取消", style: .cancel, handler: nil)

    alertController.addAction(alertAction1)
    alertController.addAction(alertAction2)
    self.present(alertController, animated: true, completion: nil)
}
```

运行工程，效果如图15-33所示。

actionSheet风格的UIAlertController会以上拉抽屉的方式展现。

15.5　网页视图的应用

在商业级的应用程序中，通常会使用嵌入网页的方式来开发某些经常改变的、灵活的和实时性要求高的界面。例如电商类应用软件常会推出一些优惠专题，专题页的设计和样式会配合内容显示不同的风格，这种需求就比较适合嵌入网页。

图 15-33　抽屉弹窗

在iOS 8之前，在应用中嵌入网页会使用到UIWebView这个类，UIWebView也是继承自UIView的视图类，因此，其主要作用是将HTML文本渲染成网页界面或者通过一个网页链接来渲染界面。随着应用程序对网页与原生界面交互要求的加大，UIWebView越来越难以满足开发者的需求，因此在iOS 8之后，系统引入了UIWebKit框架，其大大增强了网页与原生的交互能力，对开发者来说，在进行嵌入网页相关功能的开发的同时也更加结构化。

15.5.1　网页视图 UIWebView

UIWebView控件可以通过一个网址（URL）来进行网页视图的渲染，也可以加载本地的HTML文件。使用Xcode开发工具创建一个名为UIWebViewTest的工程。由于iOS 9之后和Xcode 7之后的版本默认网络请求使用HTTPS协议类型，若要支持HTTP协议，需要在Info.plist文件中配置相关参数。Info.plist文件用于对工程进行一些功能配置，使用Xcode创建任何一个工程时都会默认生成一个Info.plist配置文件，如图15-34所示。

图 15-34　工程 Plist 配置文件

向Info.plist文件中添加一个配置项App Transport Security Settings，向其中添加一个Boolean类型的键Allow Arbitrary Loads，设置为YES，这个键的作用是允许项目支持HTTP类型的网络请求。

在ViewController.swift文件的viewDidLoad()方法中编写如下代码：

```swift
override func viewDidLoad() {
    super.viewDidLoad()
    //创建WebView视图
    let webView = UIWebView(frame:
self.view.bounds)
    //创建网页URL
    let url = URL(string:
"http://www.baidu.com")
    //创建请求
    let request = URLRequest(url: url!)
    //加载网页
    webView.loadRequest(request)
    self.view.addSubview(webView)
}
```

图 15-35　使用 UIWebView 加载网页

上面的示例代码中，URL类用于对网页链接进行实例化，URLRequest类将通过URL生成一个请求对象，使用UIWebView类实例的loadRequest()方法来加载这个请求对象。完成上面的代码后，运行工程，可以看到界面上显示了百度网站的首页，点击相应按钮，支持网页的跳转，如图15-35所示。

除了使用loadRequest()进行网页的加载外，UIWebView中还额外提供了两个方法来进行视图的渲染，代码如下：

```swift
//这个方法可以直接加载HTML格式的字符并进行视图渲染
public func loadHTMLString(_ string: String, baseURL: URL?)
```

```
//这个方法可以加载自定义格式的数据
public func load(_ data: Data, mimeType MIMEType: String, textEncodingName:
String, baseURL: URL)
```

上面两个方法中都需要传入一个baseURL参数，这个参数需要传入一个URL地址，这个地址指定了HTML文本中引入的素材的地址。

在使用浏览器进行网页浏览时，很容易发现浏览器都有这样一个功能：当用户点击当前网页中的某个链接跳转到新的网页后，用户可以通过点击退后按钮回到前一个网页。同样，在返回前一个网页后，用户也可以点击前进按钮再次回到后一个网页，其实在浏览器中通常对访问的网页都做了缓存处理，可以方便地进行前进与后退操作。在UIWebView中，同样也提供了这样的功能。修改所创建的UIWebView的尺寸，在界面的底部添加一个工具条，在工具条上添加前进与后退两个按钮。首先，将UIWebView实例及工具栏的按钮设置为ViewController类的属性，并使ViewController遵守UIWebViewDelegate协议，代码如下：

遵守协议：

```
class ViewController: UIViewController,UIWebViewDelegate{
```

网页及按钮属性：

```
var webView:UIWebView?
var buttonGoBack:UIButton!
var buttonGoForward:UIButton!
```

viewDidLoad()中的实现：

```
override func viewDidLoad() {
    super.viewDidLoad()
    //创建WebView视图
    webView = UIWebView(frame:CGRect(x: 0, y: 0, width:
self.view.frame.size.width, height: self.view.frame.size.height-30))
    //创建网页URL
    let url = URL(string: "http://www.baidu.com")
    //创建请求
    let request = URLRequest(url: url!)
    //加载网页
    webView!.loadRequest(request)
    webView?.delegate = self
    self.view.addSubview(webView!)
    //创建工具条
    let toolView = UIView(frame: CGRect(x: 0, y:
self.view.frame.size.height-30, width: self.view.frame.size.width, height: 30))
    toolView.backgroundColor = UIColor.purple
    self.view.addSubview(toolView)
    //添加两个功能按钮
    buttonGoBack = UIButton(frame: CGRect(x: 30, y: 0, width: 70, height:
30))
    buttonGoBack.setTitle("后退", for: .normal)
    buttonGoBack.setTitleColor(UIColor.lightGray, for: .disabled)
    buttonGoBack.addTarget(self, action: #selector(goBack), for:
UIControl.Event.touchUpInside)
```

```
buttonGoForward = UIButton(frame: CGRect(x: 130, y: 0, width: 70, height:
30))
        buttonGoForward.addTarget(self, action: #selector(goForward), for:
UIControl.Event.touchUpInside)
        buttonGoForward.setTitle("前进", for: .normal)
        buttonGoForward.setTitleColor(UIColor.lightGray, for: .disabled)
        toolView.addSubview(buttonGoBack)
        toolView.addSubview(buttonGoForward)
    }
```

实现两个按钮的触发方法如下：

```
@objc func goBack() {
    webView!.goBack()
}


@objc func goForward() {
    webView!.goForward()
}
```

网页加载完成时实现的方法如下：

```
func webViewDidFinishLoad(_ webView: UIWebView) {
    buttonGoBack.isEnabled = webView.canGoBack
    buttonGoForward.isEnabled = webView.
canGoForward
    }
```

UIWebView类实例的canGoBack()方法与canGoForward()方法用
于检查网页视图当前是否可以进行后退或者前进操作，使用这两个布
尔值可以在网页加载完成时对后退按钮及前进按钮的可用性进行设
置，当不可以后退或前进时，按钮呈现灰度状态，以增强用户的交互
体验。

运行工程，效果如图15-36所示。

图 15-36　UIWebView 的后退
与前进功能

上面的效果就是通过UIWebView中的UIWebViewDelegate协议
来实现的，这个协议中的相关方法可以帮助开发者对UIWebView的
活动过程进行监听，列举如下：

```
public protocol UIWebViewDelegate : NSObjectProtocol {
    //当视图将要开始加载URL请求时被调用，返回fasle则禁止此次加载
    optional public func webView(_ webView: UIWebView, shouldStartLoadWith
request: URLRequest, navigationType: UIWebView.NavigationType) -> Bool
    //当视图已经开始加载URL请求时被调用
    optional public func webViewDidStartLoad(_ webView: UIWebView)
    //视图加载完成时被调用
    optional public func webViewDidFinishLoad(_ webView: UIWebView)
    //视图加载失败时被调用
    optional public func webView(_ webView: UIWebView, didFailLoadWithError
error: NSError?)
```

}

上面的代理方法中，webView(_ ,shouldStartLoadWith: ,navigationType:)方法十分重要，通过这个方法开发者可以截获UIWebView将要加载的URL请求，可以进行请求参数的重设，也可以拦截此请求，禁止其加载，从而进行自己的业务逻辑处理。

15.5.2 认识 WebKit 框架

对于简单的网页嵌入需求，使用UIWebView已经足够，但是对于更加复杂的需求，例如在网页与原生交互十分频繁的场景中，UIWebView处理起来就有些力不从心。iOS 8之后，系统引入了WebKit框架，将应用中嵌入网页的相关接口提取整合成了一个完整的框架，WebKit框架中添加了一些原生与JavaScript交互的方法，并且WebKit框架中采用导航栈的模型进行网页的跳转管理，开发者更容易控制和管理网页的渲染。

WebKit框架中设计的类很多，框架的设计十分面向对象化和模块化，这更有利于开发者代码的结构化。图15-37描述了WebKit框架中所涉及的重要的类和其相互之间的关系。

图 15-37　WebKit 框架结构图

WebKit框架中最核心的类应该属于WKWebView类，这个类专门用来进行网页视图的渲染，其需要通过WKWebViewConfiguration类进行配置。而WKWebViewConfiguration类中主要包含3个模块：WKPreferences类用于进行自定义的偏好配置；WKProcesssPool类用于进程池的配置；WKUserContentController类也是一个核心类，主要用来进行native与JavaScript的交互管理。关于WKUserContentController，其又需要两个类的协作，WKUserScript类用于通过原生代码向网页注入JavaScript代码，WKScriptMessageHandler类用于处理JavaScript代码调用的原生方法。

除了前面提到的这些类外，开发者可以通过WKNavigationDelegate协议监听网页的活动，WKNavigationAction类是某个活动的实例化对象，WKUIDelegate协议用于处理JavaScript代码中的一些弹出框事件，WKBackForwardList类用于栈结构的管理，WKBackForwardListItem类是每个网页节点的实例化对象。

15.5.3　使用 WKWebViewConfiguration 对网页视图进行配置

　　15.5.2小节整体向读者介绍了WebKit框架的结构和组成,整体分析清楚这个框架并不是一件容易的事。读者可以采取由点到线、由线到面的学习过程来掌握WebKit框架。首先WebKit框架中网页的展示和渲染是通过WKWebView来完成的,因此可以从WKWebView入手学习,WKWebView的配置所依赖的类是WKWebViewConfiguration类,因此最先要学习的是如何通过WKUserContentController对网页视图进行配置,并了解通过配置可以完成怎样的功能。

　　使用Xcode开发工具创建一个名为WebKitTest的工程,要支持HTTP协议的网络请求,根据前面介绍的过程向Info.plist文件中添加相应的键值。首先在ViewController.swift文件中引入WebKit框架,如下所示:

```
import WebKit
```

在ViewController类中添加如下代码,使界面加载出百度网站首页。

```
//声明WKWebView属性
var wkView:WKWebView?
override func viewDidLoad() {
    super.viewDidLoad()
    //创建网页配置
    let configuration = WKWebViewConfiguration()
    //对网页视图进行实例化
    wkView = WKWebView(frame: self.view.frame, configuration:
configuration)
    self.view.addSubview(wkView!)
    let url = URL(string: "http://www.baidu.com")
    let request = URLRequest(url: url!)
    wkView!.load(request)
}
```

　　运行工程,可以看到使用WKWebView将百度首页加载了出来。

　　可以使用WKProcessPool类为WKWebView实例配置一个进程池,示例如下:

```
//创建网页配置
let configuration = WKWebViewConfiguration()
//配置进程池
let processPool = WKProcessPool()
configuration.processPool = processPool
```

　　开发者一般不需要对进程池进行配置,配置为同一进程池中的WKWebView实例会共享一些资源,进程池在需要使用多个WKWebView实例时会使用到。

　　对WKWebView实例进行自定义的偏好配置,示例如下:

```
//偏好配置
let prefrence = WKPreferences()
//设置网页界面的最小字号
prefrence.minimumFontSize = 0
//设置是否支持JavaScript脚本,默认为true
prefrence.javaScriptEnabled = true
```

```
//设置是否允许不经过用户交互由JacaScript代码自动打开窗口
prefrence.javaScriptCanOpenWindowsAutomatically = true
configuration.preferences = preference
```

上面的示例代码中，可将WKPreferences类实例的javaScriptCanOpenWindowsAutomaticlly属性简单理解为是否允许自动弹出网页。

使用WKUserContentController类来进行原生与JavaScript交互相关配置，示例代码如下：

```
//进行原生与JavaScript交互配置
let userContentController = WKUserContentController()
//设置代理并且注册要被JavaScript代码调用的原生方法名称
userContentController.add(self, name: "nativeFunc")
//向网页中注入一段JavaScript代码
let javaScriptString = "function
userFunc(){window.webkit.messageHandlers.nativeFunc.postMessage({\"班级\":\"珲少
学堂\"})};userFunc()"
let userScript = WKUserScript(source: javaScriptString,
injectionTime: .atDocumentStart, forMainFrameOnly: false)
//进行注入
userContentController.addUserScript(userScript)
configuration.userContentController = userContentController
```

WKUserContentController实例调用add(_: ,name:)方法用于设置JavaScript方法回调的代理和要监听的方法名。上面的代码可以理解为，在WebKit中注册了nativeFunc方法的监听，当JavaScript代码对nativeFunc进行调用时，就会通知WKScriptMessageHandler协议中约定的方法，开发者可进行后续的逻辑处理。WKUserContentController实例调用addUserScript()方法用于向网页中注入JavaScript代码，其中注入的JavaScript代码是封装入WKUserScript的对象，WKUserScript类的构造方法WKUserScript(source: ,injecttTime: ,forMainFrameOnly:)第1个参数为注入的JavaScript代码字符串，第2个参数设置注入的时机，第3个参数设置是否只在主界面注入。注入的时机定义在如下枚举中：

```
public enum WKUserScriptInjectionTime : Int {
    //在文档首部进行注入
    case atDocumentStart
    //在文档尾部进行注入
    case atDocumentEnd
}
```

上面的示例代码中注入的JavaScript代码如下：

```
function userFunc()
{
    window.webkit.messageHandlers.nativeFunc.postMessage({\"班级\":\"珲少学堂
\"})
};
userFunc()
```

这段JavaScript代码创建了一个函数userFunc()，函数中向nativeFunc方法发送了一个字典消息，字典中的键为"班级"，值为"珲少学堂"，之后调用了userFunc()方法。因此，读者可以理解为，这里手动向JavaScript注入了代码，代码的功能是与原生nativeFunc方法进行通信。

为ViewController类添加如下协议：

```
class ViewController: UIViewController,WKScriptMessageHandler
```

实现协议中的方法如下：

```
func userContentController(_ userContentController:
WKUserContentController, didReceive message: WKScriptMessage) {
    print(message.body,message.name)
}
```

当JavaScript代码向WebKit中注册的交互方法发送消息后，系统会调用这个协议方法，这个方法会传入一个WKScriptMessage类型的message参数，其中封装了传递的消息内容，WKScriptMessage类中提供的重要属性如下：

```
public class WKScriptMessage : NSObject {
    //消息体，对应上面传递的字典
    @NSCopying public var body: AnyObject { get }
    //此消息的网页视图来源
    weak public var webView: WKWebView? { get }
    //传递消息的方法名
    public var name: String { get }
}
```

开发者也可以使用原生代码来调用网页中的JavaScript方法，使用WKWebView类中的如下方法：

```
public func evaluateJavaScript(_ javaScriptString: String, completionHandler:
((AnyObject?, NSError?) -> Swift.Void)? = nil)
```

提　示
JavaScript 是一种网页脚本语言，其能够为网页增加动态功能，添加交互逻辑。

15.5.4　WKWebView 中重要的属性和方法解析

WKWebView明显比UIWebView强大许多，其中除了支持UIWebView中所有的方法外，还扩展添加了更多强大实用的功能。关于网页的前进和后退操作，WKWebView中提供了backForwardList属性，如下：

```
public var backForwardList: WKBackForwardList { get }
```

WKBackForwardList类中存储了网页跳转中的各个网页节点，其中属性列举如下：

```
//当前的网页节点
public var currentItem: WKBackForwardListItem? { get }
//前进一个网页节点
public var backItem: WKBackForwardListItem? { get }
//后退一个网页节点
public var forwardItem: WKBackForwardListItem? { get }
//某个索引对应的网页节点
```

```
public func item(at index: Int) -> WKBackForwardListItem?
//所有后退的网页节点组成的数组
public var backList: [WKBackForwardListItem] { get }
//所有前进的网页节点组成的数组
public var forwardList: [WKBackForwardListItem] { get }
```

通过WKBackForwardList类，开发者可以方便地获取在整个网页跳转过程中缓存的任意一个网页节点。WKWebView类实例调用如下方法可以跳转到任意一个网页节点：

```
public func go(to item: WKBackForwardListItem) -> WKNavigation?
```

WKWebKit类中还有一个十分重要的属性estimatedProgress，这个属性是一个Double类型的值，其代表了网页加载的进度。在许多浏览器中都会有一个网页加载进度条，用户可以通过进度条得知当前网页的加载状态。在实际开发中，配合UIProgressView进度条控件与KVO技术就可以实现网页加载进度条功能。在ViewController类中添加UIProgressView属性如下：

```
var progressView:UIProgressView?
```

在ViewController类的viewDidLoad()方法中添加如下代码：

```
//创建进度条控件
progressView = UIProgressView(frame: CGRect(x: 0, y: 0, width:
self.view.frame.size.width, height: 10))
progressView?.progressTintColor = UIColor.green()
progressView?.progress = 0
self.view.addSubview(progressView!)
//对WKWebView实例的estimatedProgress属性进行监听
wkView?.addObserver(self, forKeyPath: "estimatedProgress",
options:NSKeyValueObservingOptions.new, context: nil)
```

在ViewController类中实现如下方法：

```
override func observeValue(forKeyPath keyPath: String?, of object: Any?,
change: [NSKeyValueChangeKey : Any]?, context: UnsafeMutableRawPointer?) {
    if keyPath == "estimatedProgress" {
        progressView?.progress = Float(wkView!.estimatedProgress)
    }
}
```

提　示

KVO（Key-Value-Observe，键值监听）是 iOS 开发中一种常用的属性监听技术，其通过设置监听者来监听某个类的某个属性，当属性值发生改变时就会通知监听者，在回调的通知方法中，开发者可以获取到所监听的属性值的相关信息。

15.5.5　关于 WKUIDelegate 协议

WKUIDelegate协议是处理JavaScript与原生代码交互的一个重要协议，其中主要定义了一些与网页警告框有关的回调方法。重要方法列举如下：

```
//当网页视图被创建时会调用
optional public func webView(_ webView: WKWebView, createWebViewWith
configuration: WKWebViewConfiguration, for navigationAction: WKNavigationAction,
windowFeatures: WKWindowFeatures) -> WKWebView?
//当网页视图被关闭时会调用
optional public func webViewDidClose(_ webView: WKWebView)
```

//JavaScript代码弹出alert()警告框时会调用的原生方法，开发者处理完交互逻辑后，需要调用
completionHandler()闭包进行返回

```
optional public func webView(_ webView: WKWebView,
runJavaScriptAlertPanelWithMessage message: String, initiatedByFrame frame:
WKFrameInfo, completionHandler: () -> Swift.Void)
```

//JavaScript代码弹出confirm()确认框的时候会调用的原生方法，开发者处理完交互逻辑后，需
要调用completionHandler()闭包，这个闭包中需要传入一个Bool类型的参数将用户选择的结果返回

```
optional public func webView(_ webView: WKWebView,
runJavaScriptConfirmPanelWithMessage message: String, initiatedByFrame frame:
WKFrameInfo, completionHandler: (Bool) -> Swift.Void)
```

//JavaScript的prompt事件回调的原生方法，prompt会在网页中弹出输入框，开发者处理完交互
逻辑后，需要调用completionHandler()闭包将用户输入的信息回传

```
optional public func webView(_ webView: WKWebView,
runJavaScriptTextInputPanelWithPrompt prompt: String, defaultText: String?,
initiatedByFrame frame: WKFrameInfo, completionHandler: (String?) -> Swift.Void)
```

提　示

WebKit 框架是 iOS 开发框架中一个比较复杂的框架，也是难点与进阶点。读者在学习的时候注意整体把握，在实战练习中多多理解体会。

15.6　滚动视图 UIScrollView 的应用

移动设备的尺寸有限，通常情况下，当应用的某个界面要显示的内容超出设备屏幕的时候，开发者都会使用滚动视图来处理。例如前面向读者介绍的网页视图WebView，其实质也是滚动视图，用户可以上下滑动屏幕进行网页的浏览。

iOS系统中的滚动视图由UIScrollView类来实现，其是更多复杂界面开发的基础，如后面会向读者介绍的列表视图UITableView、集合视图UICollectionView以及翻页视图控制器UIPageViewController等都是基于UIScrollView扩展而来的高级视图控件。因此，本节的内容既是基础，也是iOS开发学习者掌握更多高级UI试图控件的必经之路。

15.6.1　创建 UIScrollView 滚动视图

读者可以将UIScrollView理解为一块大的画布，我们可以向其中放入任意尺寸的一组视图。使用Xcode开发工具创建一个名为UIScrollViewText的工程，在ViewController类的viewDidLoad()方法中添加如下代码：

```
override func viewDidLoad() {
    super.viewDidLoad()
    //进行UIScrollView的实例化
    let scrollView = UIScrollView(frame: self.view.frame)
    //将滚动视图添加到当前界面
    self.view.addSubview(scrollView)
    //创建两个内容视图
    let subView1 = UIView(frame: self.view.frame)
    subView1.backgroundColor = UIColor.red
    let subView2 = UIView(frame: CGRect(x: self.view.frame.size.width, y:
0, width: self.view.frame.size.width, height: self.view.frame.size.height))
    subView2.backgroundColor = UIColor.blue
    //将内容视图添加进UIScrollView视图中
    scrollView.addSubview(subView1)
    scrollView.addSubview(subView2)
    //设置UIScrollView实例的位置与尺寸
    scrollView.contentSize = CGSize(width: self.view.frame.size.width*2,
height: self.view.frame.size.height)
}
```

上面的示例代码创建了一个尺寸和当前视图控制器界面尺寸相同的UIScrollView视图。需要注意的是，向UIScrollView示例中添加的子视图的尺寸已经超出了当前界面的边界，所以需要设置UIScrollView的contentSize属性来控制滚动视图的可滚动范围，从属性名（内容尺寸）就可以理解，其用来设置UIScrollView滚动视图的内容区域尺寸，如果内容区域的尺寸超出了UIScrollView实例本身的尺寸大小，则当前UIScrollView实例就可以进行滑动来适应其内容区域的尺寸。

运行工程，左右滑动屏幕，效果如图15-38所示。

如果将UIScrollView实例的contentSize属性高度设置为大于UIScrollView本身的高度，滚动视图则会支持纵向的滚动。

在进行滚动视图的滑动操作时，细心的读者可以发现，当用户将滚动视图滑动到边缘时，其实还可以继续拖曳一段距离，而当用户手指离开屏幕后，滚动视图会产生回弹效果。这种阻尼回弹效果是由UIScrollView类的bounces属性决定的，其需要设置为一个Bool值，默认为true，即支持回弹效果，如果设置为false则不支持。还有一个细节，当滚动视图的contentSize比其本身的尺寸小时，则默认不产生阻尼回弹效果，如果开发者需要，可以进行如下设置：

图 15-38　UIScrollView 演示

```
//设置始终开启竖直方向的回弹效果
scrollView.alwaysBounceVertical = true
//设置始终开启水平方向的回弹效果
scrollView.alwaysBounceHorizontal = true
```

当用户对滚动视图进行滑动时，可以看到在右侧或者下侧会出现一个滚动条，开发者可以通过如下属性来设置此滚动条是否显示：

```
//显示竖直方向的滚动条
scrollView.showsVerticalScrollIndicator = true
```

```
//显示水平方向的滚动条
scrollView.showsHorizontalScrollIndicator = false
```

在iOS平台上，许多常见的应用程序都有图片轮播视图控件，可以作为图片查看器或者轮播广告位，其一般是通过UIScrollView来实现的，除了可以滚动查看外，这种轮播器还有一个功能，即自动定位分页。所谓自动定位分页，是指当用户图片滑动轮播器在两个图片之间停下时，如果用户抬起手指，轮播器会自动根据图片显示出的部分尺寸大小进行定位，使轮播器完整显示某一张图片。UIScrollView类中提供了isPagingEnabled属性用来设置是否开启这种定位分页效果：

```
//开启自动定位分页效果
scrollView.isPagingEnabled = true
```

15.6.2　UIScrollViewDelegate 协议介绍

有时候，开发者需要对UIScrollView滑动过程中的状态进行监听，以便完成一些特殊的需求。UIScrollViewDelegate协议中约定的许多方法会在UIScrollView整个活动中有序被调用。首先，在ViewController类中添加遵守UIScrollViewDelegate协议：

```
class ViewController: UIViewController,UIScrollViewDelegate
```

设置UIScrollView实例的代理为当前视图控制器本身，如下：

```
//设置代理
scrollView.delegate = self
```

UIScrollViewDelegate协议中的重要方法及意义列举如下：

```
//当滚动视图滚动时被系统自动调用
optional public func scrollViewDidScroll(_ scrollView: UIScrollView)
//当滚动视图缩放时被系统自动调用
optional public func scrollViewDidZoom(_ scrollView: UIScrollView)
//当滚动视图将要开始拖曳时被系统自动调用
optional public func scrollViewWillBeginDragging(_ scrollView: UIScrollView)
//当滚动视图将要结束拖曳时被系统自动调用
optional public func scrollViewWillEndDragging(_ scrollView: UIScrollView,
withVelocity velocity: CGPoint, targetContentOffset:
UnsafeMutablePointer<CGPoint>)
//当滚动视图已经结束拖曳时被系统自动调用
optional public func scrollViewDidEndDragging(_ scrollView: UIScrollView,
willDecelerate decelerate: Bool)
//当滚动视图将要开始减速时被系统自动调用
optional public func scrollViewWillBeginDecelerating(_ scrollView:
UIScrollView)
//当滚动视图已经结束减速时被系统自动调用
optional public func scrollViewDidEndDecelerating(_ scrollView: UIScrollView)
//当滚动视图将要结束滚动动画时被系统自动调用
optional public func scrollViewDidEndScrollingAnimation(_ scrollView:
UIScrollView)
//通过返回值配置滚动视图中进行缩放操作的子视图
optional public func viewForZooming(in scrollView: UIScrollView) -> UIView?
```

```
//当滚动视图将要开始缩放操作时被系统自动调用
optional public func scrollViewWillBeginZooming(_ scrollView: UIScrollView,
with view: UIView?)
//当滚动视图已经结束缩放时被系统自动调用
optional public func scrollViewDidEndZooming(_ scrollView: UIScrollView, with
view: UIView?, atScale scale: CGFloat)
//通过返回值设置是否允许点击状态栏直接返回顶部
optional public func scrollViewShouldScrollToTop(_ scrollView: UIScrollView)
-> Bool
//当滚动视图通过用户点击状态栏滚动到顶部后会被调用
optional public func scrollViewDidScrollToTop(_ scrollView: UIScrollView)
```

关于滚动视图的缩放操作，下一小节会详细介绍。

提 示

所谓状态栏，是指手机上显示电量与时间的顶部栏。当 UIScrollView 支持竖直方向的滚动时，点击这个状态栏可以使滚动视图直接返回顶部。

15.6.3　UIScrollView 的缩放操作

UIScrollView十分强大，其支持用户对其内部的子视图进行缩放操作，这种场景在相册和许多游戏中十分常见，用户可以通过双指的捏合与扩张手势来对滚动视图中的内容进行缩小或放大。在15.6.2小节中，读者已经知道UIScrollViewDelegate中有协议方法来设置进行缩放的视图，向前面创建的工程中引入一张图片素材，在ViewController类中添加一个UIImageView类型的属性如下：

```
var imageView:UIImageView?
```

修改viewDidLoad()方法中的代码如下：

```
override func viewDidLoad() {
    super.viewDidLoad()
    //进行UIScrollView的实例化
    let scrollView = UIScrollView(frame: self.view.frame)
    //将滚动视图添加到当前界面
    self.view.addSubview(scrollView)
    //设置代理
    scrollView.delegate = self
    imageView = UIImageView(image: UIImage(named: "image"))
    imageView?.frame = self.view.frame
    scrollView.addSubview(imageView!)
    scrollView.contentSize = self.view.frame.size

    //设置缩放限度
    scrollView.minimumZoomScale = 0.5
    scrollView.maximumZoomScale = 2
}
```

实现协议方法如下：

```
func viewForZooming(in scrollView: UIScrollView) -> UIView? {
    return imageView!
}
```

运行工程，在屏幕上进行捏合与扩张操作，可以看到图片视图的缩放，如图15-39～图15-41所示。

图 15-39 正常状态   图 15-40 放大状态   图 15-41 缩小状态

提 示

在模拟器上也可以模拟双指的捏合与扩张手势，按住键盘上的 option 键不放，便会在屏幕上出现两个手指点，然后按住鼠标左键进行捏合与扩张手势的模拟。

15.7 列表视图 UITableView 的应用

列表视图在iOS应用程序中十分常见，例如电商类应用中的商品列表、资讯类应用中的新闻列表、阅读类应用中的文章列表等。在开发中，UITableView视图控件用来进行有关列表视图的相关功能开发。UITableView是一个较为复杂的视图控件，其主要以列表的方式展示一组或多组数据，其数据的填充和界面的渲染都是通过相关的协议方法来实现的。

15.7.1 创建 UITableView 列表

UITableView类继承自UIScrollView类。因此，UITableView其实也是滚动视图，不过UITableView只支持竖直方向的滚动，并且其内部的子视图是多条数据载体UITableViewCell。UITableViewCell类用于创建UITableView中每条数据具体对应的视图。使用Xcode开发工具创建一个名为UITableViewTest的工程。首先，在ViewController类中添加一个数组属性，作为列表中填充数据的数据源：

```
var dataArray:Array<String>?
```

为ViewController类添加遵守的相关协议，代码如下：

```
class ViewController: UIViewController,UITableViewDelegate,
UITableViewDataSource
```

在viewDidLoad()方法中添加如下代码：

```
override func viewDidLoad() {
    super.viewDidLoad()
    //对数据源进行初始化
    dataArray = ["第一行","第二行","第三行","第四行","第五行"]
    //创建UITableView实例
    let tableView = UITableView(frame: self.view.frame, style: .plain)
    //注册Cell
    tableView.register(NSClassFromString("UITableViewCell"),
forCellReuseIdentifier: "TableViewCellId")
    self.view.addSubview(tableView)
    //设置数据源与代理
    tableView.delegate = self
    tableView.dataSource = self
}
```

上面的示例代码中，UITableView的构造方法需要传入两个参数：第1个参数为控件的位置和尺寸，第2个参数为UITableView控件的风格，其枚举值如下：

```
public enum Style : Int {
    //扁平化风格
    case plain
    //分组的风格
    case grouped
}
```

UITableView支持列表的分区，当UITableView的风格为grouped时，每个分区会出现一定间距。UITableView类中的register(_: ,forCellReuseIdentifier:)用于进行数据载体Cell的注册，其进行注册的Cell类需要在对应协议方法中返回。其第一个参数需传入Class类型的数据；第二个参数为一个字符串类型的ID值，通过ID值可以获取注册的Cell类对应的实例。

要使用UITableView控件，必须实现的两个协议方法如下：

```
//设置列表有多少行
func tableView(_ tableView: UITableView, numberOfRowsInSection section:
Int) -> Int {
    return dataArray!.count
}
//设置每行数据的数据载体Cell视图
func tableView(_ tableView: UITableView, cellForRowAt indexPath: IndexPath)
-> UITableViewCell {
    //根据注册的Cell类Id值获取载体Cell
    let cell = tableView.dequeueReusableCell(withIdentifier:
"TableViewCellId", for: indexPath)
    //进行标题的设置
```

```
        cell.textLabel?.text = dataArray?[indexPath.row]
        return cell
    }
```

上面两个方法是UITableView要展示必须实现的方法，用来设置列表的行数和每一行的具体UI展现。运行工程，效果如图15-42所示。

实现如下的协议方法可以设置UITableView的分区数，如果将UITableView的风格设置为grouped，则可以明显看出列表数据被分为两组，如图15-43所示。

```
//设置列表的分区数
func numberOfSections(in tableView: UITableView) -> Int {
    return 2
}
```

UITableView也支持对每个分区的头部和尾部设置一个标题，协议方法实现如下：

```
//设置分区头部标题
func tableView(_ tableView: UITableView, titleForHeaderInSection section:
Int) -> String? {
    return "我是分区头部"
}
//设置分区尾部标题
func tableView(_ tableView: UITableView, titleForFooterInSection section:
Int) -> String? {
    return "我是分区尾部"
}
```

运行工程，效果如图15-44所示。

图 15-42　UITableView
列表视图

图 15-43　grouped 风格的
UITableView 列表

图 15-44　设置分区头尾标题

同样，开发者也可以将UITableView的分区头部或者尾部设置为一个自定义的视图，需要通过如下协议方法来实现：

```
//设置分区的头部视图
func tableView(_ tableView: UITableView, viewForHeaderInSection section:
```

```
Int) -> UIView? {
        let view = UIView(frame: CGRect(x: 0, y: 0, width:
self.view.frame.size.width, height: 120))
        view.backgroundColor = UIColor.red
        return view
    }
    //设置分区的尾部视图
    func tableView(_ tableView: UITableView, viewForFooterInSection section:
Int) -> UIView? {
        let view = UIView(frame: CGRect(x: 0, y: 0, width:
self.view.frame.size.width, height: 50))
        view.backgroundColor = UIColor.green
        return view
    }
    //设置分区头部视图高度
    func tableView(_ tableView: UITableView, heightForHeaderInSection section:
Int) -> CGFloat {
        return 120
    }
    //设置分区的尾部视图高度
    func tableView(_ tableView: UITableView, heightForFooterInSection section:
Int) -> CGFloat {
        return 50
    }
```

运行工程，效果如图15-45所示。

图 15-45　自定义 UITableView 头尾视图

UITableViewDelegate协议与UITableViewDataSource协议中其他重要方法及意义列举如下：

//当Cell将要展示出来时被调用

```
optional public func tableView(_ tableView: UITableView, willDisplay cell:
UITableViewCell, forRowAt indexPath: IndexPath)
```
//当头视图将要展示出来时被调用
```
optional public func tableView(_ tableView: UITableView, willDisplayHeaderView
```

```
view: UIView, forSection section: Int)
    //当尾视图将要展示出来时被调用
    optional public func tableView(_ tableView: UITableView, willDisplayFooterView
view: UIView, forSection section: Int)
    //当Cell已经被展示出来时被调用
    optional public func tableView(_ tableView: UITableView, didEndDisplaying cell:
UITableViewCell, forRowAt indexPath: IndexPath)
    //当头视图已经被展示出来时被调用
    optional public func tableView(_ tableView: UITableView,
didEndDisplayingHeaderView view: UIView, forSection section: Int)
    //当尾视图已经被展示出来时被调用
    optional public func tableView(_ tableView: UITableView,
didEndDisplayingFooterView view: UIView, forSection section: Int)
    //设置Cell高度
    optional public func tableView(_ tableView: UITableView, heightForRowAt
indexPath: IndexPath) -> CGFloat
    //用户将要选中某一行时被调用
    optional public func tableView(_ tableView: UITableView, willSelectRowAt
indexPath: IndexPath) -> IndexPath?
    //用户将要取消选中某一行时被调用
    optional public func tableView(_ tableView: UITableView, willDeselectRowAt
indexPath: IndexPath) -> IndexPath?
    //用户已经选中某一行时被调用
    optional public func tableView(_ tableView: UITableView, didSelectRowAt
indexPath: IndexPath)
    //用户已经取消选中某一行时被调用
    optional public func tableView(_ tableView: UITableView, didDeselectRowAt
indexPath: IndexPath)
```

15.7.2 进行数据载体 UITableViewCell 的自定义

　　系统提供的数据载体类UITableViewCell十分简单，使用它处理一些简单的数据展示十分方便。而更多情况下，开发者需要自定义一个数据载体来进行复杂界面的开发，UITableViewCell类结合XIB文件可以十分方便快捷地开发出自定义数据载体UITableViewCell。

　　模拟开发购物类应用的商品列表页，先来分析商品列表的每条数据载体，一般由商品缩略图、商品名称、商品简介和价格组成。首先在工程中创建一个类作为数据模型类，使其继承自NSObject类，并命名为Product。在Product类中定义如下属性：

```
class Product: NSObject {
    //表示商品名称
    var name:String?
    //表示商品价格
    var price:String?
    //表示商品缩略图
    var imageName:String?
    //表示商品简介
    var subTitle:String?
}
```

创建一个新的类，使其继承自UITableViewCell，并命名为ProductTableViewCell。注意，在创建时要勾选Also create XIB file选项，如图15-46所示。

图 15-46　创建关联 XIB 文件的视图类

XIB文件中会自动创建一个Cell视图并且与ProductTableViewCell类进行关联，开发者可以在其中拖入其他控件进行Cell的布局开发。向XIB文件中拖入一个UIImageView控件与3个UILabel控件，具体排布如图15-47所示。

图 15-47　在 XIB 文件中进行 Cell 布局

将XIB文件Cell上添加的子视图与ProductTableViewCell类进行关联，XIB文件中的视图关联方式与Storyboard文件一致，选择要关联的视图按住键盘Ctrl键不放，将其拖入对应的类中，即可完成关联。关联后，自动生成的代码如下：

```
@IBOutlet weak var price: UILabel!
@IBOutlet weak var proDetail: UILabel!
@IBOutlet weak var proTitle: UILabel!
@IBOutlet weak var iconView: UIImageView!
```

完成了数据模型和数据载体Cell的开发，在ViewController中直接使用即可，首先将数据源数组类型修改如下：

```
var dataArray:Array<Product>?
```

将viewDidLoad()方法中的代码修改如下：

```swift
override func viewDidLoad() {
    super.viewDidLoad()
    //创建测试产品
    let pro1 = Product()
    pro1.imageName = "productImage"
    pro1.name = "杜康酒1500ml罐装"
    pro1.subTitle = "  何以解忧，唯有杜康。纯粮食酿造，国庆大酬宾。"
    pro1.price = "59元"
    let pro2 = Product()
    pro2.imageName = "productImage"
    pro2.name = "杜康酒1500ml罐装"
    pro2.subTitle = "  何以解忧，唯有杜康。纯粮食酿造，国庆大酬宾。"
    pro2.price = "59元"
    //对数据源进行初始化
    dataArray = [pro1,pro2]
    //创建UITableView实例
    let tableView = UITableView(frame: self.view.frame, style: .grouped)
    //注册Cell
    tableView.register(UINib.init(nibName: "ProductTableViewCell", bundle:
nil), forCellReuseIdentifier: "TableViewCellId")
    self.view.addSubview(tableView)
    //设置数据源与代理
    tableView.delegate = self
    tableView.dataSource = self
}
```

上面的代码中有一点需要注意，因为自定义的Cell是通过XIB文件创建的，因此在注册Cell时不再是注册一个类，而是注册一个UINib类的对象。UINib对象用来描述XIB的某个文件。同样，在XIB文件中也需要对Cell视图的Identifier进行设置，需要和此方法注册的Identifier一致。打开XIB文件，选中Cell视图，在右侧的工具栏中找到Identifier选项，将其设置为TableViewCellId，如图15-48所示。

实现或修改协议中的两个方法，代码如下：

```swift
    //设置每行数据的数据载体Cell视图
    func tableView(_ tableView: UITableView, cellForRowAt indexPath: IndexPath)
-> UITableViewCell {
        //获取载体Cell
        let cell:ProductTableViewCell = tableView.dequeueReusableCell
(withIdentifier: "TableViewCellId", for: indexPath) as! ProductTableViewCell
        let model = dataArray![indexPath.row]
        //使用数据模型中的信息对Cell进行设置
        cell.iconView.image = UIImage(named: model.imageName!)
        cell.proTitle.text = model.name
        cell.proDetail.text = model.subTitle
        cell.price.text = model.price
        return cell
    }
    //设置每一行的高度
```

```
func tableView(_ tableView: UITableView, heightForRowAt indexPath:
IndexPath) -> CGFloat {
    return 153
}
```

运行工程，效果如图15-49所示。

图 15-48 设置 Cell 的 Identifier　　　　图 15-49 自定义的商品列表

> **提　示**
>
> 本节主要向读者介绍了在实际开发中，列表视图单元格 Cell 的自定义。数据模型→数据载体→列表的设计思路在实际开发中十分常用，熟练运用这种编程思想，由简入繁，读者很快便可以具备开发复杂列表界面的能力。

15.7.3　UITableView 的编辑模式

对于列表，其除了用于展示信息外，常常还伴随着增、删、改的功能。例如一个用户的收藏列表，用户可能经常会增加新的数据，或者进行移动和删除操作等。UITableView类为开发者封装了一系列增、删、改的接口，可以方便地进行调用以达到所需的效果。

首先，UITableView实例的编辑状态由isEditing属性决定，将前面所编写的工程中的tableView编辑模式打开，代码如下：

```
tableView.isEditing = true
```

此时运行工程，可以看到如果开发者不进行任何设置，则UITableView默认的编辑模式是删除模式，在每个数据载体Cell的右侧会出现一个删除按钮，当用户点击这个删除按钮后，Cell会向左滑动，如图15-50所示。

当然，如果此时读者点击这个Delete按钮，并不会产生效果，点击按钮的触发方法需要开发者通过协议方法来实现。除了删除模式外，UITableView还可以支持插入模式，实现协议方法如下：

```
//返回每行Cell的编辑模式
public func tableView(_ tableView: UITableView, editingStyleForRowAt
```

```
indexPath: IndexPath) -> UITableViewCell.EditingStyle{
        if indexPath.row==0 {
            return .insert
        }else{
            return .delete
        }


    }
    //设置显示的交互按钮的文字
    func tableView(_ tableView: UITableView,
titleForDeleteConfirmationButtonForRowAt indexPath: IndexPath) -> String?{
        if indexPath.row==0 {
            return "插入"
        }else{
            return "删除"
        }
    }
    //点击交互按钮后回调的方法
    public func tableView(_ tableView: UITableView, commit editingStyle:
UITableViewCell.EditingStyle, forRowAt indexPath: IndexPath){
        //根据编辑模式进行不同的逻辑处理
        if editingStyle==UITableViewCell.EditingStyle.delete {
            print("点击了删除按钮")
        }else{
            print("点击了插入按钮")
        }
    }
```

运行工程，效果如图15-51所示。

图 15-50　UITableView 默认的编辑模式

图 15-51　自定义 Cell 交互模式

　　正常情况下，当用户点击插入按钮或者删除按钮时，要在当前列表中插入或者删除一条数据。
开发者要实现插入、删除操作，分成两步：首先对数据源进行修改，前面分析过，关于UITableView
的行数设置，每行具体的数据载体Cell都是通过数据源中的数据来设置的，因此如果要修改列表，
首先应该修改数据源；修改了数据源后，界面并不会立刻发生变化，只有在UITableView进行刷新

操作时，才会根据数据源更新界面。所以，开发者还需要插入或者删除一个数据载体Cell，示例代码如下：

```
        //点击交互按钮后回调的方法
        public func tableView(_ tableView: UITableView, commit editingStyle:
UITableViewCell.EditingStyle, forRowAt indexPath: IndexPath){
            //根据编辑模式进行不同的逻辑处理
            if editingStyle==UITableViewCell.EditingStyle.delete {
                print("点击了删除按钮")
                //先删除数据源中的此条数据
                dataArray?.remove(at: indexPath.row)
                //再从界面上删除此条Cell
                tableView.deleteRows(at: [indexPath], with:
UITableView.RowAnimation.left)
            }else{
                //先向数据源中插入一条数据
                let pro1 = Product()
                pro1.imageName = "productImage"
                pro1.name = "杜康酒1500ml罐装"
                pro1.subTitle = " 何以解忧，唯有杜康。纯粮食酿造，国庆大酬宾。"
                pro1.price = "60元"
                dataArray?.insert(pro1, at: indexPath.row)
                //再向界面中插入一条Cell
                tableView.insertRows(at: [indexPath], with:
UITableView.RowAnimation.fade)
                print("点击了插入按钮")
            }
        }
```

上面的示例代码中，UITableView类实例的删除Cell方法deleteRows(at: ,with:)和插入Cell方法insertRows(at: ,with:)都需要传入两个参数。第1个参数是元素类型为IndexPath的数组，其代表要删除或者插入的分区行，支持多行同时操作；第2个参数为动画效果参数，设置这个参数可以在删除或者插入时附带动画效果。动画参数枚举意义如下：

```
public enum RowAnimation : Int {
    //渐隐渐现
    case fade
    //右侧进入或移出
    case right
    //左侧进入或移出
    case left
    //上侧进入或移出
    case top
    //下侧进入或移出
    case bottom
    //无动画
    case none
    //从中间开始动画
    case middle
    //自动选择动画
```

```
case automatic
}
```

除了增与删外，系统的UITableView还有一个十分强大的编辑功能——"改"。开发者也可以
实现对数据的排序操作。协议方法实现如下：

```
func tableView(_ tableView: UITableView,
moveRowAt sourceIndexPath: IndexPath, to
destinationIndexPath: IndexPath){
        //修改数据源
        let tmp = dataArray![sourceIndexPath.row]
        let tmp2 =
dataArray![destinationIndexPath.row]
        dataArray![sourceIndexPath.row] = tmp2
        dataArray![destinationIndexPath.row] = tmp
}
```

实现了上面的协议方法后运行工程，可以看到当UITableView处
于编辑模式时，每个Cell的右边都会出现一个拖曳按钮，如图15-52
所示，按住并拖曳按钮，可以对Cell进行拖曳排序操作。当拖曳结束
后，会执行上面的协议方法。在这个方法中会将两个要交换位置的
Cell的IndexPath传入，分别为sourceIndexPath与destinationIndexPath。

图 15-52　可移动排序的 Cell

需要注意，界面上的交换操作只是Cell的交换，其数据源的顺序并没有产生任何变化，故开发者需
要手动对数据源中的这两个元素交换位置。

> **提　示**
>
> 上面演示时，为了便于观察移动按钮，将 Cell 的背景颜色修改为灰色，实际上移动操作并
> 不会改变 Cell 的背景颜色。

15.7.4　为 UITableView 添加索引栏

UITableView还有一个十分强大的功能，即添加索引栏。索
引栏是什么呢？举一个小例子就清楚了。在iOS系统联系人应用
中，联系人展示界面采用的就是UITableView列表，并且这个列表
将所有联系人按照姓名首字母进行了分类和排序。在列表右侧会
出现一个索引栏，索引栏上将所有字母进行了排序，当用户点击
索引栏上某个字母后，UITableView列表就会将这个字母对应的联
系人分组展示出来。系统联系人界面如图15-53所示。

首先将前面的工程修改为普通的列表，通过循环的方式向数
据源中插入4条数据，代码如下：

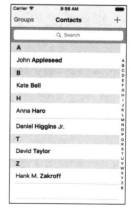

```
dataArray = Array<String>()
for _ in 0...3 {
    dataArray?.append("联系人")
}
```

图 15-53　系统联系人界面

创建一个字符串数组属性，用来存放每个分区的头部标题，如下所示：

```
var titleArray:[String]?
```

将其初始化如下：

```
titleArray = ["#","A","B","C","D","E","F","G","H","更多"]
```

实现下面4个协议方法：

```
//设置列表的分区数
func numberOfSections(in tableView: UITableView) -> Int {
    return 10
}
//设置索引栏标题
func sectionIndexTitles(for tableView: UITableView) -> [String]? {
    return titleArray!
}
//设置分区头部标题
func tableView(_ tableView: UITableView, titleForHeaderInSection section:
Int) -> String? {
    return titleArray![section]
}
//这个方法将索引栏上的文字与具体的分区进行绑定
func tableView(_ tableView: UITableView,
sectionForSectionIndexTitle title: String, at index:
Int) -> Int {
    return index
}
```

图 15-54　为 UITableView
列表添加索引栏

一般情况下，索引栏上的标题顺序与列表中的分区顺序是一一对应的，开发者不需要对tableView(_; sectionForSection-IndexTitle: ,at :)方法做特殊处理，直接返回传递进来的index即可。此时运行工程，效果如图15-54所示，通过手指点击或者在索引栏上滑动，就可以切换UITableView列表中显示的分区。

提　示

UITableView列表视图控件在 iOS 开发中应用十分广泛，不仅可以用来创建每条数据载体完全一致的列表，也可以用来创建不同种类的模板载体列表。在注册 Cell 的时候，开发者可以注册多种 Cell，通过使用不同的 Identifier，在返回 Cell 的协议方法中，根据不同的 Identifier 来获取对应模板的 Cell。

15.8　集合视图 UICollectionView 的应用

UICollectionView 是 比 UITableView 更 加 强 大 的 列 表 视 图，其 也 被 称 为 集 合 视 图。UICollectionView与UITableView相比灵活性更高，但在使用的时候也更复杂一些。UICollectionView的优势列举如下：

（1）UICollectionView支持水平和垂直两种方向的布局。

（2）UICollectionView通过layout层相关类来进行界面的布局配置。

（3）相比于UITableView中的数据载体Cell，UICollectionView中的数据载体Item的尺寸位置设置更加灵活。

（4）通过相关布局协议方法可以动态设置每个数据载体的尺寸。

15.8.1　使用 UICollectionView 实现简单的九宫格布局

九宫格布局是应用程序界面布局中常用的一种布局模型，某些并列关系的功能组成的功能列表采用九宫格这种平铺式布局方式十分适宜。使用UICollectionView控件，开发者可以十分方便地创建九宫格布局。

使用Xcode创建一个名为UICollectionViewText的工程。在ViewController类的viewDidLoad()方法中添加如下代码：

```
override func viewDidLoad() {
    super.viewDidLoad()
    //创建集合视图布局类
    let layout = UICollectionViewFlowLayout()
    //设置布局方向为竖直方向
    layout.scrollDirection = .vertical
    //设置每个数据载体的尺寸
    layout.itemSize = CGSize(width: 100, height: 100)
    //创建集合视图
    let collectionView = UICollectionView(frame: self.view.frame,
collectionViewLayout: layout)
    //设置代理与数据源
    collectionView.delegate = self
    collectionView.dataSource = self
    //注册数据载体类
    collectionView.register(NSClassFromString("UICollectionViewCell"),
forCellWithReuseIdentifier: "itemId")
    self.view.addSubview(collectionView)
}
```

上面的示例代码中，UICollectionViewFlowLayout是系统封装好的一个UICollectionView布局类，其专门用来进行流式布局，其中scrollDirection属性用来设置集合视图的滚动方向，枚举如下：

```
public enum ScrollDirection : Int {
    //竖直方向布局
    case vertical
    //水平方向布局
    case horizontal
}
```

提　示

水平方向是指 UICollectionView 在进行数据载体的排布时，按竖直方向排布，排满后折回第 2 列继续排布，数据载体如果超出 UICollectionView 尺寸，则可以进行水平滚动。竖直方向是指 UICollectionView 在进行数据载体的排布时，按水平方向排布，排满后折回第 2 行继续排布，数据载体如果超出 UICollectionView 尺寸，则可以进行竖直方向滚动。

为**ViewController**类添加相关协议如下：

```
class ViewController: UIViewController,UICollectionViewDelegate,
UICollectionViewDataSource
```

和**UITableView**类似，实现协议的方法如下：

```
//返回分区个数
func numberOfSections(in collectionView: UICollectionView) -> Int {
    return 1
}
//返回每个分区的Item个数
func collectionView(_ collectionView: UICollectionView,
numberOfItemsInSection section: Int) -> Int {
    return 10
}
//返回每个分区具体的数据载体Item
func collectionView(_ collectionView: UICollectionView, cellForItemAt
indexPath: IndexPath) -> UICollectionViewCell {
    let cell = collectionView.dequeueReusableCell(withReuseIdentifier:
"itemId", for: indexPath)
    cell.backgroundColor = UIColor.red
    return cell
}
```

此时运行工程，可以看到界面上已经出现了九宫格样式的布局，如图15-55所示。如果将布局方向改为竖直布局，则效果如图15-56所示。

正常情况下，UICollectionView中的每个数据载体都需要进行用户交互，UICollectionView的用户交互在如下协议方法中处理：

```
func collectionView(_ collectionView: UICollectionView, didSelectItemAt
indexPath: IndexPath) {
    print("第\(indexPath.row)个Item被点击")
}
```

图 15-55 水平布局的九宫格

图 15-56 竖直布局的九宫格

15.8.2 使用 FlowLayout 进行更加灵活的九宫格布局

通过15.8.1小节的介绍，已经很轻松地完成了一个正常的九宫格布局，但是如此中规中矩的布局方式，有时候并不能完全满足开发者的需求。比如，如果需要进行排版的九宫格中每个数据载体Item的尺寸不完全相同，这时就需要开发者通过实现如下协议方法来动态设置每个数据载体Item的尺寸：

```
//动态设置每个Item的尺寸
func collectionView(_ collectionView: UICollectionView, layout
collectionViewLayout: UICollectionViewLayout, sizeForItemAt indexPath: IndexPath)
-> CGSize {
    if indexPath.row%2 == 0 {
        return CGSize(width: 50, height: 50)
    }else{
        return CGSize(width: 100, height: 100)
    }
}
```

需要注意，collectionView(_: ,layout: ,sizeForItemAt:)协议方法定义在UICollectionViewDelegateFlowLayout协议中，这个协议是UICollectionViewDelegate的子协议，因此在实现这个方法之前，读者需要将ViewController所遵守的UICollectionViewDelegate协议修改为UICollectionViewDelegateFlowLayout协议。

运行工程，效果如图15-57所示。

再来分析一下UICollectionViewFlowLayout类，其是官方已经封装好的专门用来进行流式布局的布局配置类，开发者常用的配置属性如下：

```
//设置最小行间距
layout.minimumLineSpacing = 30
//设置最小列间距
layout.minimumInteritemSpacing = 100
//设置头视图尺寸
layout.headerReferenceSize = CGSize(width: self.view.frame.size.width,
```

```
height: 100)
        //设置尾视图尺寸
        layout.footerReferenceSize = CGSize(width: self.view.frame.size.width,
height: 100)
        //设置分区边距
        layout.sectionInset = UIEdgeInsets(top: 10, left: 10, bottom: 10, right: 10)
```

其中minimumLineSpacing属性和minimumInteritemSpacing属性分别用来设置布局中最小的行间距与列间距，UICollectionView在进行布局时，会优先满足设置的最小间距。sectionInset属性可以简单理解为布局区域与四周的边距，例如，默认情况下是从UICollectionView视图的左上角开始布局的，如果设置了边距，就会从边距处开始布局。

运行工程，效果如图15-58所示。

图 15-57　动态设置 UICollectionView 中的 Item 尺寸　　图 15-58　自定义间距与边距的 UICollectionView

开发者同样可以通过UICollectionViewDelegateFlowLayout协议来对上面提到的属性进行动态配置。所谓动态配置，是指不同分区配置为不同的值，协议方法列举如下：

```
//动态配置每个数据载体Item的尺寸大小
public func collectionView(_ collectionView: UICollectionView, layout
collectionViewLayout: UICollectionViewLayout, sizeForItemAt indexPath: IndexPath)
-> CGSize
//动态配置每个分区的边距
collectionView(_ collectionView: UICollectionView, layout
collectionViewLayout: UICollectionViewLayout, insetForSectionAt section: Int) ->
UIEdgeInsets
//动态配置每个分区的最小行间距
public func collectionView(_ collectionView: UICollectionView, layout
collectionViewLayout: UICollectionViewLayout, minimumLineSpacingForSectionAt
section: Int) -> CGFloat
//动态配置每个分区的最小列间距
public func collectionView(_ collectionView: UICollectionView, layout
collectionViewLayout: UICollectionViewLayout,
minimumInteritemSpacingForSectionAt section: Int) -> CGFloat
//动态配置每个分区的头视图尺寸
public func collectionView(_ collectionView: UICollectionView, layout
collectionViewLayout: UICollectionViewLayout, referenceSizeForHeaderInSection
section: Int) -> CGSize
```

```
//动态配置每个分区的尾视图尺寸
public func collectionView(_ collectionView: UICollectionView, layout
collectionViewLayout: UICollectionViewLayout, referenceSizeForFooterInSection
section: Int) -> CGSize
```

15.8.3　实现炫酷的瀑布流布局

瀑布流布局在一些时尚的应用程序中十分常见，当用户已经习惯了中规中矩的布局界面后，不规则、无规律的瀑布流式布局往往会让用户眼前一亮。瀑布流布局应用比较广泛的场景有图片浏览页面、商品列表页面等。

通过前面对UICollectionView和UICollectionViewFlowLayout的介绍，我们了解到：以九宫格的方式排列，局部和宏观上对布局进行自定义使用时，UICollectionViewFlowLayout布局十分方便。但是如果要实现瀑布流布局，即列表中排列紧凑，每个数据载体Item宽度相同而高度随机，系统的UICollectionViewFlowLayout 类 就 有 些 力 不 从 心 了 。 通 常 情 况 下 ， 开 发 者 会 通 过 继 承UICollectionViewFlowLayout类实现自定义的布局类来完成瀑布流布局的需求。

在工程中创建一个新的类，使其继承UICollectionViewFlowLayout类，命名为WaterFallLayout。把它作为瀑布流布局类。首先，UICollectionViewFlowLayout在进行界面布局时，会根据开发者的相关配置计算出每个数据载体Item的布局信息，这个布局信息实际上是UICollectionViewLayoutAttributes类来进行描述的。因此，开发者要实现自定义的布局模型，实际上需要自定义每个数据载体Item对应的UICollectionViewLayoutAttributes。在WaterFallLayout类中定义如下属性：

```
//封装一个属性,用于设置Item的个数
let itemCount:Int
//添加一个数组属性,存放每个Item的布局信息
var attributeArray:Array<UICollectionViewLayoutAttributes>?
```

为WaterFallLayout类添加一个自定义的构造方法如下：

```
//实现必要的构造方法
required init?(coder aDecoder: NSCoder) {
    itemCount=0
    super.init(coder:aDecoder)
}
//自定义一个构造方法
init(itemCount:Int){
    self.itemCount = itemCount
    super.init()
}
```

在UICollectionViewFlowLayout类进行布局配置前，会先调用prepare()方法进行布局准备工作，开发者可以在这个方法中进行自定义布局的配置。在WaterFallLayout类中覆写此方法，代码如下：

```
//这个方法用来准备布局,开发者在其中进行自定义布局设置
override func prepare() {
    //调用父类的准备方法
    super.prepare()
```

```swift
//设置为竖直布局
self.scrollDirection = .vertical
//初始化数组
attributeArray = Array<UICollectionViewLayoutAttributes>()
//先计算每个Item的宽度，默认为2列布局
let WIDTH =
(UIScreen.main.bounds.size.width-self.minimumInteritemSpacing)/2
//定义一个元组表示每一列的动态高度
var queueHeight:(one:Int,two:Int) = (0,0)
//进行循环设置
for index in 0..<self.itemCount {
    //设置IndexPath，默认设置1个分区
    let indexPath = IndexPath(item: index, section: 0)
    //创建布局属性类
    let attris = UICollectionViewLayoutAttributes(forCellWith:
indexPath)
    //随机一个高度 40~190
    let height:Int = Int(arc4random()%150+40)
    //哪一列高度小，则把它放在哪一列下面
    //标记放在哪一列
    var queue = 0
    if queueHeight.one <= queueHeight.two {
        queueHeight.one += (height+Int(self.minimumInteritemSpacing))
        queue=0
    }else{
        queueHeight.two += (height+Int(self.minimumInteritemSpacing))
        queue=1
    }
    //设置Item位置
    let tmpH = queue == 0 ? queueHeight.one-height : queueHeight.
two-height
    attris.frame = CGRect(x: (self.minimumInteritemSpacing+WIDTH)*
CGFloat(queue), y: CGFloat(tmpH), width: WIDTH, height: CGFloat(height))
    //添加到数组中
    attributeArray?.append(attris)
}
//以最大一列的高度作为计算每个Item平均高度的中间值，这样可以保证滑动范围的正确性
if queueHeight.one<=queueHeight.two {
    self.itemSize = CGSize(width: WIDTH, height:
CGFloat(queueHeight.two*2/self.itemCount)-self.minimumLineSpacing)
}else{
    self.itemSize = CGSize(width: WIDTH, height:
CGFloat(queueHeight.one*2/self.itemCount)-self.minimumLineSpacing)
}
}
```

　　如以上代码所示，prepare()方法中对每个数据载体Item的位置都进行了重新配置，除了上面的方法外，还需要覆写如下方法，即 UICollectionViewFlowLayout开始布局时拿到的Item的布局信息数组：

```
        //实现这个方法，将设置好的存放每个Item布局信息的数组返回
        override func layoutAttributesForElements(in rect: CGRect) ->
[UICollectionViewLayoutAttributes]? {
            return attributeArray
        }
```

完成了这些，瀑布流布局类就已经设计完成了。修改ViewController类的viewDidLoad()方法如下：

```
        override func viewDidLoad() {
            super.viewDidLoad()
            //创建瀑布流视图布局类
            let layout = WaterFallLayout(itemCount: 30)
            //创建集合视图
            let collectionView = UICollectionView(frame: self.view.frame,
collectionViewLayout: layout)
            //设置代理与数据源
            collectionView.delegate = self
            collectionView.dataSource = self
            //注册数据载体类
            collectionView.register(NSClassFromString("UICollectionViewCell"),
forCellWithReuseIdentifier: "itemId")
            self.view.addSubview(collectionView)
        }
```

将ViewController类中额外的协议方法注释掉，只实现如下两个协议方法：

```
        //返回每个分区的Item个数
        func collectionView(_ collectionView: UICollectionView,
numberOfItemsInSection section: Int) -> Int {
            return 30
        }
        //返回每个分区具体的数据载体Item
        func collectionView(_ collectionView: UICollectionView, cellForItemAt
indexPath: IndexPath) -> UICollectionViewCell {
            let cell = collectionView.dequeueReusableCell(withReuseIdentifier:
"itemId", for: indexPath)
            //设置一个随机的颜色
            cell.backgroundColor = UIColor(red: CGFloat(arc4random()%255)/255,
green: CGFloat(arc4random()%255)/255, blue: CGFloat(arc4random()%255)/255, alpha:
1)
            return cell
        }
```

运行工程，可以看到界面上显示出了参差不齐的瀑布流布局，如图15-59所示。

自定义UICollectionViewLayout还可以实现更多炫酷的布局效果，例如3D球形布局、圆环布局等。其思路都是对UICollectionViewLayoutAttributes类中的相关数据进行运算与配置，本书中不再做更深入的探讨，读者有兴趣可以根据本节的设计思路和过程进行实现。

图 15-59　瀑布流布局

15.9　模拟面试

（1）简述MVC开发模式的思路。

回答要点提示：

①在MVC中，M是指Model，即数据模型；V是指View，即视图；C是指Controller，即控制器。

②MVC是软件开发中数据与视图分离的一种开发模式。这种模式下，将数据层与视图层进行了分离，在控制器层中对数据进行处理并对视图进行渲染。

③MVC模式的优势在于对于频繁的视图层的修改不会影响数据层，也可能不会影响控制器层，加快迭代速度。

④在iOS开发中，继承自UIViewController的类通常作为视图控制器使用，继承自UIView的类通常属于视图层，数据层需要根据开发者的需求自己封装，通常继承自NSObject类。

核心理解内容：

在进行商业应用的开发时，对MVC模式的深入理解十分重要。在编写代码之前，首先需要设计每一层的结构和相关类的作用。通常，View层的类是通用性最强的，应该提供统一的接口，可以多个场景复用。Controller层的类通用性稍差，通常情况下某些通用性极强的界面可以封装成Controller。Model类几乎没有可复用性，其定义取决于接口设计。

（2）UIViewController的生命周期是什么？

回答要点提示：

①UIViewController的生命周期是指一系列生命周期方法，例如初始化方法、加载完成方法、

将要显示方法、已经显示方法、将要消失方法、已经消失方法、销毁方法等。

②不同的生命周期方法通常用来处理不同的逻辑，例如关于视图控制器初始化相关的代码可以放在初始化方法中，界面的渲染相关代码可以放入视图控制器加载完成方法中，数据的拉取与删除分别放在将要显示与将要消失方法中，相关资源释放的代码放入视图控制器的销毁方法中。

核心理解内容：

熟悉视图控制器每个生命周期函数的作用。

（3）常用的视图控制器的传值方法有哪些？

回答要点提示：

①传值是视图控制器间交互的一种重要方式，在实际开发中，经常会遇到后一个界面的内容取决于用户在前一个界面的选择，这时就需要使用到传值。

②在iOS开发中，传值非常灵活，常用的方法有3种：直接属性传值、代理传值和闭包传值。

③直接属性传值常用来进行正向传值，当一个视图控制器被初始化出来后，可以直接使用这个实例对它的某个属性进行赋值实现传值。

④代理传值可以正向传值，也可以反向传值，正向传值通过代理函数的返回值来传递，反向传值通过代理函数的参数来传递。

⑤闭包是一种更加灵活的传值方式，但是在使用闭包时，一定要额外注意不要产生循环引用。

核心理解内容：

传值是指不同控制器间传递和共享数据，需要熟练掌握开发中常用的各种传值方式。

（4）在使用UITableView时，有什么需要注意的性能问题？

回答要点提示：

①在实际开发中，列表视图是最常用的一种视图控件，商品列表、聊天信息列表、通讯录等界面都是使用UITableView开发的。

②在构建列表界面时，要注意使用ID来对UITableViewCell进行复用，优化内存使用。

③对于复杂的列表视图，如果每行的高度不同，则可以将高度计算后进行缓存，避免多次重复计算造成的性能开销。

④UITableView本身十分强大，灵活使用其分区、分区头尾、列表头尾、索引和编辑模式等可以构建复杂的界面。

核心理解内容：

深入理解UIScrollView与UITableView的应用，熟悉其提供的各种接口的功能。

第 16 章

动画与界面布局技术

静止便是死亡，只有运动才能敲开永生的大门。

—— 拉宾德拉纳特·泰戈尔

　　动画是一道应用程序与用户交互的重要桥梁，尤其是在移动设备上，恰到好处地应用动画可以大大增强应用对用户的吸引力。因此，在iOS应用开发中，动画开发技术是一项必不可少的技能。

　　在早些版本的iOS系统中，由于设备类型较少，屏幕尺寸较为单一，开发者往往会采用绝对布局的方式进行界面开发。如今，随着iOS设备种类的增多，设备的屏幕尺寸也越来越多样化，依然采用绝对布局的方式进行界面开发往往需要开发者做大量的适配工作，时间成本高且效率低。iOS 6.0之后，系统推出了Autolayout自动布局技术，将布局思路由从前的绝对转换到相对，通过约束与自适应，开发者用一套代码就可以在不同尺寸的设备上动态地自动布局，极大地提高了开发效率。

　　本章将向读者介绍iOS系统动画的开发技术和Autolayout自动布局技术。

　　通过本章，你将学习到：

- UIView层动画的应用。
- 通过GIF文件播放动画。
- CoreAnimation核心动画的应用。
- 炫酷的粒子效果。
- 使用Storyboard或XIB文件进行Autolayout布局。
- 使用代码进行Autolayout布局。
- 使用第三方框架SnapKit进行Autolayout布局。
- 将Autolayout布局与动画结合使用。

16.1 使用 UIView 层动画实现属性渐变效果

UIView层动画技术是iOS动画开发中比较上层的API，其封装性较强。在使用时，开发者只需要调用UIView的类方法，将需要进行的动画操作作为闭包参数传入即可。UIView层动画主要用于视图控件的属性过渡或视图切换，例如位置的移动、尺寸的渐变、透明度的渐变、背景色的渐变以及两个视图间的切换过渡动画等。

16.1.1 UIView 层的属性过渡动画

所谓属性过渡动画，是指当视图控件的某些属性发生改变时，将改变过程以渐变的动画效果展现出来。使用Xcode开发工具创建一个名为UIViewAnimation的工程。首先在ViewController类中添加一个UIView视图属性，将这个视图作为执行动画的载体，代码如下：

```
var animationView:UIView?
```

在viewDidLoad()方法中对animationView属性进行初始化操作，代码如下：

```
override func viewDidLoad() {
    super.viewDidLoad()
    //初始化视图
    animationView = UIView(frame: CGRect(x: 100, y: 100, width: 100, height:
100))
    //设置背景色
    animationView?.backgroundColor = UIColor.red
    //将其添加到当前界面视图上
    self.view.addSubview(animationView!)
}
```

为了便于看到动画执行的效果，在ViewController类中实现如下方法：

```
override func touchesBegan(_ touches: Set<UITouch>, with event: UIEvent?)
{
}
```

touchesBegan(_:, with:)方法在用户点击视图控制器的界面时会被调用，我们可以将动画执行的代码编写在这个方法中。当用户点击设备屏幕时，就会执行动画，这对于测试动画效果十分方便。

UIView类中封装的属性过渡动画方法主要有4个，其中最简单的实现方式如下：

```
override func touchesBegan(_ touches: Set<UITouch>, with event: UIEvent?)
{
    //这里采用了后置闭包的写法
    UIView.animate(withDuration: 1) {
      self.animationView?.backgroundColor = UIColor.blue
    }
}
```

上面的示例代码中使用了 UIView 中的 animate(withDuration: , animations:)方法。它需要两个参数：第 1 个参数为动画要执行的时长，第 2 个参数为要执行动画的过渡属性闭包。在这个闭包中，开发者需要将要展示过渡动画的属性修改代码编写进去。如上述代码所示，animationView 的初始背景色为红色，在闭包中将其背景色修改为蓝色，当执行动画时，animationView 视图的背景色会在 1 秒内由红色过渡到蓝色。

UIView 类中定义了另一个属性过渡动画方法，其可以让开发者在动画完成之后继续执行一些操作，通过这个方法，开发者可以十分方便地实现动画的嵌套执行，示例如下：

```
override func touchesBegan(_ touches: Set<UITouch>, with event: UIEvent?) {
    UIView.animate(withDuration: 1, animations: {
        //在 1s 内 animationView 的背景色由红色过渡到蓝色
        self.animationView?.backgroundColor = UIColor.blue
    }) { (finish) in
        //这个闭包会在上一层动画执行完成后调用
        UIView.animate(withDuration: 2, animations: {
            //在 2s 内 animationView 的中心点由(150,150)移动到(150,300)
            self.animationView?.center = CGPoint(x: 150, y: 300)
        })
    }
}
```

运行工程并点击屏幕，可以看到 animationView 首先执行了背景色的过渡动画，之后进行了位置平移动画。通过这个方法，开发者可以十分容易地实现组合动画效果。

UIView 层的第三个属性过渡动画方法除了可以完成以上功能外，还可以进行动画参数与延时的配置，示例如下：

```
override func touchesBegan(_ touches: Set<UITouch>, with event: UIEvent?) {
    UIView.animate(withDuration: 1, delay: 2, options:
[UIView.AnimationOptions.repeat], animations: {
        self.animationView?.backgroundColor = UIColor.blue
    }, completion: nil)
}
```

上面的示例代码的意义是，设置动画的执行时间为 1 秒，延时 2 秒后开始执行，将动画设置为循环执行，即当第一次动画执行结束后，会马上从原始状态开始执行第二次动画。UIView 层动画的 options 参数可以配置为一个数组，其中可以定义多个参数配置。UIViewAnimationOptions 为一个结构体，其中定义了许多动画配置参数的静态属性，列举如下：

```
public struct AnimationOptions : OptionSet {
    //这部分设置动画基础属性
    //设置子视图随父视图展示动画
    public static var layoutSubviews: UIView.AnimationOptions { get }
    //设置动画在执行时允许用户与其交互
    public static var allowUserInteraction: UIView.AnimationOptions { get }
    //设置允许动画在执行时执行新的动画
    public static var beginFromCurrentState: UIView.AnimationOptions { get }
    //设置动画循环执行
    public static var `repeat`: UIView.AnimationOptions { get }
```

```
//设置动画逆向执行
public static var autoreverse: UIView.AnimationOptions { get }
//设置强制使用内层动画的执行时间值
public static var overrideInheritedDuration: UIView.AnimationOptions { get }
//设置强制使用内层动画的变速效果
public static var overrideInheritedCurve: UIView.AnimationOptions { get }
//设置动画视图实时刷新
public static var allowAnimatedContent: UIView.AnimationOptions { get }
//设置视图在切换时隐藏，而不是移除
public static var showHideTransitionViews: UIView.AnimationOptions { get }
//不使用任何动画参数配置
public static var overrideInheritedOptions: UIView.AnimationOptions { get }

//这部分设置动画执行的变速效果
//淡入淡出效果
public static var curveEaseInOut: UIView.AnimationOptions { get }
//淡入效果
public static var curveEaseIn: UIView.AnimationOptions { get }
//淡出效果
public static var curveEaseOut: UIView.AnimationOptions { get }
//线性匀速执行
public static var curveLinear: UIView.AnimationOptions { get }

//这部分设置视图转场效果
//从左侧切入
public static var transitionFlipFromLeft: UIView.AnimationOptions { get }
//从右侧切入
public static var transitionFlipFromRight: UIView.AnimationOptions { get }
//从上到下立体翻入
public static var transitionCurlUp: UIView.AnimationOptions { get }
//从下到上立体翻入
public static var transitionCurlDown: UIView.AnimationOptions { get }
//溶解效果
public static var transitionCrossDissolve: UIView.AnimationOptions { get }
//从上侧切入
public static var transitionFlipFromTop: UIView.AnimationOptions { get }
//从下侧切入
public static var transitionFlipFromBottom: UIView.AnimationOptions { get }
}
```

UIView层的属性过渡动画十分强大，其基本可以满足一般应用开发中的所有过渡效果，上面的代码只演示了背景色与位置的过渡动画，UIView层属性的过渡动画支持的所有属性如下：

- frame：对视图位置和尺寸的修改执行过渡动画。
- bounds：对视图的尺寸修改执行过渡动画。
- center：对视图的中心位置修改执行过渡动画。
- transform：对视图的形态变化执行过渡动画。
- alpha：对视图的透明度修改执行过渡动画。
- backgroundColor：对视图的背景色修改执行过渡动画。

● contentStretch：对视图的内容拉伸方式修改执行过渡动画。

其中contentStretch属性动画不太常用，只有在UIImageView控件中可能会用到，其他属性动画都十分常见。

在iOS 7.0版本之后，UIView类中添加了创建阻尼动画的方法，有了这个方法，开发者可以方便地创建出类似弹簧效果的炫酷动画，示例如下：

```
override func touchesBegan(_ touches: Set<UITouch>, with event: UIEvent?) {
    UIView.animate(withDuration: 2, delay: 0, usingSpringWithDamping: 0.5,
initialSpringVelocity: 0.5, options: [], animations: {
        self.animationView?.center = CGPoint(x: 150, y: 350)
    }, completion: nil)
}
```

animate(withDuration:, delay:, usingSpringWithDamping:, initalSpringVelocity:, options:, animations:, completion:)方法中有两个参数比较特殊，usingSpringWithDamping参数设置阻尼系数，其取值范围为0～1，1表示无弹回效果，0表示剧烈回弹效果；initalSpringVelocity参数设置初始速度，取值范围也是0～1。

16.1.2　UIView 层的转场动画

16.1.1小节为读者介绍了UIView层的属性过渡动画，本小节将为读者介绍UIView层转场动画的应用。属性过渡动画通常用于视图属性改变，而视图本身没有切换的场景，而转场动画通常用于视图间切换的场景，或者视图本身没有切换但视图上的整体内容进行了切换的场景，这会给用户带来视图切换效果的错觉。

使用Xcode开发工具创建一个名为UIViewTransAnimation的工程。同样，在ViewController类中创建一个UIView类型的属性，用于动画演示的载体视图，代码如下：

```
var animationView:UIView?
```

在viewDidLoad()方法中添加如下初始化代码：

```
override func viewDidLoad() {
    super.viewDidLoad()
    //创建视图
    animationView = UIView(frame: CGRect(x: 20, y: 100, width: 280, height: 300))
    animationView?.backgroundColor = UIColor.red
    self.view.addSubview(animationView!)
}
```

实现touchesBegan()测试方法如下：

```
override func touchesBegan(_ touches: Set<UITouch>, with event: UIEvent?){
    UIView.transition(with: animationView!, duration: 3,
options: .transitionCurlUp, animations: {
            //这里可以进行视图上内容的重构
        }, completion: nil)
}
```

UIView类的transition(_ : ,duration : ,options : ,animations : ,completion :)方法用于重构视图，其中第1个参数为要展现动画的视图；第2个参数设置动画执行的时间；第3个参数设置动画的转场效果；第4个参数是一个闭包，其可以编写转场后要执行的代码，一般与视图的修改有关；最后一个参数为动画完成后的回调闭包。这个方法并不会切换掉原视图，只是在原视图上做了一个动画效果，开发者可以将视图要改变部分的代码写在animations闭包中。当然，如果animations闭包中什么都不写，视图依然会执行转场动画，只是转场后的视图与原视图表现一致。运行工程，点击设备屏幕，可以观察到转场动画效果如图16-1所示。

transition(_ : ,duration : ,options : ,animations : ,completion :)方法在做阅读类软件时作用很大，很多情况下，用户对图书的翻页操作并没有真正切换视图控制器，也没有切换视图，只是将当前视图上展示的内容进行了更换，这种场景使用转场动画将十分方便。

UIView类中还提供了另一个用于真正切换视图的转场动画方法，示例如下：

```
override func touchesBegan(_ touches: Set<UITouch>, with event: UIEvent?) {
    let otherView = UIView(frame: CGRect(x: 20, y: 100, width: 280, height:
300))
    otherView.backgroundColor = UIColor.blue
    UIView.transition(from: animationView!, to: otherView, duration: 3,
options: .transitionFlipFromRight, completion: nil)
    }
```

UIView的类方法transition(from: , to: , duration: , options: , completion:)需要两个视图控件作为参数，from参数为被切换的视图，to参数为切换的目标试图，duration参数设置动画执行的时间，options参数设置转场动画的效果，completion参数设置动画执行完成后要执行的操作。需要注意，这个方法的实质是将原视图控件从其父视图上移除，而将新的视图控件添加到原控件的父视图上，其动画效果实际上作用在它们的父视图上，这个方法可以直接切换整个视图控件，对于变化较大或者完全无关联的两种视图的内容切换十分有用。运行工程，点击设备屏幕后，效果如图16-2所示。

图 16-1　重构视图时的转场动画

图 16-2　切换视图时的转场动画

16.2 通过 GIF 文件播放动画

GIF是一种常用的动态图文件格式。iOS开发框架中没有现成的接口供开发者展示GIF动态图，但是可以通过其他方式来达到同样的效果。读者知道，UIImageView类专门来负责图片数据的渲染，同时提供了播放一组图片的帧动画接口。我们可以通过两种方式来播放GIF动态图：一种方式是通过ImageIO框架中的方法将GIF文件中的数据解析成图片数组，使用UIImageView的帧动画接口进行播放；另一种方式是直接通过UIWebView来渲染GIF图，使用浏览器提供的引擎进行播放。

16.2.1 使用原生的 UIImageView 来播放 GIF 动态图

GIF动态图文件中包含一组图片及信息，其中的信息主要用来记录每一帧图片的播放时长。如果开发者在获取到GIF文件中所有图片素材的同时又获取到每一帧图片播放的时间，就可以使用UIImageView类对其进行帧动画的播放。

使用Xcode开发工具创建一个名为GIFAnimation的工程。首先在ViewController中引入ImageIO库，如下：

```
import UIKit
import ImageIO
```

ImageIO是iOS中专门用来处理图片的框架，其中代码比较底层。在ViewController类中封装一个方法，用来对GIF文件进行解析并且将解析后的数据填充到UIImageView实例中进行动画的播放，代码如下：

```
func playGIFOnImageView(name:String,imageView:UIImageView) {
    //创建素材路径
    let path = Bundle.main.path(forResource: name, ofType: "gif")
    //通过路径创建素材url
    let url = URL.init(fileURLWithPath: path!)
    //创建素材实例
    let source = CGImageSourceCreateWithURL(url as CFURL, nil)
    //获取素材中图片的张数
    let count = CGImageSourceGetCount(source!)
    //创建数组用于存放所有图片
    var imageArray = Array<UIImage>()
    //创建数组用于存放图片的宽度
    var imagesWidth = Array<Int>()
    //创建数组用于存放图片的高度
    var imagesHeight = Array<Int>()
    //用于存放 GIF 播放时长
    var time:Int = Int()
    //遍历素材
    for index in 0..<count {
        //从素材实例中获取图片
        let image = CGImageSourceCreateImageAtIndex(source!, index, nil)
```

```
        //将图片加入数组中
        imageArray.append(UIImage(cgImage: image!))
        //获取图片信息数组
        let info = CGImageSourceCopyPropertiesAtIndex(source!, index, nil) as!
Dictionary<String,AnyObject>
        //获取宽高
        let width = Int(info[kCGImagePropertyPixelWidth as String]! as!
NSNumber)
        let height = Int(info[kCGImagePropertyPixelHeight as String]! as!
NSNumber)
        imagesWidth.append(width)
        imagesHeight.append(height)
        //获取时间信息
        let timeDic = info[kCGImagePropertyGIFDictionary as String] as!
Dictionary<String,AnyObject>
        //进行时间累加
        time += Int(timeDic[kCGImagePropertyGIFDelayTime as String] as!
NSNumber)
    }
    //重设 imageView 尺寸
    //由于大部分 GIF 文件中的图片尺寸相同，这里随便取一个即可
    imageView.frame = CGRect(x: 0, y: 100, width: imagesWidth[0], height:
imagesHeight[0])
    //进行动画播放
    imageView.animationImages = imageArray
    imageView.animationDuration = TimeInterval(time)
    imageView.animationRepeatCount = 0
    imageView.startAnimating()
}
```

上面代码中的注释十分清晰，其主要过程是通过解析GIF文件中的数据来获取图片数组、图片尺寸和播放一轮动画所需要的时间。使用viewDidLoad()方法实现如下代码来调用播放GIF动画的函数：

```
override func viewDidLoad() {
    super.viewDidLoad()
    let imageView = UIImageView(frame: CGRect(x: 100, y: 100, width: 200, height:
200))
    self.view.addSubview(imageView)
    self.playGIFOnImageView(name: "animation", imageView: imageView)
}
```

运行工程，可以看到屏幕上循环播放的GIF动态图。

提 示

需要将 GIF 文件导入项目工程内，代码中才可以获取到素材。读者可以直接将 GIF 文件拖入 GIFAnimation 文件夹，如图 16-3 所示。

图 16-3　将 GIF 素材导入工程中

16.2.2　使用 UIWebView 进行 GIF 动态图的播放

通过 ImageIO 框架中的方法可以使原生的 UIImageView 播放 GIF 动态图动画，但是这种方法使用起来十分复杂，如果开发需求仅仅是播放 GIF 动画，使用 UIWebView 控件来加载 GIF 文件将十分方便。在 GIFAnimation 工程中的 ViewController 类中再添加一个方法，如下：

```
func playGIFOnWebView(name:String,webView:UIWebView) {
    //创建素材路径
    let path = Bundle.main.path(forResource: name, ofType: "gif")
    //通过路径创建素材 url
    let url = URL.init(fileURLWithPath: path!)
    //将 GIF 素材读取成 Data 数据
    let imageData = try! Data(contentsOf: url)
    //设置 WebView 不允许滚动
    webView.scrollView.bounces = false
    //设置 WebVIew 背景色透明
    webView.backgroundColor = UIColor.clear
    //设置 WebView 自适应缩放
    webView.scalesPageToFit = true
    //加载 GIF 数据
    webView.load(imageData, mimeType: "image/gif", textEncodingName: "",
baseURL: URL(string: Bundle.main.bundlePath)!)
    }
```

将 viewDidLoad() 方法中的代码修改如下：

```
override func viewDidLoad() {
    super.viewDidLoad()
    let webView = UIWebView(frame: CGRect(x: 100, y: 100, width: 200, height:
200))
    self.view.addSubview(webView)
    self.playGIFOnWebView(name: "animation", webView: webView)
    }
```

运行工程，可以看到屏幕上成功播放出了GIF动态图动画。

提　示
从加载速度上来说，通过 UIImageView 播放 GIF 动画会更快一些，只是使用方式略微复杂。从动画流畅度来说，使用 UIWebView 的方式更胜一筹。

16.3　iOS 开发中的 CoreAnimation 核心动画技术

通过前面章节的学习，应用UIView层封装的动画基本已经可以满足日常开发中的动画需求，读者在遇到一些特殊情况时，想要做到更加灵活、自由地控制动画，就需要使用CoreAnimation框架中的一些类与方法。

16.3.1　初识 CoreAnimation 框架

CoreAnimation框架是基于OpenGL与CoreGraphics图像处理框架的一个跨平台的动画框架。简单来讲，其会帮助开发者将图像文件解析为位图数据，通过硬件处理实现动画效果。图16-4描述了CoreAnimation框架与UIKit框架的关系。

在CoreAnimation框架中，大部分的动画效果都是通过Layer层来实现的，其实每一个UIView视图内部都封装了一个CALayer对象，我们通常将其称为视图的Layer层，其主要作用是对视图进行UI渲染。通过CALayer，开发者可以组织复杂的层级结构，CoreAnimation框架中大多数的动画效果都添加在图层的属性变化上，例如改变图层的位置、尺寸、颜色和圆角半径等。Layer层并不负责视图的展现，它只负责存储视图的属性状态。

图 16-4　CoreAnimation 框架与
UIKit 框架的关系

16.3.2　锚点对视图几何属性的影响

锚点这个概念对于Layer层十分重要，锚点决定了图层的绘制位置以及动画表现时其参照的点。锚点的x轴与y轴的取值范围都是0～1。关于锚点，读者只需牢记如下两个原则：

（1）Layer层的position参照点始终与锚点重合。在Layer层中，虽然也有frame这样的属性，但很少使用，开发者一般会使用bounds和position来确定Layer层绘制的尺寸和位置。

（2）锚点决定视图进行动画时的参照点。当对一个视图进行动画时，都需要一个参照点，例如一个旋转动画，其锚点就决定了视图旋转的中心点位置。对于缩放动画，锚点则决定了放大或者缩小时参照中心点的位置。图16-5演示了不同锚点位置对视图旋转动作的影响。

图 16-5　不同锚点位置对视图动作的影响

提　示

锚点 x 轴和 y 轴的取值范围都是 0~1，其所代表的是锚点在此轴方向上所占的长度比例。(0,0)为左上角，(1,1)为右下角。

另外读者需要注意，Layer层是专门负责绘制图像的层，它也支持三维坐标系的绘制。然而，Layer层并不能接收用户交互事件。

16.3.3　几种常用的 CALayer 子类介绍

Layer层用来进行图形绘制与界面渲染。在CoreAnimation框架中，CALayer作为父类，由于功能差异，其下派生出了许多子类，有专门渲染图像的，有专门渲染文字的，也有专门处理色阶变化的，等等。

CoreAnimation框架中的CALayer子类及其功能列举如下：

- CAEmitterLayer：一个粒子发射器系统，负责粒子的创建和发射源属性的配置。开发者可以通过它轻松创建出炫酷的粒子效果动画，由于CAEmitterLayer相对复杂，后面会进行单独介绍。
- CAGradientLayer：可以创建出色彩渐变的图层效果。
- CAEAGLLayer：可以通过OpenGL ES来进行界面的绘制。
- CAReplicatorLayer：一个图层容器，会对其中的子图层进行复制和属性偏移。开发者可以通过它创建出类似于倒影的效果，也可以进行图层的变换复制。

- **CAScrollLayer**：可以让其管理的多个子层进行滑动，但是只能通过代码进行管理，不能进行用户点按触发。
- **CAShapeLayer**：可以让开发者在图层上直接绘制出自定义的形状。
- **CATextLayer**：用于进行文字的绘制。
- **CATiledLayer**：即瓦片视图，可以分区域绘制，常用于在一张大的图片中分区域绘制。
- **CATransformLayer**：用于构建一些图层变化效果，包括3D效果的图层变换。

下面将通过代码来演示开发中常用的几种Layer层的用法。首先使用Xcode开发工具创建一个名为CALayerTest的工程，每一个UIView对象内部都封装了一个CALayer对象，因此可以直接将要测试的Layer作为子图层添加到这个CALayer对象上。

前面介绍过，CAGradientLayer专门用来创建颜色渐变的图层效果。在ViewController类的viewDidLoad()方法中添加如下代码：

```
override func viewDidLoad() {
    super.viewDidLoad()
    //创建图层对象
    let gradientLayer = CAGradientLayer()
    //设置图层尺寸与位置
    gradientLayer.bounds = CGRect(x: 0, y: 0, width: 100, height: 100)
    gradientLayer.position = CGPoint(x: 100, y: 100)
    //设置要进行色彩渐变的颜色
    gradientLayer.colors = [UIColor.red.cgColor,UIColor.green.cgColor,
UIColor.blue.cgColor]
    //设置要进行渐变的临界位置
    gradientLayer.locations = [NSNumber(value: 0.2),NSNumber(value: 0.5),
NSNumber(value: 0.7)]
    //设置渐变的起始点与结束点
    gradientLayer.startPoint = CGPoint(x: 0, y: 0.5)
    gradientLayer.endPoint = CGPoint(x: 1, y: 0.5)
    //添加到当前视图上
    self.view.layer.addSublayer(gradientLayer)
}
```

需要将CAGradientLayer类的locations属性设置为以NSNumber类型为元素的数组，其中的数组对象为从0~1递增，代表颜色渐变的临界比例。例如上面的示例代码的含义是当红色渲染到1/5后开始向绿色进行渐变，绿色渲染到1/2后开始向蓝色进行渐变，当到达7/10距离后完成渐变过程，开始渲染为纯蓝色。

运行工程，效果如图16-6所示。

需要注意，startPoint与endPoint属性用于设置渐变的起止位置，其取值范围也是0~1，通过这两个属性，开发者可以灵活控制渐变的方向，其(0,0)点为左上角，(1,1)点为右下角。如果读者需要让图层从对角线方向进行色彩渐变，修改这两个属性的代码如下：

```
gradientLayer.startPoint = CGPoint(x: 0, y: 0)
gradientLayer.endPoint = CGPoint(x: 1, y: 1)
```

运行工程，效果如图16-7所示。

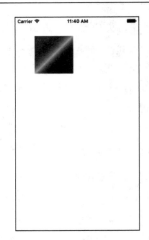

图 16-6　使用 CAGradientLayer 创建颜色渐变图层　　　图 16-7　设置 CAGradientLayer 按对角线方向渐变

　　CAReplicatorLayer类与普通的Layer略有不同，读者可以简单将其理解为一个拷贝视图容器，开发者可以通过它对其中的子Layer层进行拷贝并进行一些差异处理。例如，通过拷贝一个色块使界面展示平移排列的色块组，修改viewdidLoad()方法中的代码如下：

```
override func viewDidLoad() {
    super.viewDidLoad()
    //创建拷贝图层
    let replicatorLayer = CAReplicatorLayer()
    replicatorLayer.position = CGPoint.zero
    //创建内容图层
    let subLayer = CALayer()
    subLayer.bounds = CGRect(x: 0, y: 0, width: 20, height: 20)
    subLayer.position = CGPoint(x: 30, y: 100)
    subLayer.backgroundColor = UIColor.red.cgColor
    replicatorLayer.addSublayer(subLayer)
    //设置每次拷贝将副本沿 x 轴平移 30 个单位
    replicatorLayer.instanceTransform = CATransform3DMakeTranslation(30, 0,
0)
    //设置拷贝副本的个数
    replicatorLayer.instanceCount = 10
    self.view.layer.addSublayer(replicatorLayer)
}
```

　　运行工程，效果如图16-8所示。

　　实际上除了平移拷贝外，CAReplicaLayer也支持对其中的子Layer进行颜色渐变拷贝、3D变换拷贝，用它也可以轻松绘制出倒影效果。

　　CAShapeLayer是图形Layer层，开发者可以通过它自定义一些图形形状。以简单的三角形为例，将viewDidLoad()方法中的代码修改如下：

```
override func viewDidLoad() {
    super.viewDidLoad()
    //创建图层
    let shapeLayer = CAShapeLayer()
```

```
shapeLayer.position = CGPoint.zero
//创建图形路径
let path = CGMutablePath()
//设置路径起点
path.move(to: CGPoint(x: 100, y: 100))
//进行画线
path.addLine(to: CGPoint(x: 300, y: 100))
path.addLine(to: CGPoint(x: 200, y: 200))
path.addLine(to: CGPoint(x: 100, y: 100))
//设置图层路径
shapeLayer.path = path
//设置图形边缘线条起点
shapeLayer.strokeStart = 0
//设置图形边缘线条终点
shapeLayer.strokeEnd = 1
//设置填充规则
shapeLayer.fillRule = CAShapeLayerFillRule.evenOdd
//设置填充颜色
shapeLayer.fillColor = UIColor.red.cgColor
//设置边缘线条颜色
shapeLayer.strokeColor = UIColor.blue.cgColor
//设置边缘线条宽度
shapeLayer.lineWidth = 1
self.view.layer.addSublayer(shapeLayer)
}
```

运行工程，效果如图16-9所示。

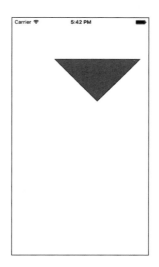

图 16-8　使用 CAReplicatorLayer 进行 Layer 层的拷贝操作　　　图 16-9　使用 CAShapeLayer 进行图形绘制

16.3.4　CoreAnimation 框架中的属性动画介绍

通过前面的学习，读者应该已经对CoreAnimation框架有了简单的认识，本小节将介绍使用CoreAnimation框架进行动画效果的开发。CoreAnimation框架中有一个十分重要的类CAAnimation，这个类是CoreAnimation框架中各种动画类的父类。继承自它而来的动画类主要分为3部分：以CAPropertyAnimation 类 为 体 系 的 属 性 动 画 类 、以 CATransition 为 体 系 的 转 场 动 画 类 和 以CAAnimationGroup为体系的组合动画类。

首先，CAAnimation类中封装了许多与动画相关的基础属性与方法，例如动画执行的变速效果，动画执行过程的代理回调等。CAPropertyAnimation是CAAnimation的一个子类，其用于创建Layer的属性过渡动画。关于属性过渡动画，本书在介绍UIView层动画的时候，就已经详细讲解了属性动画的应用，只是CAPropertyAnimation类所创建的属性动画是作用于Layer层之上的。

实际上， CAPropertyAnimation 类也有两个子类—— CABasicAnimation类与CAKeyframe-Animation类，这两个类分别用于创建基础的属性过渡动画与关键帧属性过渡动画。

使用Xcode开发工具创建一个名为CAAniamtionTest的工程。CoreAnimation框架更为强大的原因在于其直接操作Layer层，而不是View层，因此可以十分便捷地实现UIView层难以做到的属性过渡动画，例如在三维坐标系内的翻转等。

CABasicAnimation类的应用十分简单。在ViewController类的viewDidLoad()方法中添加如下演示代码：

```
override func viewDidLoad() {
    super.viewDidLoad()
    //创建动画实例，keyPath 为要进行属性动画的属性路径
    let basicAni = CABasicAnimation(keyPath: "transform.rotation.z")
    //从 0 度开始旋转
    basicAni.fromValue = NSNumber(value: 0)
    //旋转到 180 度
    basicAni.toValue = NSNumber(value: Double.pi)
    //设置动画播放的时长
    basicAni.duration = 2
    //将动画作用于当前界面的视图 Layer 层上
    self.view.layer.add(basicAni, forKey: nil)
}
```

上面的示例代码中，在对CABasicAnimation类进行实例化时，keyPath参数需设置为进行动画操作的属性，其支持通过点语法对属性进行链式访问。例如transform.rotation.z代表的是图层变换属性中以z轴为中心轴的旋转属性。运行工程，可以看到当前界面视图在2秒内旋转了180度。

CAKeyframeAnimation动画与CABasicAnimation动画十分相似，不同的是CABasicAnimation动画只能设置动画属性变化的起始值与终止值，即上面的示例代码中的fromValue与toValue。而CAKeyframeAnimation动画则可以灵活设置多个过渡值，因此其又被称为关键帧动画。将viewDidLoad()方法中的代码修改如下：

```
override func viewDidLoad() {
    super.viewDidLoad()
```

```
        let keyframeAni = CAKeyframeAnimation(keyPath: "transform.rotation.z")
        keyframeAni.values = [NSNumber(value: 0),NSNumber(value: Double.pi / 4),
NSNumber(value: 0),NSNumber(value: Double.pi)]
        keyframeAni.duration = 3
        self.view.layer.add(keyframeAni, forKey: "")
    }
```

读者应该还记得前面UIView层动画中的阻尼动画，CoreAnimation 框架中也支持，CASpringAnimation类继承自CABasicAnimation类，其用来创建弹簧效果的阻尼动画，示例代码如下：

```
    override func viewDidLoad() {
        super.viewDidLoad()
        let springAni = CASpringAnimation(keyPath: "position.y")
        //模拟重物质量，必须大于 0，默认为 1，会影响惯性
        springAni.mass = 2
        //模拟弹簧劲度系数，必须大于 0，这个值越大则回弹越快
        springAni.stiffness = 5
        //设置阻尼系数，必须大于 0，这个值越大，回弹的幅度越小
        springAni.damping = 2
        springAni.toValue = 300
        springAni.duration = 3
        //创建演示动画的 Layer
        let layer = CALayer()
        layer.position = CGPoint(x: 100, y: 100)
        layer.bounds = CGRect(x: 0, y: 0, width: 100, height: 100)
        layer.backgroundColor = UIColor.red.cgColor
        self.view.layer.addSublayer(layer)
        layer.add(springAni, forKey: "")
    }
```

16.3.5　CoreAnimation 框架中的转场动画与组合动画

CATransition类用来创建转场动画，与CAPropertyAnimation最大的区别在于属性过渡动画用于在图层属性发生变化时展示动画效果，而转场动画则是在Layer层出现时产生动画效果。示例代码如下：

```
    override func touchesBegan(_ touches: Set<UITouch>, with event: UIEvent?) {
        //创建转场动画实例
        let transAni = CATransition()
        //设置转场动画类型
        transAni.type = CATransitionType.push
        //设置转场动画方向
        transAni.subtype = CATransitionSubtype.fromTop
        let layer = CALayer()
        layer.position = CGPoint(x: 100, y: 100)
        layer.bounds = CGRect(x: 0, y: 0, width: 100, height: 100)
        layer.backgroundColor = UIColor.red.cgColor
        layer.add(transAni, forKey: "")
```

```
            self.view.layer.addSublayer(layer)
    }
```

上面的示例代码中，CATranstion类的type属性用于设置转场动画的类型，可选常量如下：

```
//渐入效果
public static let fade: CATransitionType
//移入效果
public static let moveIn: CATransitionType
//压入效果
public static let push: CATransitionType
//溶解效果
public static let reveal: CATransitionType
```

subtype属性主要用于设置转场动画执行的方向，可选常量如下：

```
//从右侧执行
public static let fromRight: CATransitionSubtype
//从左侧执行
public static let fromLeft: CATransitionSubtype
//从上侧执行
public static let fromTop: CATransitionSubtype
//从下侧执行
public static let fromBottom: CATransitionSubtype
```

组合动画CAAnimationGroup十分简单，其用于对多个动画效果进行组合，使其同步展示，示例代码如下：

```
    override func touchesBegan(_ touches: Set<UITouch>, with event: UIEvent?) {
        //创建背景色过渡动画
        let basicAni = CABasicAnimation(keyPath: "backgroundColor")
        basicAni.toValue = UIColor.green.cgColor
        //创建形变动画
        let basicAni2 = CABasicAnimation(keyPath: "transform.scale.x")
        basicAni2.toValue = NSNumber(value: 2)
        //进行动画组合
        let groupAni = CAAnimationGroup()
        groupAni.animations = [basicAni,basicAni2]
        groupAni.duration = 3
        let layer = CALayer()
        layer.position = CGPoint(x: 100, y: 100)
        layer.bounds = CGRect(x: 0, y: 0, width: 100, height: 100)
        layer.backgroundColor = UIColor.red.cgColor
        layer.add(groupAni, forKey: "")
        self.view.layer.addSublayer(layer)
    }
```

16.4　炫酷的粒子效果

前面介绍的所有动画效果都是在开发者完全可控的情形下进行的，然而在实际开发中，开发者时常需要创建一些随机性很强的动画效果。例如天气类应用中，常常会有下雨、下雪的动画效果，雨滴和雪花的运动路径都有一定的随机性。要创建类似这样的动画，就需要使用CoreAnimation框架中的粒子效果技术。

粒子效果，顾名思义是创建以粒子为单位的动画效果。在iOS开发中，使用CAEmitterLayer类可以十分轻松地开发出炫酷的粒子效果动画。

16.4.1　粒子发射引擎与粒子单元

完整的粒子效果图层由两部分组成：一部分是粒子发射引擎，另一部分是粒子单元。读者可以这样简单理解：发射引擎负责粒子发射效果的宏观属性，例如粒子的创建速度、粒子的存活时间、粒子发射的位置等；粒子单元则用来设置具体单位粒子的属性，例如粒子的运行速度、粒子的形变与颜色等。

在粒子效果中，CAEmitterLayer类作为粒子发射引擎，CAEmitterCell类作为粒子发射单元。

关于粒子发射引擎CAEmitterLayer，常用属性与方法列举如下：

```
//设置粒子单元组
open var emitterCells: [CAEmitterCell]?
//设置粒子的创建速率
open var birthRate: Float
//设置粒子的存活时间
open var lifetime: Float
//设置粒子发射引擎在 x-y 平面的位置
open var emitterPosition: CGPoint
//设置粒子发射器在 z 轴上的位置
open var emitterZPosition: CGFloat
//设置粒子发射引擎的尺寸
open var emitterSize: CGSize
//设置粒子发射引擎的景深
open var emitterDepth: CGFloat
//设置粒子发射器的形状
open var emitterShape: String
//设置粒子发射器的发射模式
open var emitterMode: String
//设置粒子发射器的渲染模式
open var renderMode: String
//设置粒子发射的速度
open var velocity: Float
//设置粒子的缩放比例
open var scale: Float
```

```
//设置粒子的旋转程度
open var spin: Float
```

上面列举的属性中，读者可能对3个属性比较疑惑，即emitterShape属性、emitterMode属性和renderMode属性。

emitterShape属性用于设置粒子发射引擎的形状，其可以设置的常量定义如下：

```
//粒子发射引擎为点状
public static let point: CAEmitterLayerEmitterShape
//粒子发射引擎为线状
public static let line: CAEmitterLayerEmitterShape
//粒子发射引擎为矩形形状
public static let rectangle: CAEmitterLayerEmitterShape
//粒子发射引擎为立方体形状
public static let cuboid: CAEmitterLayerEmitterShape
//粒子发射引擎为圆形形状
public static let circle: CAEmitterLayerEmitterShape
//粒子发射引擎为球形形状
public static let sphere: CAEmitterLayerEmitterShape
```

emitterMode属性用于设置粒子发射引擎的发射模式，可以设置的常量定义如下：

```
//粒子从发射器中间发出
public static let points: CAEmitterLayerEmitterMode
//粒子从发射器边缘发出
public static let outline: CAEmitterLayerEmitterMode
//粒子从发射器表面发出
public static let surface: CAEmitterLayerEmitterMode
//粒子从发射器中心发出
public static let volume: CAEmitterLayerEmitterMode
```

renderMode属性用于设置粒子的渲染模式，可以设置的常量定义如下：

```
//这种模式下，粒子是无序出现的，多个粒子单元发射的粒子将混合
public static let unordered: CAEmitterLayerRenderMode
//这种模式下，生命久的粒子将会被渲染在最上层
public static let oldestFirst: CAEmitterLayerRenderMode
//这种模式下，生命短的粒子将会被渲染在最上层
public static let oldestLast: CAEmitterLayerRenderMode
//这种模式下，粒子的渲染按照粒子在 z 轴的位置进行上下排序
public static let backToFront: CAEmitterLayerRenderMode
//这种模式下，粒子将被混合
public static let additive: CAEmitterLayerRenderMode
```

提 示

所谓粒子的生命，是指粒子从创建出来展示在界面上到从界面上消失释放的整个过程。

关于**CAEmitterCell**粒子单元类，其中常用属性与方法列举如下：

```
//设置粒子的创建速率
open var birthRate: Float
```

```
//设置粒子的存活时间
open var lifetime: Float
//设置粒子的存活时间随机范围
open var lifetimeRange: Float
//设置粒子在 z 轴方向的发射角度
open var emissionLatitude: CGFloat
//设置粒子在 x-y 平面的发射角度
open var emissionLongitude: CGFloat
//设置粒子的发射角度随机范围
open var emissionRange: CGFloat
//设置粒子的运行速度
open var velocity: CGFloat
//设置粒子的运行速度随机范围
open var velocityRange: CGFloat
//设置粒子在 x 轴方向上的加速度
open var xAcceleration: CGFloat
//设置粒子在 y 轴方向上的加速度
open var yAcceleration: CGFloat
//设置粒子在 z 轴方向上的加速度
open var zAcceleration: CGFloat
//设置粒子的缩放比例
open var scale: CGFloat
//设置粒子的缩放比例随机范围
open var scaleRange: CGFloat
//设置粒子的缩放速率
open var scaleSpeed: CGFloat
//设置粒子的旋转
open var spin: CGFloat
//设置粒子的旋转随机范围
open var spinRange: CGFloat
//设置粒子的渲染颜色
open var color: CGColor?
//设置粒子颜色中红色的随机范围
open var redRange: Float
//设置粒子颜色中绿色的随机范围
open var greenRange: Float
//设置粒子颜色中蓝色的随机范围
open var blueRange: Float
//设置粒子颜色中透明度的随机范围
open var alphaRange: Float
//设置粒子的内容，可以设置为图片
open var contents: Any?
```

16.4.2　创建火焰粒子效果

学习编程的关键在于练习，本小节将一步一步带领读者实现炫酷的粒子动画效果。使用Xcode开发工具创建一个名为CAEmitterLayerTest的工程，首先向工程中引入一张图片素材，此素材不需要有任何内容，将其作为最小的粒子个体。在ViewController类的viewDidLoad()方法中添加如下代码：

```swift
        override func viewDidLoad() {
            super.viewDidLoad()
            self.view.backgroundColor = UIColor.black
            //配置粒子发射引擎
            let fireEmitter = CAEmitterLayer()
            //设置发射引擎的位置和尺寸
            //将发射引擎放在屏幕底部中间
            fireEmitter.emitterPosition = CGPoint(x: self.view.bounds.size.width/2,
y: self.view.bounds.size.height-20)
            fireEmitter.emitterSize = CGSize(width: self.view.bounds.size.width-100,
height: 20)
            //粒子的渲染模式为混合渲染
            fireEmitter.renderMode = .additive

            //配置粒子单元
            //配置两个粒子单元，一个用来渲染火焰，另一个用来渲染烟雾

            //配置火焰单元
            let fireCell = CAEmitterCell()
            //设置每秒产生 1500 个粒子
            fireCell.birthRate = 1500
            //每个粒子的存活时间为 3 秒
            fireCell.lifetime = 3.0
            //设置粒子的存活时间随机范围为 1.5 秒
            fireCell.lifetimeRange = 1.5
            //设置粒子渲染颜色
            fireCell.color = UIColor(red: 0.8, green: 0.4, blue: 0.2, alpha:
0.1).cgColor
            //设置粒子的内容
            fireCell.contents = UIImage(named: "emtter")?.cgImage
            //设置粒子运动速度为 120
            fireCell.velocity = 120
            //设置粒子运动速度随机范围为 60
            fireCell.velocityRange = 60
            //设置粒子在 x-y 平面的发射角度
            fireCell.emissionLongitude = CGFloat(Double.pi + Double.pi / 2)
            //设置粒子发射角度的随机范围
            fireCell.emissionRange = CGFloat(Double.pi)
            //设置粒子的缩放速率
            fireCell.scaleSpeed = 0.5;
            //设置粒子的旋转
            fireCell.spin = 0.2;

            //配置烟雾粒子
            let smokeCell = CAEmitterCell()
            smokeCell.birthRate = 1000
            smokeCell.lifetime = 4.0
```

```
            smokeCell.lifetimeRange = 1.5
            smokeCell.color = UIColor(red: 1, green: 1,
blue: 1, alpha: 0.05).cgColor
            smokeCell.contents = UIImage(named:
"emtter")?.cgImage
            smokeCell.velocity = 200
            smokeCell.velocity = 100
            smokeCell.emissionLongitude =
CGFloat(Double.pi + Double.pi / 2)
            smokeCell.emissionRange = CGFloat(Double.pi)

            //配置粒子发射引擎的粒子单元
            fireEmitter.emitterCells =
[fireCell,smokeCell]
            self.view.layer.addSublayer(fireEmitter)
    }
```

图 16-10　炫酷的火焰粒子效果

上面的范例代码中创建了两个粒子单元，分别用来渲染火焰粒子和烟雾粒子。在火焰效果中，烟雾往往比火苗更高，因此需要设置烟雾粒子的移动速度比火焰粒子略大且生命比火焰粒子长。运行工程，效果如图16-10所示。

16.5　Autolayout 自动布局技术

在早期的iOS版本中，iOS的设备屏幕尺寸有限，因此在iOS开发中采用的界面布局思路往往是绝对坐标布局，即开发者通过设置视图的frame来确定视图的位置和尺寸。随着iOS设备屏幕尺寸的多样化，绝对布局方式在开发中越来越不适用。在iOS 6之后，系统推出了Autolayout自动布局技术来帮助开发者进行界面布局。Autolayout采用的是相对布局的思路，其可以十分轻松地编写一套代码来适配多种屏幕尺寸以及适配横屏、竖屏模式等。因此，作为iOS开发者，Autolayout自动布局技术是必须掌握的一种技能。

16.5.1　使用 Storyboard 或者 XIB 文件进行界面的自动布局

iPhone设备自带重力感应系统，当用户手持设备的方向不同时，设备会根据传感器自动调整应用程序的横竖屏模式。然而，竖屏模式和横屏模式有着刚好相反的宽高尺寸，使用绝对坐标进行布局的界面在竖屏模式正常，在横屏模式就会错乱。根据不同模式编写两套布局代码不仅费时费力，大大浪费开发资源，也会拖累项目周期，而使用Autolayout自动布局技术就可以很好地解决这个问题。

使用Storyboard或者XIB可视化工具进行界面开发是十分高效的，在Storyboard和XIB中使用Autolayout自动布局技术可以说是相得益彰。使用Xcode开发工具创建一个名为AutolayoutTestOne的工程。在Main.storyboard文件中拖入一个View视图，设置其尺寸为100×100，将其位置设置在界面的中间，如图16-11所示。

图16-11演示的效果以iPhone SE的屏幕尺寸为标准，看起来布局没什么问题，如果使用iPhone 6 或者iPhone 6 Plus来运行，界面如图16-12和图16-13所示，可看到其达不到预期的效果，方块不在中心位置。

图16-11　在界面中添加一个视图块　　　图16-12　在iPhone 6上运行的效果　　　图16-13　在iPhone 6 Plus上运行的效果

如果在iPhone SE上运行，将屏幕横放，其布局效果也与预期不符，如图16-14所示。

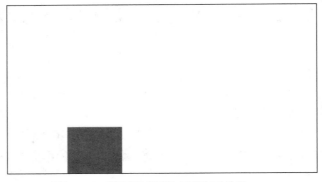

图16-14　横屏模式下的界面布局效果

提　示

在使用模拟器时，如果需要改变模拟器的横竖屏模式，按住键盘上的 Command 键不放，再按键盘上的左右方向键即可。

Autolayout自动布局采用相对布局的设计思想，开发者只需要关注控件与控件之间的位置关系即可，而不用关心控件的尺寸和位置。因此在自动布局中，"约束"这个概念十分重要。开发者在使用自动布局进行界面开发时，目的就是为其添加充分并且无冲突的约束。在Main.storyboard中使用自动布局再次对上面的视图进行居中布局，首先将视图块的宽度和高度统一约束为100个距离单位，选中要添加约束的视图，单击Storyboard界面中的Pin按钮，这时会弹出约束添加菜单，将其中的Width和Height选项设置为100后，进行勾选。之后单击Add 2 Constraints按钮，如图16-15所示。

这样就完成了尺寸约束的添加。

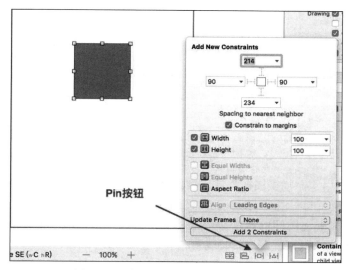

图 16-15　为视图控件添加尺寸约束

　　下面将视图控件约束在其父视图的中心，单击Storyboard界面中的Align按钮，在弹出的菜单中勾选Horizontally in Container和Vertically in Container选项，并将其值设置为0。之后单击Add 2 Constraints按钮完成约束的添加，如图16-16所示。上面两个约束分别表示将当前视图约束在其父视图的水平方向与竖直方向的中心。

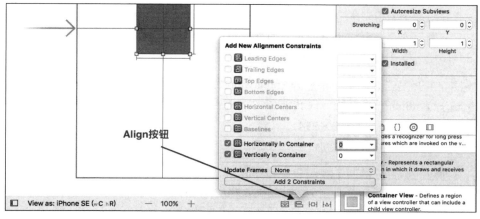

图 16-16　将视图约束在其父视图的中心

　　再次运行工程，在横屏模式下的效果如图16-17所示，在其他尺寸屏幕的设备上运行布局也没有问题。

　　Pin菜单的功能主要是用于添加固定视图控件的约束，其上半部分为设置此控件与离其上、下、左、右最近的视图之间的距离约束值。Width约束视图本身的宽度，Height约束视图本身的高度，Aspect Ratio约束视图的宽高比例为定值，Equal Widths与Equal Heights约束两个视图宽度相等和两个视图高度相等。

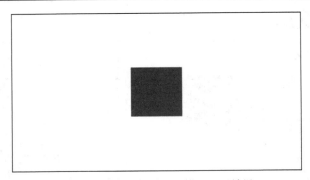

图 16-17　自动布局状态下的横屏显示效果

Align菜单主要用于添加视图控件的对齐约束，其中Leading Edges约束视图控件的左边距，Trailing Edges约束视图的右边距，Top Edges约束视图的上边距，Bottom Edges约束视图的下边距；Horizontal Centers约束视图间的水平中心间距，Vertical Centers约束视图间的竖直中心间距；Horizontally in Container约束视图与其父视图的水平中心间距，Vertically in Container约束视图与其父视图的竖直中心间距。

16.5.2　进行视图间的约束布局

本小节将向读者演示如何在视图间灵活地进行自动布局的约束。首先读者可以先思考一下，如何使用自动布局实现如下效果的界面：

（1）界面被分为上下等分的两部分，两部分之间的间距为20个单位。

（2）上半部分再次分成等分的左右两部分，左右两部分的间距为20个单位。

（3）在任何屏幕尺寸或者横竖屏模式，以上两个条件都满足。

使用Xcode开发工具创建一个名为AutolayoutTestTwo的工程。将Main.storyboard界面中的开发屏幕尺寸选择为iPhone SE模式，向其中拉入3个View视图，分别放在左上、右上和下部分。上半部分的两个视图尺寸设置为150×274，下部分的视图尺寸设置为320×274，之后对其进行约束的添加：

（1）约束上半部分的两个视图宽度和高度相等。

（2）约束左上视图的左边距为0个单位，上边距为0个单位。

（3）约束右上视图的右边距为0个单位，上边距为0个单位。

（4）约束上半部分的两个视图的间距为20个单位。

（5）约束下半部分视图的左边距、右边距、下边距都为0。

（6）约束下半部分视图的高度与左（右）上视图的高度相等。

（7）约束下半部分视图与左（右）上视图间的间距为20个单位。

完成上述约束后，运行工程，在竖屏与横屏模式下的界面效果如图16-18和图16-19所示。

图 16-18 竖屏模式下的界面效果　　　　　图 16-19 横屏模式下的界面效果

> **提　示**
>
> 添加约束时，如果涉及两个视图间的位置或尺寸关系，需要先将两个视图都选中。Autolayout 技术的精髓在于提供充分的约束，但是切莫画蛇添足，矛盾的约束会使 Xcode 抛出异常。在学习 Autolayout 自动布局技术时，要转变传统的布局思维，用相对的思想取代绝对的思想。

16.5.3　使用原生代码进行 Autolayout 自动布局

前面演示了使用Storyboard工具进行界面的Autolayout自动布局，开发起来十分快捷方便，使用纯代码同样可以编写Autolayout自动布局。要使用代码来进行视图间的关系约束，首先一定要将约束对象化。NSLayoutConstraint类就是用来创建Autolayout约束对象的，通过这个类，开发者可以创建所有在Storyboard文件中可以创建的约束。

使用 Xcode 开发工具创建一个名为 AutolayoutTestThree 的工程，在 ViewController 类的 viewDidLoad()方法中添加如下测试代码：

```
override func viewDidLoad() {
    super.viewDidLoad()
    let view = UIView()
    //要使用自动布局，需要将视图的 translatesAutoresizingMaskIntoConstraints 设置
为 false
    view.translatesAutoresizingMaskIntoConstraints = false
    view.backgroundColor = UIColor.red
    //在添加约束之前，需要将视图添加到父视图上
    self.view.addSubview(view)
    //创建约束对象
    let layoutConstraint = NSLayoutConstraint(item: view, attribute: .centerX,
relatedBy: .equal, toItem: self.view, attribute: .centerX, multiplier: 1, constant:
0)
    let layoutConstraint2 = NSLayoutConstraint(item: view,
attribute: .centerY, relatedBy: .equal, toItem: self.view, attribute: .centerY,
```

```
multiplier: 1, constant: 0)
        let layoutConstraint3 = NSLayoutConstraint(item: view, attribute: .width,
relatedBy: .equal, toItem: nil, attribute: .notAnAttribute, multiplier: 1, constant:
200)
        let layoutConstraint4 = NSLayoutConstraint(item: view, attribute:
 .height, relatedBy: .equal, toItem: nil, attribute: .notAnAttribute, multiplier: 1,
constant: 200);
        //为当前界面添加约束
        self.view.addConstraints([layoutConstraint,layoutConstraint2,
layoutConstraint3,layoutConstraint4])
    }
```

上面的测试代码的作用是将一个自定义视图的宽度和高度都约束为200个单位，且将视图的位置约束到其父视图的中心。运行工程，效果如图16-20所示。

在使用代码进行Autolayout自动布局时，首先需要将自动布局的视图控件的translatesAutoresizingMaskIntoConstraints属性设置为false，并且在添加约束之前，将子视图添加到父视图上。

NSLayoutConstraint类用于创建具体的约束对象。其构造方法中，item参数为要添加约束的视图控件，attribute参数需设置为约束的属性，对应NSLayoutAttribute的枚举值，后面会介绍。relatedBy参数为约束的方式，对应NSLayoutRelation类型的枚举，后面会介绍。toItem参数为其约束参照的另一个视图控件，其后的attribute参数为约束的属性。multiplier参数为要进行约束的比例，constant参数设置约束值。

NSLayoutAttribute枚举中定义了所有可以进行约束的属性，常用列举如下：

图16-20　使用代码进行
Autolayout 布局

- left：左侧约束。
- right：右侧约束。
- top：上侧约束。
- bottom：下侧约束。
- leading：正方向的边距约束。
- trailing：逆方向的边距约束。
- width：宽度约束。
- height：高度约束。
- centerX：水平中心约束。
- centerY：竖直中心约束。
- notAnAttribute：无意义。

需要注意，其中notAnAttribute值用于不需要参照视图的约束中，例如约束某个控件的宽度与高度。NSLayoutConstraint构造方法的toItem参数可以设置为nil，其后的attribute参数就可以设置为notAnAttribute。

NSLayoutRelation枚举中定义的约束方式如下：

```
public enum NSLayoutRelation : Int {
```

```
        //实际值要不大于约束值
        case lessThanOrEqual
        //实际值严格等于约束值
        case equal
        //实际值不小于约束值
        case greaterThanOrEqual
}
```

读者可以发现，仅仅是将某个视图约束在界面的中心，开发者就需要编写大量的创建约束的代码，这种方式十分不直观，且工程代码复杂冗余。为了方便代码的编写，Apple团队为开发者提供了另一种创建约束对象的方法——VFL（Visual Format Language，格式化约束语言）创建约束对象。

使用象形的方式帮助开发者将复杂的约束关系转换为NSLayoutConstraint约束对象。例如，如果要创建一个视图，将其左、上、右边距都设置为60个单位，高度设置为200个单位，可以使用如下代码：

```
let view = UIView()
//要使用自动布局，需要将视图的 translatesAutoresizingMaskIntoConstraints
    设置为 false
view.translatesAutoresizingMaskIntoConstraints = false
view.backgroundColor = UIColor.red
//在添加约束之前，需要将视图添加到父视图上
self.view.addSubview(view)
let stringH = "H:|-60-[view]-60-|"
let stringV = "V:|-60-[view(200)]"
let constraintArrayH = NSLayoutConstraint.constraints (withVisualFormat:
stringH, options: NSLayoutConstraint.FormatOptions(), metrics: nil, views:
["view":view])
let constraintArrayV = NSLayoutConstraint.constraints (withVisualFormat:
stringV, options: NSLayoutConstraint.FormatOptions(), metrics: nil, views:
["view":view])
self.view.addConstraints(constraintArrayH)
self.view.addConstraints(constraintArrayV)
```

上面的代码乍看起来令人一头雾水，其实十分容易理解，NSLayoutConstraint类中提供了constraints()方法来将VFL字符串翻译成约束对象。这个方法中的withVisualFormat参数为VFL字符串，views参数要设置为VFL字符串中使用到的视图控件的名称与对应的视图控件对象的映射。在VFL语言中，H代表水平方向的约束，V代表竖直方向的约束，|符号表示父视图的边沿，-60-表示相距60个单位的距离，[]内是要摆放的视图控件的名称，()内为约束值。因此，上面的两句VFL代码可以解释为，约束视图的高度为200个单位，约束其距离父视图左、上、右边距为60个单位。

运行工程，效果如图16-21所示。

图 16-21　使用 VFL 进行约束对象创建

16.5.4 使用第三方框架 SnapKit 进行 Autolayout 自动布局

在Xcode开发工具中直接使用原生代码编写Autolayout布局十分麻烦，使用VFL语句进行约束对象的创建可以减少一部分的工作负担，但代码风格却显得与Swift语言格格不入，并且如果需要对约束进行更新修改，这种方式也不太适用。本小节将为读者介绍使用第三方Autolayout框架SnapKit编写高质量的约束代码。

熟悉Objective-C开发的读者都了解，在Objective-C工程中，有一个必不可少的Autolayout开发框架即Masonry，这个框架采用链式结构，大量使用block语法块，使得开发者在使用代码创建、更新、移除约束时十分方便直观。SnapKit就是Masonry的Swift版本。

向项目中引入第三方框架有两种方式：一种是使用CocoaPods管理工具，这是最方便的一种方式，但是需要开发者在计算机中安装CocoaPods工具，关于CocoaPods工具的安装，互联网上资料很多，本书中不再介绍；第一种是直接下载源码，并将其导入工程中。本小节采用第二种方式为读者进行演示。

首先打开SnapKit的Github仓库地址：https://github.com/SnapKit/SnapKit。需注意，截至编写本书为止，SnapKit的最新版本为5.0.1，如果工程采用的Swift语言为2.x版本，那么需要对应使用SnapKit的0.22.0版本。如果工程采用的Swift语言为3.x版本，那么需要对应使用SnapKit的版本大于等于3.0.0。本书采用SnapKit的5.0.1版本。在SnapKit的Github页面单击Branch按钮，在弹出的菜单中选择Tags版本为5.0.1，如图16-22所示。

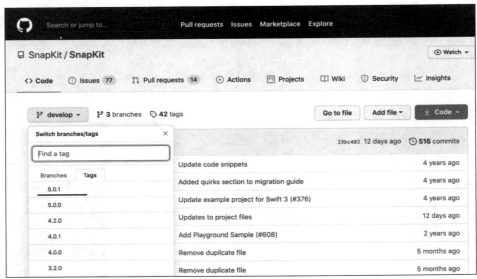

图 16-22　选择 SnapKit 版本为 5.0.1

切换版本之后，单击Clone or download下拉按钮，然后单击Download ZIP按钮进行SnapKit库的下载，如图16-23所示。

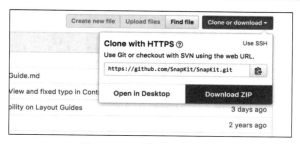

图 16-23　下载 SnapKit 框架

使用Xcode开发工具创建一个名为SnapKitTest的工程，将下载完成的ZIP文件解压，将其中的Source文件夹复制后导入SnapKitTest工程中。在ViewController类的viewDidLoad()方法中添加如下测试代码：

```
override func viewDidLoad() {
    super.viewDidLoad()
    let view = UIView()
    view.backgroundColor = UIColor.red
    //添加约束前，必须将视图添加到其父视图上
    self.view.addSubview(view)
    //使用 SnapKit 添加约束
    view.snp.makeConstraints { (make) in
        make.left.equalTo(20)
        make.right.equalTo(-20)
        make.top.equalTo(20)
        make.bottom.equalTo(-20)
    }
}
```

使用SnapKit添加约束十分简单，将视图添加到其父视图上，使用makeSubConstraints()方法创建约束，在闭包中进行约束的设置。以上代码将视图约束在界面中，与左、右、上、下的边距均为20个单位。

SnapKit也支持链式编程，上面的代码可以修改如下：

```
view.snp.makeConstraints { (make) in
    make.left.top.equalTo(20)
    make.bottom.right.equalTo(-20)
}
```

关于更新和移除约束的操作，在SnapKit中也十分简单，调用如下方法即可：

```
//更新约束
view.snp.updateConstraints { (make) in
//将要更新的约束代码重新编写
}
//移除所有约束
view.snp.removeConstraints()
```

16.6 使用 Autolayout 创建自适应高度的 UITextView 输入框

观察微信、QQ或者其他聊天工具应用中的文本输入框，会发现其非常智能，其高度会随着用户输入文字的行数而进行自适应调整，并且这个输入框的高度调整并非没有限度。当文字的行数达到一定值时，高度保持不变，其UITextView内容区域可以滑动。如果不使用Autolayout进行开发，这样的界面布局功能会十分棘手。

使用Xcode开发工具创建一个名为AutoTextView的工程，将SnapKit的源码导入工程中。首先为ViewContrller类添加遵守UITextViewDelegate协议的代码：

```
class ViewController: UIViewController,UITextViewDelegate
```

为ViewController类添加一个UITextView类型的可选属性，如下：

```
var textView:UITextView?
```

实现viewDidLoad()方法如下：

```
override func viewDidLoad() {
    super.viewDidLoad()
    textView = UITextView()
    //设置边框
    textView?.layer.borderWidth = 1
    textView?.layer.borderColor = UIColor.gray.cgColor
    textView?.delegate = self
    self.view.addSubview(textView!)
    textView?.snp.makeConstraints({ (make) in
        make.leading.equalTo(100)
        make.trailing.equalTo(-100)
        make.top.equalTo(150)
        make.height.equalTo(30)
    })
}
```

在ViewController类中实现监听用户输入文字的UITextViewDelegate协议方法如下：

```
//监听用户输入
func textView(_ textView: UITextView, shouldChangeTextIn range: NSRange,
replacementText text: String) -> Bool {
    if (textView.contentSize.height != textView.bounds.size.height) &&
textView.bounds.size.height<100 {
        textView.snp.updateConstraints({ (reMake) in
            reMake.height.equalTo(textView.contentSize.height)
        })
    }
    return true
```

```
        }
```

在UITextViewDelegate协议方法中，根据用户输入内容的高度重新调整了输入框控件的约束高度，并且在调整之前进行了判断，如果输入框的高度已经不小于100个单位，则不再进行高度的增加。

运行工程，向TextView控件中输入文字。可以观察到，TextView控件已经可以进行自适应的高度调整，但是TextView控件的调整效果十分突兀，如果能将动画技术与Autolayout结合，效果就完美了。

幸运的是，Autolayout自动布局技术也是支持动画操作的，将上面实现的UITextViewDelegate协议方法修改如下：

```
//监听用户输入
 func textView(_ textView: UITextView, shouldChangeTextIn range: NSRange,
replacementText text: String) -> Bool {
        if textView.bounds.size.height>=100 {
          if textView.contentSize.height < textView.bounds.size.height {
             textView.snp.updateConstraints({ (remake) in
                remake.height.equalTo(textView.contentSize.height)
             })
          }
        }
        if (textView.contentSize.height != textView.bounds.size.height) &&
textView.bounds.size.height<100 {
             textView.snp.updateConstraints({ (reMake) in
                reMake.height.equalTo(textView.contentSize.height)
             })
             //将布局变化过程使用动画过渡
             UIView.animate(withDuration: 0.3, animations: {
                self.view.layoutIfNeeded()
             })
        }
        return true
    }
```

再次运行工程，可以看到TextView文本输入框的尺寸调整过程柔和了许多。熟练将Autolayout自动布局技术与UIView层动画技术结合可以让你在界面开发中如鱼得水、效率倍增。

16.7　模拟面试

（1）简述在iOS开发中实现动画的几种方式。

回答要点提示：

①iOS开发中，最常用的动画方式是UIView层的属性动画。

②使用UIView属性动画可以将视图的透明度、位置、尺寸、颜色等变化以动画的方式展现。

③UIImageView支持使用一组Image循环播放来展示动画。

④CoreAnimation是更加强大的动画框架，可以进行Layer层相关动画的变换。

⑤粒子效果是一种更加炫酷的动画，使用CAEmitterLayer可以进行粒子效果开发。

⑥自动布局技术也可以和动画结合使用。

核心理解内容：

精通在iOS中几种使用动画的方法，理解控制动画的参数意义，如动画时间、循环次数、速度、弹性等。

（2）简述自动布局技术在界面开发中的优劣。

回答要点提示：

①自动布局与传统的绝对布局相比，界面布局的思想有转变。

②绝对布局专注于控件的绝对尺寸和绝对位置，需要设置精确的坐标和尺寸大小。

③自动布局则专注于控件之间的相对关系，比如控件间的相对尺寸、间距等。

④绝对布局的优势在于简单，并且可以精确地从代码看出控件的布局状态；劣势是灵活性差、适配性差。

⑤自动布局的劣势在于布局时需要理解各个组件间的相对关系，并且需要更多约束代码；优势是可以自动根据约束关系进行适配。自动布局是当下流行的界面布局开发方式。

核心理解内容：

深刻理解自动布局的核心开发思路，能够分析界面布局中组件间的关系，能够使用SnapKit进行自动布局代码的编写。

第 17 章

网络与数据存储技术

网络正在改变人类的生存方式。

—— 比尔·盖茨

网络在一款应用程序中扮演着至关重要的角色，每一款应用程序都基本应用到了网络的模块。除了一些实时类较强的应用（例如电商类应用、新闻类应用、视频音乐类应用、阅读类应用等）需要使用网络外，具有稳定状态的应用也不能没有网络的支持。单机游戏甚至需要通过网络来添加或购买道具，使游戏趣味性更强。因此，网络技术是开发一款应用程序必不可少的技术之一，使用网络就一定要学会如何处理数据，网络交互的实质就是数据在客户端与服务端进行传输。本章主要讲解在iOS应用程序开发中网络技术的相关使用以及数据的存储方法。

通过本章，你将学习到：

- 使用互联网上公开的API进行网络数据的获取。
- 使用Get方法进行网络请求。
- 使用Post方法进行网络请求。
- 使用UserDefaults进行简单数据的持久化存储。
- 使用Plist文件进行数据持久化处理。
- 使用归档技术对自定义对象进行持久化处理。
- iOS开发中的数据库相关知识。
- Swift语言与Objective-C语言混编。

17.1　获取互联网上公开 API 所提供的数据

在学习如何获取网络数据之前，首先需要准备一个可用的API服务，而如果要自己去准备这些数据并进行服务器的搭建，无疑会增加大量的学习成本。幸运的是，互联网上有很多公开免费的API服务，这些API服务为初学者学习网络技术提供了极大的便利。本节将向读者介绍如何使用天行API来获取API服务。

17.1.1 注册天行 API 会员

在浏览器中输入网址https://www.tianapi.com/，进入天行API的首页，向下滑动到API服务列表界面，如图17-1所示。

若要使用天行API所提供的接口服务，则需要先注册成为天行API会员。拥有天行账号的读者可以直接使用已有账号进行登录，没有天行账号的读者可以在登录界面寻找注册按钮，并注册天行账号，注册界面如图17-2所示，在界面中填入昵称、邮箱、验证码、密码即可。

图 17-1　天行 API 首页　　　　　　　　　图 17-2　注册天行会员

使用天行账号登录天行API后，进入个人中心，在其中可以看到属于自己的apikey，这个值十分重要，天行API中的所有请求都需要使用这个值来进行身份验证，如图17-3所示。

图 17-3　属于自己的 apikey

17.1.2 进行 API 接口测试

在天行API的API服务列表页中选择一个API接口进行测试，例如选择微信精选，之后可以看到关于此接口服务的相关参数信息及返回数据示例。如图17-4所示为请求的参数列表。其中key参数需要设置为个人中心的apikey，用于进行开发者身份验证。

图 17-4 API 服务的参数列表

读者在使用某个API服务之前，可以先通过终端工具进行接口服务的验证，看服务返回的数据是否正常。以此微信精选API服务为例，打开Mac计算机中的终端工具，在其中输入如下命令后，按Enter键，等待数秒，即可看到终端打印出的返回数据，如图17-5所示。在调用接口前，我们首先需要对其进行申请，登录天行API网站后，在要使用的接口详情页中单击"申请接口"按钮即可完成申请。

```
curl  --get --include
"http://api.tianapi.com/wxnew/index?key=APIKEY&num=10"
```

图 17-5 API 服务的返回数据

如以上命令所示，其中APIKEY部分需要替换成天行账号后台的APIKey的值。

从接口服务返回的数据分为两部分：一部分是返回的数据头部信息，另一部分是返回的数据体信息。头部信息中包含返回结果的状态、网络链接的状态等基本信息，数据体中存放的是开发者真正需要的信息数据。

17.1.3 关于 JSON 数据格式

API服务返回的数据一般有两种格式：一种是JSON（JavaScript Object Notation）格式，另一种是XML格式。由于JSON类型更加简洁，处理时相对方便，因此成为移动端常用的接口数据格式。

JSON是一种轻量级的数据交换格式，比较容易理解，其结构和Swift语言中的字典十分类似，主要通过键值对来组合数据，JSON值支持的数据类型及写法格式如表17-1所示。

表 17-1　JSON 值支持的数据类型及写法格式

类型	写法格式
数字	直接书写
字符串	书写在双引号中
数组	书写在中括号中
字典	书写在大括号中
空对象	null

JSON数据有两种结构，这两种结构取决于根数据类型是数组还是字典。如果JSON数据最外层用的是大括号，则此JSON数据为字典结构，在解析时应使用字典对象来接收；如果JSON数据最外层用的是中括号，则此JSON数据为数组结构，在解析时应使用数组对象来接收。

在iOS开发中要进行JSON数据的解析，所解析的数据必须为严格的JSON格式，互联网上有许多在线网站用来校验JSON数据，www.bejson.com提供了免费的JSON数据校验服务，打开www.bejson.com网页，将需要校验的JSON数据复制进数据区，之后单击校验按钮，出现绿色的Valid JSON提示表示所校验的JOSN数据格式正确无误，如图17-6所示。

图 17-6　对 JSON 数据格式进行校验

> **提　示**
>
> 由于 API 服务的数据来自互联网，不能保证其在任何时间都是可用有效的，因此建议读者在使用 JSON 数据前，将请求到的数据通过校验工具进行 JSON 格式的校验，确认数据格式无误后再进行解析操作。

17.2　在 iOS 开发中进行网络数据请求

在iOS开发框架中提供了两个平行的网络请求框架，分别是NSURLConnection框架与URLSession框架。在iOS 7系统之前，只支持使用NSURLConnection进行网络请求，iOS 7之后系统才引入了

URLSession框架，相比之下，URLSession更加灵活强大，并且加入了后台请求的相关能力。本书主要讲解如何使用NSURLSession及其相关类来进行网络数据的获取。

17.2.1 关于 HTTP 网络请求协议

HTTP是一套计算机通过网络进行数据传输的规则协议，是一种无状态的网络协议，无状态是指请求者与服务器之间不需要建立持久的连接，请求完成连接就会关闭。

当请求者向服务端发出请求时，它需要向服务端传递一个数据块，这个数据块需要包含3部分：请求方法、请求头和请求体。同样，当服务端响应了请求，返回的响应数据块也包含3部分：协议状态、响应头和响应体。

HTTP 1.1版本中支持7种请求方法，分别为GET、POST、HEAD、OPTIONS、PUT、DELETE和TARCE。其实不同的请求方法并没有本质上的差别，只是开发者人为约定了一些标识和相应的数据携带手段，来互相表明请求的意义。在移动开发中，常用的两种请求方法为GET方法与POST方法，后面会具体介绍这两种方法应用的异同与场景。

请求头一般会包含请求者的客户端环境和相关配置信息，开发者也可以向其中添加自定义字段，比较常见的是向其中加入验签字段，以供服务端对请求者进行身份验证。

请求体中可以存放请求者向服务端提交的参数字段，使用POST方法进行的请求，参数会添加在请求体中。

GET请求和POST请求是移动端进行网络请求的两种基本方法，GET方法是默认的HTTP请求方法，其常用于简单数据的提交，其参数直接拼接在URL请求链接中，请求效率高，但安全性差且不能传递大量数据。POST方法适合向服务端传递大量的数据，并且其参数会放在请求体中，相对安全一些。在实际开发中，开发者应该根据具体的需求场景选择合适的请求方法。

17.2.2 使用 URLSesstion 进行网络请求

使用Xcode开发工具创建一个名为RequestTest的工程，由于Xcode默认配置只支持HTTPS的网络协议，而API服务目前大多还是HTTP协议，因此读者需要在编写相关代码前对项目工程的Info.plist文件进行一些简单的配置。

在Info.plist文件的根节点中添加一个名为App Transport Security Settings的键，其对应的值为字典类型，再向其中添加一个名为Allow Arbitrary Loads的键，将其值设置为Boolean类型的YES，如图17-7所示。配置完成后，项目便可支持HTTP协议的请求。

首先在ViewController类中添加如下几个属性：

```
//请求 URL 格式化字符串
 let urlString = "http://api.tianapi.com/wxnew/index?key=%@&num=1"
//apikey
let apikey = "ef7f04344615b7ff44a8b3aa78aaxxxx"
```

Key	Type	Value
▼ Information Property List	Dictionary	(15 items)
▼ App Transport Security Settings	Dictionary	(1 item)
Allow Arbitrary Loads	Boolean	YES
Localization native development re...	String	en
Executable file	String	$(EXECUTABLE_NAME)
Bundle identifier	String	$(PRODUCT_BUNDLE_IDENTIFIER)
InfoDictionary version	String	6.0
Bundle name	String	$(PRODUCT_NAME)
Bundle OS Type code	String	APPL
Bundle versions string, short	String	1.0
Bundle version	String	1
Application requires iPhone enviro...	Boolean	YES
Launch screen interface file base...	String	LaunchScreen
Main storyboard file base name	String	Main
▶ Required device capabilities	Array	(1 item)
▶ Supported interface orientations	Array	(3 items)
▶ Supported interface orientations (i...	Array	(4 items)

图 17-7　配置项目支持 HTTP 协议的请求

urlString为请求URL格式化后的字符串，这里采用微信新闻作为演示。此接口请求方式为GET，所以请求参数需拼接在请求地址URL中，通过"?"来分割主机程序地址与参数列表，参数部分使用键值对的方式拼接，多个参数之间要用"&"隔开。在viewDidLoad()方法中编写如下代码：

```
override func viewDidLoad() {
    super.viewDidLoad()
    //创建请求配置
    let config = URLSessionConfiguration.default
    //创建请求 URL
    let url = URL(string: String(format: urlString, apikey))
    //创建请求实例
    let request = URLRequest(url: url!)
    //创建请求 Session
    let session = URLSession(configuration: config)
    //创建请求任务
    let task = session.dataTask(with: request) { (data, response, error) in
        let dictionary = try? JSONSerialization.jsonObject(with: data!,
options: .mutableContainers)
        print(dictionary ?? "未解析到数据")
    }
    //激活请求任务
    task.resume()
}
```

上面的示例代码中，URLSessionConfiguration类用于请求的基础配置，其中default属性、ephemeral属性和background()方法都将返回URLSessionConfiguration类的实例。这3个属性分别代表默认类型的请求、即时类型的请求和后台运行类型的请求。在进行请求之前，需要创建URLRequest类型的请求实例。URLSession类用于对请求的管理，其dataTask()方法用于创建一个请求任务实例，其中的闭包在请求结束后会被调用，闭包中传递进来的data、response、error三个参数分别代表请求的响应体数据、请求的响应数据和请求错误实例。最后请求任务类URLSessionTask调用resume()方法来激活请求任务，当请求结束后，就会调用闭包中的代码块。

　　运行工程，在Xcode开发工具的打印区可以看到请求到的数据内容，如图17-8所示。

　　若要进行POST方法请求，则需要手动设置请求方法，并且参数需要放置进请求体中，代码如下（需要注意将request对象声明为var）：

```
//设置请求方法为 POST
request.httpMethod = "POST"
//设置请求体参数
request.httpBody = "需要传递的参数字符串".data(using: .utf8)
```

图 17-8　打印出的请求数据信息

　　直接从API服务请求到的数据是JSON格式的字符串，要对数据进行使用，开发者首先需要将其转换为数组或者字典，iOS开发框架中提供了对JSON数据解析的类，示例如下：

```
let task = session.dataTask(with: request) { (data, response, error) in
        //将 JSON 数据解析成字典
        let dictionary = try? JSONSerialization.jsonObject(with: data!,
options: .mutableContainers)
        print(dictionary)
    }
```

> **提　示**
>
> 在实际开发中，开发者可以将 JSON 数据解析为字典，再从中取出界面渲染所需要的数据，也可以将界面需要的数据封装成数据模型，通过字典对数据模型的属性进行赋值。同样，开发者也可以选择第三方 JSON 数据解析框架——JSONKit 直接完成这一过程。

17.3　使用 UserDefaults 进行简单数据的持久化存储

　　在一款完整的应用程序中，通常需要对一些用户配置信息进行持久化存储操作。例如有登录功能的应用，当用户成功登录一次后，应用会将用户的登录账号记录在本地，当用户下一次登录时，就不需要再一次输入账号了，选择本地历史账号即可。许多应用程序都有设置功能，比如让用户选择字体大小、背景颜色以及设置是否开启音效等，这些用户配置也需要进行本地的持久化保存，以免用户下一次进入应用程序时配置过的设置选项失效。

17.3.1　使用 UserDefaults 与 Plist 文件进行常见类型数据的存储

在iOS开发中，对于这类有配置意义或者结构简单的、数据量小的数据，一般通过UserDefaults类来完成持续化存储。UserDefaults采用键值对的模式，可以方便地对常见数据类型进行持久化存储操作，其实质是将数据写成Plist文件存在本地。关于Plist文件的更多内容，会在下一小节向读者介绍。

使用Xcode开发工具创建一个名为UserDefaultsTest的工程。在ViewController类的viewDidLoad()方法中添加如下测试代码：

```
override func viewDidLoad() {
    super.viewDidLoad()
    //获取应用程序默认的 userDefaults 实例
    let userDefaults = UserDefaults.standard
    //进行 URL 数据的存储
    userDefaults.set(URL(string: "http://www.baidu.com"), forKey: "urlKey")
    //进行字符串数据的存储
    userDefaults.set("stringValue", forKey: "stringKey")
    //进行 Bool 值数据的存储
    userDefaults.set(true, forKey: "boolKey")
    //进行 Double 类型数据的存储
    userDefaults.set(Double(0.1), forKey: "doubleKey")
    //进行 Float 类型数据的存储
    userDefaults.set(Float(1.5), forKey: "floatKey")
    //进行 Int 类型数据的存储
    userDefaults.set(5, forKey: "intKey")
    //进行字典数据的存储
    userDefaults.set(["1":"一"], forKey: "dicKey")
    //进行数组数据的存储
    userDefaults.set([1,2,3,4], forKey: "arrKey")
    //进行 Data 数据的存储
    userDefaults.set(Data(), forKey: "dataKey")
    //将操作进行同步
    userDefaults.synchronize()
}
```

每一个应用程序，系统都会默认为其创建一个UserDefaults实例，通过UserDefaults类的standard属性可以拿到这个实例对象，通过它可以对常见类型的数据进行持久化存储。由于数据的存储操作与写入磁盘之间有一定的延时，调用synchronize()方法可以将存储的数据立即同步到磁盘。

运行一次工程，完成数据的写入操作，为了验证写入数据是否成功，将viewDidLoad()方法中的代码修改如下：

```
override func viewDidLoad() {
    super.viewDidLoad()
    //获取应用程序默认的 userDefaults 实例
    let userDefaults = UserDefaults.standard
    //获取 URL 数据
```

```
        print(userDefaults.url(forKey: "urlKey"))
        //获取字符串数据
        print(userDefaults.string(forKey: "stringKey"))
        //获取布尔数据
        print(userDefaults.bool(forKey: "boolKey"))
        //获取 Double 数据
        print(userDefaults.double(forKey: "doubleKey"))
        //获取 Float 数据
        print(userDefaults.float(forKey: "floatKey"))
        //获取 Int 数据
        print(userDefaults.integer(forKey: "intKey"))
        //获取字典数据
        print(userDefaults.dictionary(forKey: "dicKey"))
        //获取数组数据
        print(userDefaults.array(forKey: "arrKey"))
        //获取 Data 数据
        print(userDefaults.data(forKey: "dataKey"))
    }
```

再次运行工程可以看到，这次虽然没有进行存储操作，依然获取到了第一次存储的值，说明数据本地化操作成功。

如果要清空一个已经存储过的值，可以调用UserDefaults类的如下实例方法：

```
userDefaults.removeObject(forKey: "doubleKey")
```

提　示

使用 UserDefaults 获取数据的时候，对于对象类型的数据，如果这个键值不存在，则会返回 nil。

17.3.2　使用 Plist 文件进行数据持久化处理

对于Plist文件读者可能并不陌生，在开发中，开发者经常会对工程的配置文件Info.plist进行修改。存储系统配置信息是Plist文件最合适的应用场景之一。

Plist文件的内容实质是使用XML格式编写的，支持的数据类型包括Array、Dictionary、Boolean、Data、Date、Number和String。如果直接使用文本编辑器打开Plist文件，读者会发现其使用标签进行数据定义，直观性和操作性都不强，Xcode开发工具自带Plist文件编辑器，使用它观看和编辑Plist文件都十分方便。

使用Xcode开发工具创建一个名为PlistTest的工程，如果开发者需要在项目中添加一个静态的Plist文件，即类似于工程的Info.plist文件，只读取不修改，可以手动新建一个Plist文件。在Xcode开发工具的导航区右击，选择New File选项，在弹出的窗口中找到Resource部分，选择其中的Property List进行创建，如图17-9所示，将创建出来的Plist文件取名为NewPlist。

通过这种方式创建的Plist文件，其中默认会包含一个名为Root的字典结构，作为此Plist文件的根结构，开发者可以在其中编写自己需要的数据。例如向其中添加两个字段，并分别记录用户的名称和年龄，如图17-10所示。

图 17-9　在项目中创建 Plist 文件

Key	Type	Value
▼ Root	Dictionary	(2 items)
age	String	29
name	String	珲少

图 17-10　向 Plist 文件中添加两个字段

在ViewController类的viewDidLoad()方法中添加如下测试代码：

```
override func viewDidLoad() {
    super.viewDidLoad()
    //获取文件路径
    let path = Bundle.main.path(forResource: "NewPlist", ofType: "plist")
    //将文件内容读成字典
    let dic = NSDictionary(contentsOfFile: path!)
    //数据输出
    print(dic ?? "dic为nil")//为空时，打印信息需要添加默认值
}
```

如此即可将工程中的Plist文件数据读取到内存中，供程序运行中使用。需要注意，这种方式创建的Plist文件，开发者只能在Xcode工程中配置完成，在程序运行时只进行读取，不进行修改，其可以用于一些固定数据的存储，例如省市县列表、地图区域等。

开发者同样可以在程序的运行过程中创建Plist文件，并将其保存在应用程序的沙盒目录中。这种方式创建的Plist文件可以方便地进行增、删、改、查操作。将viewDidLoad()方法中的代码修改如下：

```
override func viewDidLoad() {
    //获取沙盒的用户数据目录
    let path = NSSearchPathForDirectoriesInDomains
(.documentDirectory, .userDomainMask, true).first
    //拼接上文件名
    let fileName = path! + "/NewPlist.plist"
    let dic:NSDictionary = ["name":"jaki","age":"25"]
    //进行写文件
    dic.write(toFile: fileName, atomically: true)
```

```
//对存储的 Plist 文件数据进行读取
let dicRes = NSDictionary(contentsOfFile: fileName)
print(dicRes ?? "dicRes 为 nil")
}
```

17.4　iOS 开发中的归档技术应用

在17.3节中介绍了应用Plist文件进行数据持久化的方法。然而，随着开发的深入，开发者会发现这种方式有很大的局限性。实际开发中用到的数据往往不是简单的基本类型数据，例如用户的信息可能包含很多内容，会将其封装为一种数据模型。又比如游戏中角色的属性十分复杂，需要对各种简单的数据类型进行聚合。因此，将自定义的数据模型数据进行持久化存储，对开发者来说是十分有必要的。

17.4.1　对简单数据类型的归档操作

归档是iOS系统提供给开发者的一种数据存储方式，实际上，大部分原生数据类型都支持归档操作。归档是将一种或者多种数据类型进行序列化的过程。同理，解归档是将序列化的数据进行反序列化的过程。读者需要注意，归档并不是进行持久化处理，而是将各种类型数据序列化成可持久化的数据，然后写入磁盘来实现数据持久化。

要被归档的数据类型都必须遵守**NSCoding**协议，这个协议中的内容如下：

```
public protocol NSCoding {
    public func encode(with aCoder: NSCoder)
    public init?(coder aDecoder: NSCoder)
}
```

NSCoding协议中约定了两个方法：构造器方法是归档方法，在数据进行归档操作时会被调用；encode()方法是解归档方法，在数据进行解归档时会被调用。

使用Xcode开发工具创建一个名为ArchiverTest的工程。在ViewController类的viewDidLoad()方法中添加如下测试代码：

```
override func viewDidLoad() {
    super.viewDidLoad()
    //获取根目录
    let homeDicPath = NSHomeDirectory()
    //创建文件完整路径
    let filePath = homeDicPath + "archiver.file"
    //将字符串数据"jaki"进行归档操作
    NSKeyedArchiver.archiveRootObject("jaki", toFile: filePath)
}
```

以上代码完成了对字符串"jaki"的归档操作，这种方式只能对单一数据进行归档，可以是字典、数据、集合，也可以是整型、浮点型、字符串型数据。将viewDidLoad()方法中的代码修改如下，完成解归档的操作：

```
override func viewDidLoad() {
    super.viewDidLoad()
    //获取根目录
    let homeDicPath = NSHomeDirectory()
    //创建文件完整路径
    let filePath = homeDicPath + "archiver.file"
    //进行解归档
    let name = NSKeyedUnarchiver.unarchiveObject(withFile: filePath)
    //打印数据
    print(name)
}
```

NSKeyedArchiver类的archiveRootObject方法是将归档的数据一并写入磁盘文件，因此在此工程中直接解归档即可获取原先存储的数据。

上面的方法只能对单一数据进行归档存储操作，如果要同时对多个数据进行归档，示例代码如下：

```
//获取根目录
let homeDicPath = NSHomeDirectory()
//创建文件完整路径
let filePath = homeDicPath + "archiver.file"
//创建归档载体数据
let mutableData = NSMutableData()
//创建归档对象
let archiver = NSKeyedArchiver(forWritingWith: mutableData)
//进行年龄数据编码
archiver.encode(24, forKey: "age")
//进行姓名数据编码
archiver.encode("jaki", forKey: "name")
//编码完成
archiver.finishEncoding()
//将数据写入文件
mutableData.write(toFile: filePath, atomically: true)
```

需要重新获取存储的数据时，使用如下代码：

```
//获取根目录
let homeDicPath = NSHomeDirectory()
//创建文件完整路径
let filePath = homeDicPath + "archiver.file"
//将文件读取成 Data 数据
let data = try? Data(contentsOf: URL(fileURLWithPath: filePath))
//创建解归档对象
let unArchiver = NSKeyedUnarchiver(forReadingWith: data!)
//进行年龄的解归档
let age = unArchiver.decodeInt32(forKey: "age")
//进行姓名的解归档
let name = unArchiver.decodeObject(forKey: "name")
//输出数据
print("\(name):\(age)")
```

17.4.2　对自定义数据类型进行归档操作

　　上一小节介绍的归档方法归根结底还是对系统的原生类型数据进行持久化存储，如果归档的作用仅仅如此，那么它和Plist文件相比就没有多少优势了。归档技术的真正应用之处在于其可以对自定义的数据类型进行归档操作，进而实现自定义数据的持久化需求。

　　在ArchiverTest工程中创建一个新的类，使其继承自NSObject类，并命名为People。使其遵守NSCoding协议，并在其中添加两个属性：人名与年龄。在People类中实现NSCoding协议中约定的归档与解归档方法，代码如下：

```
//遵守 NSCoding 协议
class People: NSObject,NSCoding {
    //添加名称和年龄属性
    var name:String?
    var age:NSInteger = 0
    //构造方法
    override init() {
        super.init()
    }
    //解归档方法
    required init?(coder aDecoder: NSCoder) {
        super.init()
        self.name = aDecoder.decodeObject(forKey: "name") as! String?;
        self.age = aDecoder.decodeInteger(forKey: "age")
    }
    //归档方法
    func encode(with aCoder: NSCoder) {
        aCoder.encode(age, forKey: "age")
        aCoder.encode(name, forKey: "name")
    }
}
```

　　在ViewController类中对People类进行归档测试，代码如下：

```
//获取根目录
let homeDicPath = NSHomeDirectory()
//创建文件完整路径
let filePath = homeDicPath + "archive.file"
//创建 People 实例
let people = People()
people.name = "jaki";
people.age = 24
//进行归档
NSKeyedArchiver.archiveRootObject(people, toFile: filePath)

//进行解归档
let getPeople = NSKeyedUnarchiver.unarchiveObject(withFile: filePath) as!
People

print("\(getPeople.name):\(getPeople.age)")
```

提　示

有了归档技术，自定义的数据类型就可以十分灵活地进行归档并写入本地，为开发带来极大的便利。

17.5 数据库在 iOS 开发中的应用

简单地说，数据库是按照数据结构来组织、存储和管理数据的仓库。对于大量的、复杂的数据进行存储、查询、修改、删除等操作，使用数据库将非常有利于数据的管理，在移动系统中，通常会用到一些小型的数据库来进行数据管理。SQLite 是一款小巧轻便的数据库，在 iOS 和 Android 系统中，都对 SQLite 数据库有着良好的支持。

17.5.1 操作数据库常用语句

数据库存在的意义在于其数据的整合与管理能力，所以数据库的核心无非是对数据进行增、删、改、查等操作。SQLite 数据库的操作采用的是 SQL 语句，通过固定格式的语句完成对数据库中数据的相应操作。SQLite 数据库是表结构的数据组织方式，举一个比较直观的应用例子：某个 SQLite 数据库中存储着一个学校的所有班级信息，那么这个数据库中至少应该有两个表，一个表存储所有的班级信息（包括班级名称、人数等信息），另一个表存储所有的学生信息，包含学生姓名、性别、年龄及其所在的班级等。

如下 SQL 语句用于在数据库中创建表：

```
create table class(num integer PRIMARY KEY,name text NOT NULL DEFAULT "1班",
count integer CHECK(count>10))
```

上面的语句代码可以简化成如下格式：

```
create table 表名(参数名1 类型 修饰条件, …)
```

其中，create table 为建表语句的固定语法，括号内设置这张表中每条数据所拥有的字段，SQLite 数据库支持的数据类型如表 17-2 所示。

表 17-2　SQLite 数据库支持的数据类型

数据类型	意　义	数据类型	意　义
smallint	短整型	text	字符串型
integer	整型	binary	二进制数据型
real	实数型	blob	二进制大对象型
float	单精度浮点型	boolean	布尔类型
double	双精度浮点型	date	日期类型
currency	长整型	time	时间类型
varchar	字符型	timestamp	时间戳类型

在使用建表语句时，可以为表中的字段设置一些修饰条件，常用的修饰方式如表17-3所示。

表 17-3　常用的修饰方式

修饰关键词	意　义
PRIMARY KEY	将此字段设置为主键，主键的值必须是唯一的，例如编号，可以作为数据的索引
NOT NULL	标记这个字段为空字段，添加数据时，这个字段必须有值
UNIQUE	标记本字段的值是唯一的，不可重复
DEFAULT	为这个字段设置默认值
CHECK	设置字段的检查条件，写入条件时，当满足此检查条件时才可以进行写入

下面的SQL语句用来进行表中数据的添加操作：

```
insert into class(num,name,count) values(2,"三年 2 班",58)
```

上面的语句可以简化为如下格式：

```
insert into 表名(参数1,…) values(值1,…)
```

insert into是向表中插入数据的固定语法，其中紧接着需要拼写数据的表名，后面是参数列表与对应的值列表，参数的顺序可以是任意的，但要和后面设置的值一一对应。

如果要对某个表的结构添加一个新的字段，可以使用如下语句：

```
alter table class add newKey text
```

上面的语句可以简化为如下格式：

```
alter table 表名 add 字段名 字段类型
```

如下的SQL语句可以实现对表中数据的修改操作：

```
update class set num=3,name="新的班级" where num=1
```

上面的语句可以简化为如下格式：

```
update 表名 set 字段1=值1, 字段2=值2 where 修改条件
```

需要注意，如果不设置修改条件，将会对表中所有数据都进行修改。以上示例语句只修改了当班级编号等于1时的班级数据。

要删除表中的一条数据，使用如下语句：

```
delete from class where num=1
```

上面的语句可以简化为如下格式：

```
delete from 表名 where 条件
```

如果要直接删除一张表，可以使用如下语句：

```
drop table class
```

简化格式如下：

```
drop table 表名
```

查询操作是数据库操作中最为复杂的一种操作，也是数据库的核心功能，SQLite提供了许多查询命名可以便捷地完成复杂的查询功能。

查询某个表中某个字段对应的值，使用如下的sql语句：

```
select num from class
```

上面的语句可以简化为如下格式：

```
select 字段名,字段名... from 表名
```

如果需要查询所有数据，可以使用通配符"*"，示例如下：

```
select * from class
```

如果要对查询到的数据进行排序，可以使用如下语句：

```
select * from class order by count asc
```

上面的语句可以简化为如下格式：

```
select 字段名,字段名... from 表名 order by 要进行排序的字段 排序规则
```

排序方式支持asc与desc，其中asc为升序排列，desc为降序排列。

对于查询操作，SQLite也支持对查询数据的位置及条数进行显示，示例语句如下：

```
select * from class limit 2 offset 10
```

上面的语句表示查询所返回的最大数据数量为2，从查询到的第10条数据之后开始返回。简化格式如下：

```
select 字段名,字段名... from 表名 limit 最大条数 offset 查询起始位置
```

如下语句可以实现对表中数据进行条件查询：

```
select * from class where num>2
```

上面的语句可以简化为如下格式：

```
select 字段名,字段名... from 表名 where 查询条件
```

下面的语句可以查询出某个表中某些字段共有多少条数据：

```
select count(*) from class
```

简化格式如下：

```
select count(字段名,字段名...) from 表名
```

在查询操作中，也支持进行去重查询，可使用如下语句：

```
select distinct num from class
```

简化格式如下：

```
select distinct 字段名 from 表名
```

17.5.2　可视化数据库管理工具 MesaSQLite 的简单应用

上一小节向读者介绍了SQLite数据库的简单应用，为了便于观察效果，读者可以在计算机上安装一款可视化的SQLite数据库管理工具。在MacOS系统上，MesaSQLite是一款十分轻巧的SQLite数据库编辑软件，其中除了支持使用图形界面对数据库进行操作外，也可以运行SQL语句来操作数据库，这对初学者来说十分有益。MesaSQLite软件的下载地址为https://mesasqlite.soft32.com/。

安装完成MesaSQLite软件后，打开软件，单击导航栏中的File选项，在弹出的菜单中选择新建一个SQLite数据库文件，也可以选择打开一个已经存在的数据库文件。这里选择New DataBase，如图17-11所示。

将新建的数据库取名为ClassDB，观察MesaSQLite数据库工具，可以发现其主要分为5个功能，分别是Content、Views、SQL Query、Structure与Triggers，如图17-12所示。其中SQL Query功能模块的作用是通过SQL语句操作数据库。

图 17-11　使用 MesaSQLite 软件新建一个数据库文件

图 17-12　MesaSQLite 工具的 5 个功能模块

读者可以通过SQL Query功能模块来对上一小节学习的SQL语句进行编写练习。在SQL语句编写区域写入SQL语句，之后单击Run Query按钮即可执行命令。建表操作示例如图17-13所示。

图 17-13　运行建表语句

MesaSQLite软件的Structure功能模块用来展示数据库结构，里面有所有的表信息，开发者也可以在这个图形界面中进行建表和表字段的设计，如图17-14所示。

图 17-14   Structure 功能模块展示

使用SQL语句向class表中添加两条数据，之后在MesaSQLite工具的Content界面可以对表中的数据进行查询操作，如图17-15所示。

图 17-15   Content 功能模块展示

MesaSQLite工具可以帮助开发者十分直观地看到数据库中表的结构，并且支持SQL语句与图形化操作两种方式进行数据操作，这对于学习SQLite数据库很有帮助。

17.5.3   libsqlite3 数据库操作库简介

熟悉Objective-C的读者应该了解，在使用Objective-C语言进行iOS应用开发时，如果需要操作SQLite数据库，系统的libsqlite3库可以提供很好的支持。然而libsqlite3库是使用C语言编写的，且Swift语言中没有原生的模块可以支持对SQLite数据库进行操作，这就需要使用到Xcode开发工具的Objective-C与Swift混编功能，可以通过Objective-C来操作SQLite数据库，并且提供接口，在Swift文件中调用Objective-C的方法。

在sqlite3库中，操作数据库是通过一个sqlite3类型的指针完成的。以下示例代码用于打开一个数据库文件：

```
//这个指针用来对数据库进行操作
sqlite3 *sqlite;
```

//下面的方法用于打开一个数据库文件，其中第 1 个参数为数据库文件的路径，第 2 个参数为 sqlite3 指针的地址

```
sqlite3_open(dataBaePath, &sqlite)
```

sqlite3_open()方法用于打开一个数据库文件，需要注意，这个方法将返回一个Int类型的整数值，在libsqlite3库中大多数对数据库操作的方法都会返回一个整型值作为状态码，其代表着此操作的执行结果，这些状态码的宏定义如下：

```
#define SQLITE_OK             0    //操作成功
/* 以下是错误代码 */
#define SQLITE_ERROR          1    /* SQL 数据库错误或者丢失 */
#define SQLITE_INTERNAL       2    /* SQL 内部逻辑错误 */
#define SQLITE_PERM           3    /* 没有访问权限 */
#define SQLITE_ABORT          4    /* 回调请求终止 */
#define SQLITE_BUSY           5    /* 数据库文件被锁定 */
#define SQLITE_LOCKED         6    /* 数据库中有表被锁定 */
#define SQLITE_NOMEM          7    /* 分配空间失败 */
#define SQLITE_READONLY       8    /* 企图在只读属性的数据库中进行写操作 */
#define SQLITE_INTERRUPT      9    /* 通过 sqlite3_interrupt()方法终止操作*/
#define SQLITE_IOERR          10   /* 磁盘发生错误 */
#define SQLITE_CORRUPT        11   /* 数据库磁盘格式不正确 */
#define SQLITE_NOTFOUND       12   /* 调用位置操作码 */
#define SQLITE_FULL           13   /* 由于数据库已满造成的添加数据失败 */
#define SQLITE_CANTOPEN       14   /* 无法打开数据库文件 */
#define SQLITE_PROTOCOL       15   /* 数据库锁协议错误 */
#define SQLITE_EMPTY          16   /* 数据库为空 */
#define SQLITE_SCHEMA         17   /* 数据库模式更改 */
#define SQLITE_TOOBIG         18   /* 字符或者二进制数据超出长度 */
#define SQLITE_CONSTRAINT     19   /* 违反协议终止 */
#define SQLITE_MISMATCH       20   /* 数据类型不匹配 */
#define SQLITE_MISUSE         21   /* 库使用不当 */
#define SQLITE_NOLFS          22   /* 使用不支持的操作系统 */
#define SQLITE_AUTH           23   /* 授权拒绝 */
#define SQLITE_FORMAT         24   /* 辅助数据库格式错误 */
#define SQLITE_RANGE          25   /* sqlite3_bind 第二个参数超出范围 */
#define SQLITE_NOTADB         26   /* 打开不是数据库的文件 */
#define SQLITE_NOTICE         27   /* 来自 sqlite3_log()的通知 */
#define SQLITE_WARNING        28   /* 来自 sqlite3_log() 的警告*/
#define SQLITE_ROW            100  /* sqlite3_step()方法准备好了一行数据 */
#define SQLITE_DONE           101  /* sqlite3_step() 已完成执行*/
```

提　示

宏定义是 C 语言中的一种语法，Swift 语言并不支持宏定义，读者可以将宏定义理解为简单的替换操作，例如#define SQLITE_OK 0 代表着在程序中的 SQLITE_OK 和数字 0 是等价的。

使用libsqlite3库执行非查询类的语句，例如创建、添加、删除、更新等操作，使用如下方法：

```
//字符指针，用于接收错误信息
char * err;
//数据库操作指针
sqlite3 *sql;
//这个方法执行非查询类 SQL 语句，第 1 个参数为 sqlite3 指针，第 2 个参数为 SQL 语句字符串
sqlite3_exec(sql, sqlStr, NULL, NULL, &err);
```

对于查询语句的执行会比较复杂一些，示例代码如下：

```
//数据库操作指针
sqlite3 * sqlite;
//游标
sqlite3_stmt *stmt =nil;
//准备执行查询工作
int code = sqlite3_prepare_v2(sqlite, sqlStr, -1, &stmt, NULL);
//进行循环取值
while (sqlite3_step(stmt)==SQLITE_ROW) {
    //获取第一列文本数据
    char * cString =(char*)sqlite3_column_text(stmt, 0);
    //获取第二列整型数据
    int number = sqlite3_column_int64(stmt, 1)];
    }
//关闭游标
sqlite3_finalize(stmt);
```

上面的示例代码中，stmt是一个数据位置游标指针，用于标记查询到的数据位置。sqlite3_step()方法用于对stmt游标进行移动，这个操作会逐行进行移动，并且返回一个整型值，如果这个值与SQLITE_ROW 宏相对应，则表明此行有数据，可以通过 while 循环来对数据进行读取。sqlite3_column_xxx()方法用于取出行中每一列的数据，根据数据类型的不同，sqlite3_column_xxx()有一系列对应的方法，其中第1个参数为游标，第2个参数为要获取数据所在的列数，以0开始计算。查询完成后，需要使用sqlite3_finalize()方法来对stmt游标进行关闭。

17.5.4　在 iOS 工程中调用 libsqlite3 库操作数据库

首先使用Xcode开发工具创建一个名为SQLiteLibTest的工程，在工程中引入libsqlite库，方法如图17-16所示。

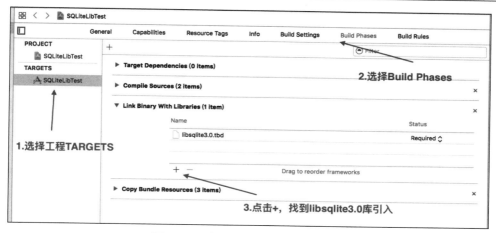

图 17-16 向工程中引入 libsqlite3.0 库

由于需要借用Objective-C来对libsqlite3.0库进行操作，因此需要对工程配置一个桥接文件，用来支持Swift语言与Objective-C语言的混编。在工程中新建一个文件，将文件类型选择为头文件，如图17-17所示，将其命名为bridgeHeader。

在工程中配置桥接文件的过程如图17-18所示。

图 17-17 在工程中创建一个头文件

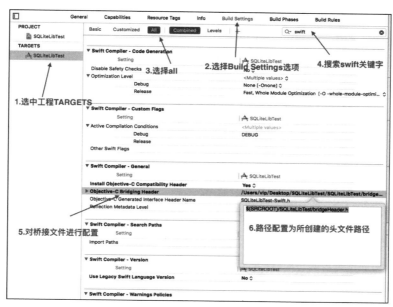

图 17-18 配置桥接文件的过程

在工程中新创建一个类，用来操作libsqlite3.0库，将其语言选择为Objective-C，并命名为Objective-C_Hander，如图17-19所示。

图 17-19　创建 Objective-C 类文件

在ObjectiveC_Hander.h文件中编写如下代码：

```
#import <Foundation/Foundation.h>
//引入头文件
#import <sqlite3.h>
@interface ObjectiveC_Hander : NSObject
//创建一个执行非查询语句的方法
+(void)runNormalSql:(NSString *)sqlString;
//创建一个查询数据的方法
+(void)selectSql;
@end
```

ObjectiveC_Hander.m文件中所实现的代码如下：

```
#import "ObjectiveC_Hander.h"
@implementation ObjectiveC_Hander
+(void)runNormalSql:(NSString *)sqlString{
    sqlite3 * _sqlite3_db;
    NSString * path = NSSearchPathForDirectoriesInDomains(NSDocumentDirectory,
NSUserDomainMask, YES).firstObject;
    NSString * file = [NSString stringWithFormat:@"%@/myDB.sqlite",path];
    sqlite3_open([file UTF8String], &_sqlite3_db);
    char * err;
    int code = sqlite3_exec(_sqlite3_db, [sqlString UTF8String], NULL, NULL,
&err);
    if (code==SQLITE_OK) {
        NSLog(@"执行成功");
    }else{
        NSLog(@"执行失败");
    }
}
+(void)selectSql{
    sqlite3 * _sqlite3_db;
    NSString * path = NSSearchPathForDirectoriesInDomains(NSDocumentDirectory,
```

```
NSUserDomainMask, YES).firstObject;
        NSString * file = [NSString stringWithFormat:@"%@/myDB.sqlite",path];
        sqlite3_open([file UTF8String], &_sqlite3_db);
        sqlite3_stmt *stmt;
        sqlite3_prepare_v2(_sqlite3_db, [@"select * from Student" UTF8String], -1,
&stmt, NULL);
        while (sqlite3_step(stmt)==SQLITE_ROW) {
            NSString * name = [NSString stringWithCString:sqlite3_column_text(stmt,
0) encoding:NSUTF8StringEncoding];
            int age = sqlite3_column_int(stmt, 1);
            NSLog(@"name:%@,age:%d",name,age);
        }
    }
    @end
```

在桥接头文件bridgeHander.h中导入ObjectiveC_Hander.h头文件，代码如下：

```
#ifndef bridgeHeader_h
#define bridgeHeader_h
#import "ObjectiveC_Hander.h"
#endif /* bridgeHeader_h */
```

在ViewController.swift文件的viewDidLoad()方法中添加如下测试代码：

```
override func viewDidLoad() {
    super.viewDidLoad()
    //调用 Objective-C 文件中的类执行 SQL 语句
    ObjectiveC_Hander.runNormalSql("create table Student(name text PRIMARY
KEY,age integer DEFAULT 15)")
    ObjectiveC_Hander.runNormalSql("insert into Student(name,age) values(\"
珲少\",25)")
    }
```

运行工程后，找到创建的数据库文件，使用可视化工具MesaSQLite将其打开，可以看到其中所建的表和插入的数据，如图17-20所示。

图 17-20　myDB.sqlite 数据库中的表和数据

提　示
读者可以通过在代码中打印其路径字符串得到模拟器的沙盒位置。

由于本书的重点并不在Objective-C，本小节只为读者简单介绍，读者只需了解使用Swift语言

调用libsqlite3.0库的方法及原理即可。

17.6 使用 CoreData 框架进行数据管理

CoreData是iOS开发中一个专门进行数据管理的框架，其无论在性能还是书写便利上都有很大的优势。官方强烈推荐开发者使用CoreData框架来进行数据管理，更是声称使用CoreData框架可以减少开发者50%以上的代码量。CoreData框架的强大可见一斑。

17.6.1 使用 CoreData 框架进行数据模型设计

前面介绍了SQLite数据库的相关使用，对于常规的数据模型建表，SQLite处理起来问题不大，但是如果数据模型间有复杂的交互，例如一个班级表中有班主任这个字段，而班主任又属于另一张教职工人员表，这时使用SQLite数据库操作就显得比较烦琐。并且，SQLite的操作需要基于SQL语句，其无法直接与Swift语言中的类建立映射关系，这为实际开发带来了极大的不便。而CoreData框架的一大优势是可以方便地建立数据关系和进行模型映射。

使用Xcode开发工具创建一个名为CoreDataTest的工程，在创建工程时，勾选Use Core Data复选框，如图17-21所示。

图 17-21 创建工程

创建完成后，可以看到在Xcode工具的文件导航区多了一个以xcdatamodeld为后缀的文件，这个文件就是所创建的模型文件。单击这个文件，在工作区选择Add Entity选项来添加一个实体，读者可以将这里的实体简单理解为SQLite数据库中的一张表，其用来描述一种数据类型信息，在实体的Attributes设置栏中可以为实体添加属性，这里添加的属性就类似于SQLite数据库中的表字段。将新建的实体改名为SchoolClass，并为其添加studentCount与name两个属性，如图17-22所示。

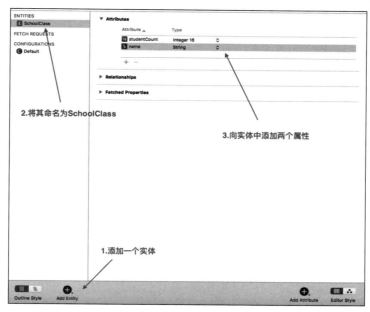

图 17-22　添加并设置实体的过程

以同样的方式再创建一个名为Student的学生实体，为其添加name和age属性，表示学生的姓名和年龄。

学生实体和班级实体间往往会产生关系，例如每个班级都需要选举一个学生作为班长，这时开发者可以为SchoolClass实体添加一个关系，将其关系描述设置为学生实体，如图17-23所示。

图 17-23　建立实体之间的关系

如果切换Xcode开发工具的视图模式，可以明显看出实体之间的关联关系，如图17-24所示。

图 17-24　切换 Xcode 开发工具的编辑风格

17.6.2　使用 CoreData 进行数据的添加与查询操作

在CoreDataTest工程中创建了两个实体——班级（SchoolClass）实体与学生（Student）实体，并且实体间建立了简单的关系。Xcode开发工具提供了便捷的实体类化功能（即将实体转换为类并以文件形式生成），选中.xcdatamodeld文件，单击Xcode开发工具导航栏上的Editor选项，再单击Create NSManagedObject Subclass选项来进行实体的类化，如图17-25所示。

在弹出的窗口中，将SchoolClass实体与Student实体都勾选，如图17-26所示。

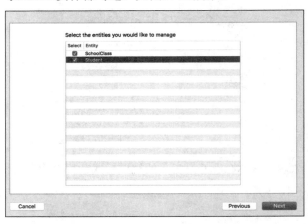

图 17-25　对模型文件实体进行类化　　　　　图 17-26　勾选需要进行类化的实体

完成上述操作后，工程中将自动创建4个Swift文件，其中两个文件为类的定义文件，另外两个文件为对应类的扩展，在扩展中进行了属性的定义。

首先在ViewController.swift文件中引入如下模块：

```
import CoreData
```

在viewDidLoad()方法中添加如下测试代码来添加数据：

```
override func viewDidLoad() {
    super.viewDidLoad()
    //获取数据模型文件地址
    let modelUrl = Bundle.main.url(forResource: "_0_CoreDataTest",
withExtension: "momd")
    //创建数据模型管理实例
    let modelManager = NSManagedObjectModel(contentsOf: modelUrl!)
    //创建存储管理实例
    let store = NSPersistentStoreCoordinator(managedObjectModel:
modelManager!)
    //设置存储路径
    let path = URL(fileURLWithPath: NSSearchPathForDirectoriesInDomains
(.documentDirectory, .userDomainMask, true).first! + "/SchoolSQL.sqlite")
    print(path)
    //设置存储方式为 SQLite 数据库
    try! store.addPersistentStore(ofType: NSSQLiteStoreType,
configurationName: nil, at: path, options: nil)
    //创建数据操作上下文实例
    let context = NSManagedObjectContext(concurrencyType:
.mainQueueConcurrencyType)
    //进行存储环境的关联
    context.persistentStoreCoordinator = store
    //创建班级数据
    let schoolClass:SchoolClass = NSEntityDescription.insertNewObject
(forEntityName: "SchoolClass", into: context) as! SchoolClass
    schoolClass.name = "三年二班"
    schoolClass.studentCount = 60
    //创建学生数据
    let student:Student = NSEntityDescription.insertNewObject
(forEntityName: "Student", into: context) as! Student
    student.name = "Jaki"
    student.age = 24
    schoolClass.monitor = student
    //进行存储
    if ((try? context.save()) != nil) {
        print("新增数据成功")
    }
}
```

上面的测试代码中使用的4个类都十分重要，分别为NSManagedObjectModel类、NSPersistentStoreCoordinator 类、NSManagedObjectContext 类与 NSEntityDescription 类。其中NSManagedObjectModel 类是数据模型管理类，其通过 .xcdatamodeld 来创建；NSPersistent-StoreCoordinator类是数据库与数据模型之间的链接类，其作用是将数据模型创建的数据映射为数据库中的数据；NSManagedObjectContext是核心的数据管理类，开发者通过它来直接进行数据的相关操作；NSEntityDescription类用于将实体类进行实例化。运行工程，进入模拟器沙盒，可以看到系统创建了许多SQLite表，并且直接完成了其数据模型的映射关系。

对于数据的查询操作，开发者需要借助NSFetchRequest类来完成，这个类可以创建一个查询请求，示例代码如下：

```
//创建查询请求
let request = NSFetchRequest<SchoolClass>(entityName: "SchoolClass")
//设置查询条件
request.predicate = NSPredicate(format: "studentCount==60")
//进行查询操作
let result:NSAsynchronousFetchResult<SchoolClass> = try!
context.execute(request) as! NSAsynchronousFetchResult<SchoolClass>
//将查询到的班级名称进行打印
print(result.finalResult?.first?.name)
```

无论是插入数据还是查询数据，都是通过NSManagedObjectContext实例来完成的。这个类还提供了许多类似更新数据、删除数据的方法，本书中不再列举，有兴趣的读者可以继续深入学习。

17.7　模拟面试

（1）简述在iOS开发中进行网络请求的方法。

回答要点提示：

①iOS原生提供了NSURLSession来支持网络请求。

②网络请求常用的请求方法有两种，分别为GET与POST。

③GET方法通常用来从服务端获取数据，参数会拼接在URL中。

④POST方法通常用来向服务端发送数据，被发送的数据会放入请求体中。

⑤一般从服务端请求到的数据为JSON格式的，Swift原生提供了函数来将JSON数据解析成字典或数据。

核心理解内容：

能够使用NSURLSession来从服务端获取数据，能够解析JSON数据，理解HTTP请求的基本内容。

（2）在iOS开发中，有哪些数据持久化技术？

回答要点提示：

①常用的数据持久化方法有UserDefaults、归档和数据库。

②UserDefaults是最方便的数据持久化方法，其原理是将键值对存成Plist文件，缺点在于其只支持原生数据类型的存储。

③归档实际上是一种数据序列化的方法，在开发中，归档常常需要和写文件操作结合使用来进行数据持久化。

④数据库是一种更加强大的数据持久化技术，Swift原生可以使用CoreData进行存数据库操作，也可以与Objective-C混编来自己编写基于SQLite3的数据库操作类。

核心理解内容：

能够使用数据持久化技术对数据进行存储，理解每种持久化方法的适用点，能够使用简单的SQL语句操作SQL类数据库。

第 **18** 章

SwiftUI 技术

效率是做好工作的灵魂。

————切斯特菲尔德

在前面的章节中，我们已经学习了开发iOS应用程序所需的基础技能。我们使用页面开发技术（包括组件、布局、动画等）来进行应用程序界面的搭建，使用网络和存储技术来为应用程序的界面中填充多姿多彩的数据。原则上，使用已经学习到的内容，读者已经可以开发完整的应用程序。SwiftUI技术则提供了一种更快、更高效、更简单的页面开发方式。

我们知道相对比于Objective-C语言，Swift语言更加高效简洁，SwiftUI采用了结构化的布局方式，使得应用的界面开发更加直观快速。本章将配合代码示例介绍SwiftUI的基础应用和特性，帮助读者快速入门SwiftUI开发，为提高开发效率赋能。

通过本章，你将学习到：

- 使用SwiftUI对视图进行布局。
- SwiftUI中列表视图的应用。
- SwiftUI中导航控制器的应用。
- 如何在SwiftUI中处理用户交互。
- 进行自定义图形绘制。
- 在SwiftUI中使用动画。

18.1 视图的布局方式

作为iOS应用的开发者，影响界面开发效率的一大问题是每次代码的修改查看效果都需要重新编译运行。往往调试验证的时间远远大于编码时间，严重影响了开发效率。当然，这也是大多数编译型语言共有的痛点。使用SwiftUI配合Xcode的预览功能可以做到代码的实时修改以及实时预览效果，界面的开发效率非常高。

18.1.1 SwiftUI 布局初体验

在正式学习SwiftUI技术前，我们可以先通过一个HelloWorld工程来对其功能做一些小小的体验。

首先，使用Xcode开发工具创建一个基于SwiftUI的项目工程，将其命名为SwiftUIDemo，需要注意，在创建工程时，Interface配置选项选择为SwiftUI，Life Cycle选项选择为SwiftUI App，如图18-1所示。

图 18-1　创建一个基于 SwiftUI 的项目工程

可以看到，纯粹的SwiftUI工程模板中只包含两个Swift文件，一个是应用程序的入口文件，其命名通常与我们的工程名一致；另一个是ContentView.swift文件，这个文件定义了应用程序的主页视图。其中代码如下：

```
import SwiftUI
// 内容视图
struct ContentView: View {
    var body: some View {
        Text("Hello, world!")
            .padding()
    }
}
// 用来进行视图预览
struct ContentView_Previews: PreviewProvider {
    static var previews: some View {
        ContentView()
    }
}
```

如以上代码所示，ContentView是定义的一个视图结构体，其描述的就是界面的渲染信息，其中Text组件会在页面上渲染出一个文本标签，显示"Hello world!"，ContentView_Previews定义了当前界面的预览视图，你可以尝试对Text中的文本进行修改，修改后预览页面就会实时地展示出当前的界面模样，如图18-2所示。

图 18-2　SwiftUI 工程的预览能力

现在，运行这个工程，即可在模拟器上看到和预览页面一致的界面效果。SwiftUI中的文本组件与UILabel组件类似，它也有许多属性供开发者进行配置，修改示例代码如下：

```swift
struct ContentView: View {
    var body: some View {
        Text("Hello, SwiftUI!")
            .foregroundColor(Color.red)
            .underline()
            .font(Font.system(size: 25))
    }
}
```

此时页面效果如图18-3所示。

如果页面中存在多个组件，在布局时需要将其放入一个容器布局组件中，VStack是一个非常简单的垂直容器布局组件，其内部的子组件会以垂直方向为轴进行布局，修改示例代码如下：

图 18-3　自定义文本样式

```swift
struct ContentView: View {
    var body: some View {
        VStack (alignment: .leading, spacing: 10) {
            Text("Hello, SwiftUI!啊啊啊")
                .foregroundColor(Color.red)
                .underline()
                .font(Font.system(size: 25))
            Text("Hello, SwiftUI!")
```

```
        .foregroundColor(Color.red)
        .underline()
        .font(Font.system(size: 25))
    }
  }
}
```

效果如图18-4所示。

如以上代码所示，其中alignment设置内部组件的对其方式，spacing设置组件间的距离，对于水平容器，spacing设置的是列间距，对于垂直容器，spacing设置的是行间距。组件默认会自动计算其所占据的位置，SwiftUI中也提供了一种特殊的占位元素，其可以将剩余的空间充满，例如在两个垂直布局的元素中间加入一个占位元素，则其会进行两端布局，代码如下：

```
struct ContentView: View {
    var body: some View {
        VStack (alignment: .leading, spacing: 10) {
            Text("Hello, SwiftUI!啊啊啊")
                .foregroundColor(Color.red)
                .underline()
                .font(Font.system(size: 25))
            Spacer()
            Text("Hello, SwiftUI!")
            .foregroundColor(Color.red)
            .underline()
            .font(Font.system(size: 25))
        }
    }
}
```

效果如图18-5所示。

图 18-4　多组件的垂直布局

图 18-5　进行两端布局

读者可能已经发现了，SwiftUI在布局上很多思路都和网页开发中的CSS布局很像，对于组件元素，我们也可以为其追加内间距Padding，例如：

```
struct ContentView: View {
    var body: some View {
        VStack (alignment: .leading, spacing: 10) {
            Text("Hello, SwiftUI!啊啊啊")
                .foregroundColor(Color.red)
                .underline()
                .font(Font.system(size: 25))
            Spacer()
            Text("Hello, SwiftUI!")
            .foregroundColor(Color.red)
            .underline()
            .font(Font.system(size: 25))
        }
        .padding(EdgeInsets(top: 30, leading: 0, bottom: 30, trailing: 0))
    }
}
```

18.1.2　使用图片组件

图片是页面开发中很常用的一种元素，在SwiftUI中，可以方便地布局图片元素，并设置图片的圆角、阴影、边框等。例如，使用如下代码即可在界面中间布局出一个图片元素：

```
struct ContentImage:View {
    var body: some View {
        Image("demo")
    }
}
```

其中demo为工程中一个资源图片的名字，将ContentView_Previews中配置的要进行预览的视图修改为ContentImage视图即可看到预览效果，如图18-6所示。

```
struct ContentView_Previews: PreviewProvider {
    static var previews: some View {
        ContentImage()
    }
}
```

图片元素也有很多属性可以设置，如clipShape设置元素的形状，shadow设置元素的阴影等，示例代码如下：

```
struct ContentImage:View {
    var body: some View {
        Image("demo")
            .frame(width: 300, height: 300,
alignment: .center)
            .clipShape(Circle())
```

图 18-6　使用图片组件

```
        .shadow(radius: 30)
    }
}
```

效果如图18-7所示。

18.1.3 在 SwiftUI 中使用 UIKit 中的组件

前面使用的文本与图片元素都是SwiftUI框架中定义的基础组件。在实际开发中，更多时候需要结合UIKit框架来自定义一个SwiftUI组件，这本身也非常方便。例如，我们要使用UIKit中的UILabel组件，示例如下：

```
struct Label:UIViewRepresentable {
    func makeUIView(context: Context) -> UILabel {
        UILabel(frame: .zero)
    }
    func updateUIView(_ uiView: UILabel, context:
Context) {
        uiView.text = "Hello"
    }
}
```

图 18-7　对图片组件进行样式配合

UIViewRepresentable协议用来将UIKit中的组件定义为一个SwiftUI元素，其中有两个方法是必须实现的，makeUIView用来返回一个指定的UIKit组件，updateUIView当组件更新时会被调用。

18.2　SwiftUI 中的列表视图

列表视图在实际开发中是非常重要的页面元素。SwiftUI中也有专门用来渲染列表的元素提供。

18.2.1 编写行视图

列表实际上是一组行视图的组合，在布局列表视图之前，我们首先需要定义行视图的布局。例如，我们使用一个Image元素和两个Text元素来布局一个简单的联系人行视图。示例代码如下：

```
// 定义行视图
struct RowContent:View {
    var body: some View {
        HStack(alignment:.top) {
            Image("demo").resizable().frame(width: 70, height: 70)
            VStack(alignment:.leading, spacing: 10) {
                Text("王小丫").bold().font(Font.system(size: 25))
                Text("15137344444").font(Font.system(size: 20))
```

```
        }
        Spacer()
      }.padding(EdgeInsets(top: 10, leading: 20, bottom: 10, trailing:
20))
    }
  }
// 进行行视图的预览
struct ContentView_Previews: PreviewProvider {
  static var previews: some View {
    RowContent()
  }
}
```

上面的代码在预览界面中的效果如图18-8所示。

18.2.2　将数据关联到视图

　　列表中展示的数据往往是一组相似类型的数据。以前面的联系人行视图为例，我们可以定义一组联系人数据填充到列表的行视图中。首先定义一个结构体用来描述联系人信息，代码如下：

```
// 联系人模型
// 定义了名称和电话
struct ContactModel {
  var name:String
  var phone:String
}
// 添加两个联系人模型
let modelData = [
  ContactModel(name:"王小丫", phone:"15137348888"),
  ContactModel(name:"李小二", phone:"15137348989")
]
```

图 18-8　行视图预览效果

　　如以上代码所示，其中ContactModel定义了联系人的基本信息，modelData是一组联系人模型，实际应用中，modelData的数据来源可能是网络，也可能是本地文件。修改RowContent组件的代码如下：

```
struct RowContent:View {
  var contactModel:ContactModel
  var body: some View {
    HStack(alignment:.top) {
      Image("demo").resizable().frame(width: 70, height: 70)
      VStack(alignment:.leading, spacing: 10) {
        Text(self.contactModel.name).bold().font(Font.system(size:
25))
        Text(self.contactModel.phone).font(Font.system(size: 20))
      }
      Spacer()
    }.padding(EdgeInsets(top: 10, leading: 20, bottom: 10, trailing:
```

```
20))
        }
    }
```

如以上代码所示，在RowContent组件中定义了一个contactModel属性，这个属性是一个联系人模型，在组件中构建元素时，元素要展示的数据使用此模型进行填充。之后，调用RowContent组件时，需要将要渲染的数据模型传入，例如：

```
struct ContentView_Previews: PreviewProvider {
    static var previews: some View {
        Group {
            RowContent(contactModel: modelData[0])
            RowContent(contactModel: modelData[1])
        }.previewLayout(.fixed(width: 400, height: 80))
    }
}
```

上面使用到了SwiftUI中的多组件预览功能，在定义预览视图时，使用Group可以组合多个组件同时预览，效果如图18-9所示。

图 18-9　进行多组件的预览

18.2.3　构建列表视图

在18.2.1与18.2.2小节中，我们已经准备好了列表视图要展示的行视图的布局与数据填充。下面使用SwiftUI中的List组件来构建列表，将布局好的列表行视图嵌入其中即可展示列表界面，示例代码如下：

```
struct ListContent:View {
    var body: some View {
        List {
            RowContent(contactModel: modelData[0])
            RowContent(contactModel: modelData[1])
        }
    }
```

```
}
struct ContentView_Previews: PreviewProvider {
    static var previews: some View {
        ListContent()
    }
}
```

预览效果如图18-10所示。

可以发现，使用SwiftUI构建列表视图非常简单，代码量很少，并且布局结构非常清晰。在实际开发中，更多时候我们会采用动态的方式来构建列表，通过对数据源的遍历可以循环生成列表行，示例代码如下：

```
struct ListContent:View {
    var body: some View {
        List(modelData, id: \.name) { model in
            RowContent(contactModel: model)
        }
    }
}
```

需要注意，上面代码中的id属性是一个行标识字段，对于每一个行元素来说，要保证此字段的值是唯一的。

图 18-10　使用 SwiftUI 构建列表视图

18.3　使用导航进行页面跳转

关于SwiftUI，我们前面介绍了独立组件的布局与属性设置相关的内容，并且介绍了开发中常用的列表视图的使用。但是一个完整的应用程序不可能是单界面的，如何使用SwiftUI进行界面间的导航跳转是本节讨论的重点。

通常，列表视图用来展示目录页面，当用户点击列表中的某一项时，需要跳转到详情页。在iOS应用中，页面的跳转常用导航控制器进行管理。在SwiftUI中，创建一个导航非常简单，只需要在组件最外层嵌套NavigationView即可。以之前的列表视图Demo为例，改写ListContent组件如下：

```
struct ListContent:View {
    var body: some View {
        NavigationView {
            List(modelData, id: \.name) { model in
                RowContent(contactModel: model)
            }
            .navigationBarTitle("通讯录")
        }
    }
}
```

当页面组件嵌套进了NavigationView里面后，SwiftUI会帮我们自动添加一个导航栏，并且可以通过navigationBarTitle进行导航栏标题的设置，如图18-11所示。

默认导航的标题是大文字风格的，若要使用常规风格，需要配置其displayMode属性，代码如下：

```
struct ListContent:View {
    var body: some View {
        NavigationView {
            List(modelData, id: \.name) { model in
                NavigationLink(destination: ContentImage(name: model.name,
phone: model.phone)) {
                    RowContent(contactModel: model)
                }
            }
            .navigationBarTitle("通讯录", displayMode: .inline)
        }
    }
}
```

此时页面的导航栏就会变成常规的居中风格，如图18-12所示。

图 18-11　使用导航

图 18-12　inline 风格的导航栏

要实现页面的跳转，需要将触发跳转的组件添加到NavigationLink中，以联系人界面为例，NavigationLink可以指向要跳转的联系人详情页面，示例代码如下：

```
struct ListContent:View {
    var body: some View {
        NavigationView {
            List(modelData, id: \.name) { model in
                NavigationLink(destination: ContentImage()) {
                    RowContent(contactModel: model)
```

```
                }
            }
            .navigationBarTitle("通讯录")
        }
    }
}
```

在页面跳转时，也可以添加传值逻辑，例如我们可以将联系人信息（姓名和电话）作为参数传递到详情页面，完整代码如下：

```
struct ListContent:View {
    var body: some View {
        NavigationView {
            List(modelData, id: \.name) { model in
                NavigationLink(destination: ContentImage(name: model.name,
phone: model.phone)) {
                    RowContent(contactModel: model)
                }
            }
            .navigationBarTitle("通讯录")
        }
    }
}
// 修改ContentImage组件用来承载联系人信息
struct ContentImage:View {
    var name:String
    var phone:String
    var body: some View {
        VStack() {
            Image("demo")
                .frame(width: 200, height: 200, alignment: .center)
                .clipShape(Circle())
                .shadow(radius: 30)
                .offset(x: 0, y: -70)

            Text(name).offset(x: 0, y: -50)
            Text(phone).offset(x: 0, y: -30)
        }
    }
}
```

现在可以尝试运行项目工程，在列表视图中点击某个联系人后，可以跳转到对应的详情页面，如图18-13所示。

图 18-13　详情页面

18.4　处理用户交互

前面我们学习了在SwiftUI中布局与页面跳转的相关逻辑，其中页面跳转是处理用户交互的一种，SwiftUI虽然从名字上看是一个UI框架，但是其依然有很强大的交互处理能力。本节对SwiftUI的用户交互能力进行学习。

18.4.1　SwiftUI 中的按钮组件

按钮是处理用户交互的基础组件，在SwiftUI中，使用Button元素可以十分方便地定义按钮组件，示例代码如下：

```
var count = 0
struct SimpleView:View {

    var body: some View {
        VStack(alignment: .center, spacing: 20) {
            Button(action:{
                count += 1
            }){
                Text("按钮一")
            }
            Text("\(count)")
        }
```

```
    }
}
struct ContentView_Previews: PreviewProvider {
    static var previews: some View {
        SimpleView()
    }
}
```

上面的代码构建的预览页面如图18-14所示。

图 18-14　按钮组件的预览效果

运行上面的示例代码，你会发现点击按钮后页面上显示的计数器的数值并没有变化，这是因为在SwiftUI中，页面元素的改动都是通过状态的改变来驱动的。

18.4.2　SwiftUI 中的状态

SwiftUI采用的是描述性的结构化布局策略，即通过定义结构体这种结构化的数据来描述页面的布局。这种布局思路开发直观快速，并且非常易于入门上手。其与流行的前端框架Flutter、React等的布局思路已经非常相似。因此，对于页面的刷新操作，我们不能采用原始的iOS开发页面刷新的方式（对对象进行操作），而是要使用状态来对组件进行管理，改变组件的状态来实现组件刷新操作。

修改上面的示例代码如下：

```
struct SimpleView:View {
    @State var count = 0
    var body: some View {
        VStack(alignment: .center, spacing: 20) {
            Button(action:{
```

```
            self.count += 1
        }){
            Text("按钮一")
        }
        Text("\(self.count)")
        }
    }
}
```

再次运行工程，点击页面中的按钮，可以看到计数器已经可以正常工作了。在定义SwiftUI组件时，如果组件中某些元素的值会发生改变，我们需要使用@State来对这些可变的属性进行修饰。@State是SwiftUI中提供的一个属性装饰器，其可以将某个属性指定为有状态的，当有状态的属性发生变化时，与其绑定的组件会自动刷新。

如果有状态属性在父组件中，而我们需要在子组件中处理用户交互逻辑进行页面刷新，这时如果不进行特殊的处理，子组件会因为结构体不可修改的原则而导致无法对传递进来的状态属性进行更改。对于这种场景，我们可以使用SwiftUI中提供的@Binding装饰器来修改子组件中的属性，例如：

```
// 定义的子组件
struct SimpleSubText:View {
    @Binding var count:Int
    var body: some View {
        Button(action:{
            self.count += 1
        }){
            Text("按钮一")
        }
        Text("\(self.count)")
    }
}
// 定义的父组件
struct SimpleView:View {
    @State var count = 0
    var body: some View {
        VStack(alignment: .center, spacing: 20) {
            SimpleSubText(count: $count)
        }
    }
}
```

18.4.3   使用环境对象

使用状态来管理组件刷新并不复杂，但是如果组件的嵌套层数较多，有状态数据的传递可能需要层层下传，这会使数据的流转变得相对复杂。在SwiftUI中，还有另一种方式可以定义环境对象，环境对象在SwiftUI组件的任意位置都可以自由访问和修改，与环境对象有绑定关系的组件都会接收到变动的通知并刷新。示例代码如下：

```
// 作为环境数据的类，必须是可绑定监听的，需要继承ObservableObject
class EnviData: ObservableObject {
    @Published var count = 0
}
struct SimpleSubText:View {
    // 获取环境数据进行使用
    @EnvironmentObject var data:EnviData
    var body: some View {
        Button(action:{
            self.data.count += 1
        }){
            Text("按钮一")
        }
        Text("\(self.data.count)")
    }
}
struct SimpleView:View {
    var body: some View {
        VStack(alignment: .center, spacing: 20) {
            SimpleSubText()
        }
    }
}
struct ContentView_Previews: PreviewProvider {
    static var previews: some View {
        // 传递环境数据
        SimpleView().environmentObject(EnviData())
    }
}
```

需要注意，并不是环境对象中所有的属性都会触发绑定和监听，只有使用@Published的属性才会触发，因此环境对象也支持静态的内部属性。

18.5　SwiftUI 自定义绘制

在UI开发中，我们经常会使用各式各样的图标或图形。通常，我们可以直接使用图片来渲染图形，在SwiftUI中提供了相关的接口来对图形绘制提供支持，理论上，我们可以不使用外部图片，自定义绘制出想要渲染的图形。

18.5.1　图形绘制

首先，在定义SwiftUI组件时，我们可以通过路径的定义绘制其要表现的UI图形，例如要在页面上显示一个菱形图形，示例代码如下：

```
struct DrawTestView:View {
```

```
    var body: some View {
        Path { path in
            let width = 100
            let height = 100
            path.move(to: CGPoint(x: width, y: height))
            path.addLine(to: CGPoint(x: 50, y: 200))
            path.addLine(to: CGPoint(x: 100, y: 300))
            path.addLine(to: CGPoint(x: 150, y: 200))
        }.fill(Color.red)
    }
}
struct ContentView_Previews: PreviewProvider {
    static var previews: some View {
        DrawTestView()
    }
}
```

代码预览效果如图18-15所示。

上面的代码很好理解，使用Path在定义View时，move方法用来
进行绘制点的移动，简单理解，如果我们将图形的绘制类比为用笔作
画，则move方法的作用就是移动笔尖的位置。addLine方法用来在视
图上画一条线，定义完路径后，调用fill方法进行图形内部颜色的填
充。如以上代码所示，实际上我们只画了三条线，系统默认对三条线
及最后一个点与原点的连线组成的图形内部进行了颜色的填充，如果
我们不对内部进行颜色填充，只将线的颜色显示出来，会更加直观，
代码如下：

```
struct DrawTestView:View {
    var body: some View {
        Path { path in
            let width = 100
            let height = 100
            path.move(to: CGPoint(x: width, y: height))
            path.addLine(to: CGPoint(x: 50, y: 200))
            path.addLine(to: CGPoint(x: 100, y: 300))
            path.addLine(to: CGPoint(x: 150, y: 200))
        }.stroke(Color.red, lineWidth: 10)
    }
}
```

图 18-15　绘制菱形

预览效果如图18-16所示。

图 18-16　对图形边框进行绘制

与addLine的使用方法类似，我们还可以通过相关方法来添加矩形、椭圆、贝塞尔曲线等图形，示例代码如下：

```
struct DrawTestView:View {
    var body: some View {
        Path { path in
            let width = 200
            let height = 200
            path.move(to: CGPoint(x: width, y: height))
            path.addLine(to: CGPoint(x: 100, y: 400))
            path.addLine(to: CGPoint(x: 200, y: 600))
            path.addLine(to: CGPoint(x: 300, y: 400))
            path.addRect(CGRect(x: 20, y: 20, width: 30, height: 30))
            path.addEllipse(in: CGRect(x: 60, y: 20, width: 60, height: 30))
            path.addCurve(to:CGPoint(x: 100, y: 100), control1:CGPoint(x: 160,
y: 100), control2: CGPoint(x: 60, y: 80))
            path.addRoundedRect(in: CGRect(x: 140, y: 20, width: 50, height: 40),
cornerSize: CGSize(width: 20, height: 20))
        }.stroke(Color.red,lineWidth: 3)
    }
}
```

18.5.2　设置绘制属性

在SwiftUI中，完成图形的定义是第一步，之后还需要对图形描边绘制或填充绘制。无论是描边绘制还是填充绘制，我们都可以定制化地对绘制属性进行控制，例如下面的示例代码：

```
struct DrawTestView:View {
```

```
var body: some View {
    VStack {
        Path { path in
            let width = 200
            let height = 0
            path.move(to: CGPoint(x: width, y: height))
            path.addLine(to: CGPoint(x: 100, y: 200))
            path.addLine(to: CGPoint(x: 200, y: 400))
            path.addLine(to: CGPoint(x: 300, y: 200))
            path.addLine(to: CGPoint(x: 200, y: 0))
        }.stroke(style: StrokeStyle(lineWidth: 3, lineCap: CGLineCap.butt,
lineJoin: .bevel, miterLimit: 2, dash: [15,4], dashPhase:
2)).foregroundColor(.blue)
        Path { path in
            let width = 200
            let height = 20
            path.move(to: CGPoint(x: width, y: height))
            path.addLine(to: CGPoint(x: 100, y: 220))
            path.addLine(to: CGPoint(x: 200, y: 420))
            path.addLine(to: CGPoint(x: 300, y: 220))
        }.fill(LinearGradient(gradient: Gradient(colors: [Color.red,
Color.blue]), startPoint: .top, endPoint: .bottom))
    }
}
```

代码运行效果如图18-17所示。

图 18-17　对绘图属性进行设置

对于描边绘制，我们可以设置线的风格、间距、转角风格等。对于填充绘制，我们可以为其设置渐变填充，上面代码示例的是线性渐变效果，系统还提供了圆心渐变等功能。

18.5.3　简单的图形变换与组合

有规律地对绘制的图形进行变换和组合往往可以得到非常美观的复合图形，例如对于上一小节绘制的菱形，我们可以通过修改透明度进行图形组合，并使用旋转变换的方式使其构建出更加美观的图标，修改代码如下：

```
struct DrawTestView:View {
    let angle:Angle
    var body: some View {
            Path { path in
                let width = 250
                let height = 150
                path.move(to: CGPoint(x: width, y: height))
                path.addLine(to: CGPoint(x: 100, y: 300))
                path.addLine(to: CGPoint(x: 200, y: 450))
                path.addLine(to: CGPoint(x: 300, y: 100))
            }.fill(LinearGradient(gradient: Gradient(colors: [Color.red,
Color.blue]), startPoint: .top, endPoint: .bottom)).rotationEffect(angle,
anchor: .center)
        }
    }
}
struct DrawContent:View {
    var body: some View {
        ZStack{
            ForEach(0 ..< 10) { i in
                DrawTestView(angle: Angle(degrees:Double(36*i))).opacity(0.3)
            }
        }
    }
}
struct ContentView_Previews: PreviewProvider {
    static var previews: some View {
        DrawContent()
    }
}
```

如以上代码所示，其中ZStack是以Z轴为轴进行视图堆叠的容器组件，通过遍历与角度变换，最终组合的图形预览效果如图18-18所示。

图 18-18　图形的组合与变换

18.6　SwiftUI 中的动画技术

页面开发离不开动画，作为一个优秀的UI框架，其很重要的一点是对动画的支持，动画是提升用户体验的重要方式，在SwiftUI中，实现动画效果非常容易。

18.6.1　属性动画

属性动画是指当组件的属性发生变化时所展示的动画效果，例如组件的颜色、位置、尺寸、旋转角度等。在SwiftUI中，我们知道要动态地对组件样式进行更改，需要使用状态来控制。我们也可以使用状态来控制动画的动作。

例如，定义一个按钮组件，当点击时，让其旋转180°，并略微放大，代码如下：

```
struct DrawContent:View {
    @State private var begin = false
    var body: some View {
        VStack(alignment: .center, spacing: 20) {
            Button(action: {
                self.begin.toggle()
            }) {
                Text("开始")
                    .font(Font.system(size: 30))
                    .rotationEffect(.degrees(self.begin ? 180 : 0))
```

```
                          .scaleEffect(self.begin ? 2 : 1)
                          .animation(.easeInOut(duration: 3))
                      }
                  }
              }
          }
```

其中，begin状态属性用来记录动画的状态，点击此按钮一次，会将此按钮放大一倍，并旋转 180°，再次点击按钮会还原。

rotationEffect用来定义组件的旋转角度，scaleEffect用来定义组件缩放的比例，与之类似，大部分用来渲染视图样式的属性都支持进行动画。animation用来设置动画的执行方式，如以上代码所示，设置为easeInOut表示动画执行的过程采用渐入渐出的方式，且动画执行的时长为3秒。

18.6.2　转场动画

属性动画用于组件的某些属性发生变化的场景，转场动画会影响组件的切换动作。当对组件进行展示或隐藏时，通常可以采用转场动画来处理。以之前编写的自定义图形组件为例，我们可以在其出现时加一个滑动动画，示例代码如下：

```
extension Animation {
    static func custom() -> Animation {
        Animation.spring(response: 1.5, dampingFraction: 0.5, blendDuration:
0.5)
            .speed(2)
            .delay(0.03)
    }
}
struct DrawContent:View {
    @State private var begin = false
    var body: some View {
        VStack(alignment: .center, spacing: 20) {
            Button(action: {
                withAnimation {
                    self.begin.toggle()
                }
            }) {
                Text("开始")
                    .font(Font.system(size: 30))
                    .rotationEffect(.degrees(self.begin ? 180 : 0))
                    .scaleEffect(self.begin ? 2 : 1)
                    .animation(.easeInOut(duration: 3))
            }
            if self.begin {
                ZStack{
                    ForEach(0 ..< 10) { i in
                        DrawTestView(angle:
Angle(degrees:Double(36*i))).opacity( 0.3)
```

```
                    }
            }.animation(.custom())
            .transition(.slide)
        }
    }
}
```

如以上代码所示，其中custom是我们自定义的一种动画模式，上面采用了阻尼动画，并自定义了动画的阻尼参数、速度、延时等属性。

18.7　模拟面试

（1）简述在iOS应用开发中，SwiftUI与传统的页面开发方式有何不同？

回答要点提示：

①SwiftUI是一种创新简洁的编程方式。

②与传统页面开发技术相比，SwiftUI采用的是声明式的语法，布局编写更加自然直观。

③SwiftUI配合Xcode开发工具可以实现无缝的实时页面预览，与传统页面开发方式相比更加高效。

④SwiftUI支持所有Apple设备，使用最少的代码使用户获得更好的体验。

核心理解内容：

理解声明式语法在页面布局上的优势，理解通过状态管理来实现页面动态渲染的逻辑与原理，能够熟练使用SwiftUI构建复杂页面。

第三部分 实战

通过前面的学习，读者应该已经具备了独立使用Swift编程语言开发iOS应用程序的能力。然而从"能够做到"到"真正完成"还有一段路程要走。本部分将通过3个完整的示例程序带领读者从零到一地开发iOS应用程序，帮助读者熟悉开发完整应用的整个过程，并且能够更加灵活地使用之前学习到的知识。

本部分介绍的3个示例项目分别为：

- 简易计算器。
- 点滴生活记事本。
- 中国象棋游戏。

其中，简易计算器是一款iOS端的计算器应用，通过此项目的实践可以帮助读者更加游刃有余地运用iOS界面开发，练习布局技巧。

点滴生活记事本项目将帮助读者熟悉多页面的工具类应用的开发过程，并在实际编写代码的过程中提高对本地存储等相关技术的应用能力。

中国象棋游戏是一款游戏类的应用，本示例将带领读者完整地开发一款象棋对战游戏，提高读者的编程逻辑思维能力与算法设计能力。

第 19 章

实战一：简易计算器

耳闻之不如目见之，目见之不如足践之。

——刘向

本章将带领读者进入Swift编程语言的实战部分。所谓"实践出真知"，要完全掌握一种编程技能，实战是必修课。

本章将以一款简易的计算器为例，将界面逻辑设计与界面开发相结合，为读者讲解一个完整项目的开发思路与过程。在逐渐熟悉与理解项目的开发思路后，再加以练习，循序渐进，你终会成为一名合格的软件开发者。

通过本章，你将学习到：

- 使用Autolayout对横竖屏进行适配。
- 封装计算方法类。
- 独立视图控件的封装。
- 视图控件间的交互与传值。
- 开发第一款属于自己的完整iOS应用。

19.1　计算器按键与操作面板的封装

在开发一款完整的应用程序时，要始终遵循面向对象与封装的思路。对于计算器软件，可以将其拆分为界面与功能逻辑两部分。在界面开发中，又可以将界面分为显示板与操作板两部分，显示板顾名思义是用来显示用户输入和计算结果的，而操作面板排布着各种数字按钮和运算符号，主要用于接收用户的输入操作。本节首先进行操作面板界面的开发。

　　观察生活中常用的计算器操作面板，可以看到它由一系列的功能按钮组成，因此在编写操作面板之前，可以先封装这些功能按钮。

　　使用Xcode开发工具创建一个项目，并将其命名为Calculator，本项目采用Autolayout技术来进行界面布局，因此需要在项目中引入SnapKit第三方框架。

　　在工程中新建一个类文件，使其继承自UIButton类，并命名为FuncButton。需要对其提供一个构造方法来设置按钮字体、颜色和风格，代码如下：

```
class FuncButton: UIButton {

    init() {
        //要使用自动布局，这里的 frame 设置为(0,0,0,0)
        super.init(frame: CGRect.zero)
        //为按钮添加边框
        self.layer.borderWidth = 0.5;
        self.layer.borderColor = UIColor(red: 219/255.0, green: 219/255.0, blue:
219/255.0, alpha: 1).cgColor
        //设置字体与字体颜色
        self.setTitleColor(UIColor.orange, for: UIControl.State.normal)
        self.titleLabel?.font = UIFont.systemFont(ofSize: 25)
        self.setTitleColor(UIColor.black, for: UIControl.State.highlighted)
    }
    required init?(coder aDecoder: NSCoder) {
        fatalError("init(coder:) has not been implemented")
    }
}
```

　　在工程中创建一个继承自UIView的类，将其用作计算器的操作面板，并命名为Board。如果使用CocoaPods的方式引入SnapKit框架，需要在这个类文件中引入SnapKit框架：

```
import SnapKit
```

　　首先在这个类中提供一个数组属性，用于存放操作面板上所有功能按钮的标题，数组如下：

```
var dataArray = ["0",".","%","="
                ,"1","2","3","+"
                ,"4","5","6","-"
                ,"7","8","9","*"
                ,"AC","Delete","^","/"
                ]
```

　　重写父类的构造方法，在其中进行界面的加载操作：

```
override init(frame: CGRect) {
    super.init(frame: frame)
    installUI()
}
```

installUI()方法是开发者自定义的一个方法，用来对界面进行布局，实现如下：

```
func installUI(){
```

```swift
        //创建一个变量，用于保存当前布局按钮的上一个按钮
        var frontBtn:FuncButton!
        //进行功能按钮的循环创建
        for index in 0..<20{
            //创建一个功能按钮
            let btn = FuncButton()
            //在进行自动布局前，必须将其添加到父视图上
            self.addSubview(btn)
            //使用 SnapKit 进行约束添加
            btn.snp.makeConstraints({ (maker) in
                //当按钮为每一行的第一个时，将其靠父视图左侧摆放
                if index%4 == 0 {
                    maker.left.equalTo(0)
                }
                    //否则将按钮的左边靠其上一个按钮的右侧摆放
                    else{
                    maker.left.equalTo(frontBtn.snp.right)
                }
                //当按钮为第一行时，将其靠父视图底部摆放
                if index/4 == 0 {
                    maker.bottom.equalTo(0)
                //当按钮不在第一行且为每行的第一个时，将其底部与上一个按钮的顶部对齐
                }else if index%4 == 0 {
                    maker.bottom.equalTo(frontBtn.snp.top)
                //否则将其底部与上一个按钮的底部对齐
                }else{
                    maker.bottom.equalTo(frontBtn.snp.bottom)
                }
                //约束宽度为父视图宽度的 0.25 倍
                maker.width.equalTo(btn.superview!.snp.width). multipliedBy(0.25)
                //约束高度为父视图高度的 0.2 倍
                maker.height.equalTo(btn.superview!.snp.height). multipliedBy(0.2)
            })
            //设置一个标记 tag 值
            btn.tag = index+100
        //添加点击事件
            btn.addTarget(self, action: #selector(btnClick(button:)),
for: .touchUpInside)
            //设置标题
            btn.setTitle(dataArray[index], for: UIControl.State.normal)
            //对上一个按钮进行更新保存
            frontBtn = btn
        }
    }
```

　　上面代码中的布局方法采用了一个比较巧妙的设计思路，将按钮的排版定位为5行4列，布局的顺序为从下向上、从左向右依次布局。最底部的一行和最左侧的一列与父视图边界对齐，其余位置的功能按钮则参照其上一个按钮的位置进行约束布局。btnClick(button:)方法是用户点击按钮后的触发方法，读者可以实现它，在其中打印按钮的tag值以测试布局是否正确，后面会继续处理其交互功能。

```swift
@objc func btnClick(button:FuncButton) {
    print(button.title(for: .normal))
}
```

将Board面板添加到ViewController的视图上，代码如下：

```swift
class ViewController: UIViewController {
    override func viewDidLoad() {
        super.viewDidLoad()
        let board = Board()
        self.view.addSubview(board)
        board.snp.makeConstraints { (maker) in
            maker.left.right.bottom.equalTo(0)
            maker.height.equalTo(self.view).multipliedBy(5/8.0)
        }
    }
}
```

运行工程，竖屏横屏下的界面效果如图19-1和图19-2所示。

AC	Delete	^	/
7	8	9	*
4	5	6	-
1	2	3	+
0	.	%	=

图 19-1　竖屏模式下的计算器面板界面　　　　　图 19-2　横屏模式下的计算器面板界面

提 示

init?(coder:)构造方法是 UIView 子类必须实现的一个构造方法，因此如果开发者对自定义的视图控件覆写了构造方法，那么必须实现这个构造方法，如果不使用这个构造方法，开发者可以直接按如下方式编写：

```swift
required init?(coder aDecoder: NSCoder) {
    fatalError("init(coder:) has not been implemented")
}
```

19.2 计算器显示板输入显示的逻辑开发

19.1节完成了计算器操作面板的界面开发，本节继续完成计算器应用界面部分的相关开发。用户在操作面板上进行输入操作，输入的内容我们希望显示在计算器的显示屏上，同时显示屏还兼有显示计算结果的功能。

首先在Calculator工程中创建一个新的类文件，使其继承自UIView，并将其命名为Screen，作为计算器的显示屏控件。显示屏分为两部分，一部分用于显示计算结果，另一部分用于显示用户输入的计算过程，这里可以使用两个UILabel控件来处理。

Screen类除了用于显示相关计算信息外，还兼具一定的检查功能。举一个例子，用户的输入可能是无规律的，某个用户很有可能在"+"运算符后面再次输入"-"运算符，这样会出现不符合规则的算术表达式。因此，开发者需要对用户的输入进行一定的控制，比如算术表达式的开头不能是运算符，运算符后面不能再次输入运算符等。

实现Screen类的代码如下：

```
class Screen: UIView {
    //用于显示用户输入信息
    var inputLabel:UILabel?
    //用于显示历史记录信息
    var historyLabel:UILabel?
    //用户输入表达式或者计算结果字符串
    var inputString = ""
    //历史表达式字符串
    var historyString = ""
    //所有数字字符，用于进行检测匹配
    let figureArray:Array<Character> = ["0","1","2","3","4","5","6","7",
"8","9","."]
    //所有运算功能字符，用于进行检测匹配
    let funcArray = ["+","-","*","/","%","^"]
    //默认的构造方法
    init() {
        inputLabel = UILabel()
        historyLabel = UILabel()
        super.init(frame: CGRect.zero)
        installUI()

    }
    //进行界面的设计
    func installUI() {
        //设置文字的对齐方式为右对齐
        inputLabel?.textAlignment = .right
        historyLabel?.textAlignment = .right
        //设置字体
        inputLabel?.font = UIFont.systemFont(ofSize: 34)
        historyLabel?.font = UIFont.systemFont(ofSize: 30)
```

```
            //设置文字颜色
            inputLabel?.textColor = UIColor.orange
            historyLabel?.textColor = UIColor.black
            //设置文字大小可以根据字数进行适配
            inputLabel?.adjustsFontSizeToFitWidth = true
            inputLabel?.minimumScaleFactor=0.5
            historyLabel?.adjustsFontSizeToFitWidth = true
            historyLabel?.minimumScaleFactor=0.5
            //设置文字的截断方式
            inputLabel?.lineBreakMode = .byTruncatingHead
            historyLabel?.lineBreakMode = .byTruncatingHead
            //设置文字的行数
            inputLabel?.numberOfLines = 0
            historyLabel?.numberOfLines = 0

            self.addSubview(inputLabel!)
            self.addSubview(historyLabel!)
            //进行自动布局
            inputLabel?.snp.makeConstraints({ (maker) in
                maker.left.equalTo(10)
                maker.right.equalTo(-10)
                maker.bottom.equalTo(-10)
                maker.height.equalTo(inputLabel!.superview!.snp.height).
multipliedBy(0.5).offset(-10)
            })
            historyLabel?.snp.makeConstraints({ (maker) in
                maker.left.equalTo(10)
                maker.right.equalTo(-10)
                maker.top.equalTo(10)
                maker.height.equalTo(inputLabel!.superview!.snp.height).
multipliedBy(0.5).offset(-10)
            })
        }
    //提供一个输入信息的接口
    func inputContent(content:String){
        //如果不是数字，也不是运算符，则不处理
        if !figureArray.contains(content.last!) && !funcArray. contains(content)
{
            return;
        }
        //如果不是首次输入字符
        if inputString.count>0 {
            //数字后面可以任意输入
            if figureArray.contains(inputString.last!) {
                inputString.append(content)
                inputLabel?.text = inputString
            }else{
                //运算符后面只能输入数字
                if figureArray.contains(content.last!) {
                    inputString.append(content)
```

```
                    inputLabel?.text = inputString
                }
            }
        }else{
            //只有数字可以作为首个字符
            if figureArray.contains(content.last!){
                inputString.append(content)
                inputLabel?.text = inputString
            }
        }
    }
    //提供一个刷新历史记录的方法
    func refreshHistory() {
        historyString = inputString
        historyLabel?.text = historyString
    }
    //实现必要的构造方法
    required init?(coder aDecoder: NSCoder) {
        fatalError("init(coder:) has not been implemented")
    }

}
```

Board类可以接收用户的输入，Screen类需要获取用户的输入，它们之间的关联与交互是需要通过ViewController类来完成的。因此，需要对Board类略作修改，将其获取到的数据向外传递，使用代理设计模式可以很方便地完成这个功能。

在Board.swift文件中添加如下协议：

```
protocol BoardButtonInputDelegate {
    func boardButtonClick(content:String)
}
```

在Board类中添加一个代理属性如下：

```
var delegate:BoardButtonInputDelegate?
```

修改Board类中按钮的点击事件方法如下：

```
@objc func btnClick(button:FuncButton) {
    if delegate != nil {
        //通过协议方法将值传递出去
        delegate?.boardButtonClick(content: button.currentTitle!)
                                        //这样获取 title 更为方便
    }
}
```

ViewController类也需要将Board类实例和Screen类实例作为ViewController类的属性，方便ViewController类内部的各个函数之间相互调用：

```
let board = Board()
let screen = Screen()
override func viewDidLoad() {
```

```
    super.viewDidLoad()
    installUI()
}
```

在installUI()方法中添加创建计算器操作板、显示屏对象的代码，如下：

```
func installUI() {
    self.view.addSubview(board)
    //设置代理
    board.delegate = self
    board.snp.makeConstraints { (maker) in
        maker.left.equalTo(0)
        maker.right.equalTo(0)
        maker.bottom.equalTo(0)
        maker.height.equalTo(board.superview!.snp.height).
multipliedBy(2/3.0)
    }

    self.view.addSubview(screen)
    screen.snp.makeConstraints { (maker) in
        maker.left.equalTo(0)
        maker.right.equalTo(0)
        maker.top.equalTo(0)
        maker.bottom.equalTo(board.snp.top)
    }
}
```

上面的代码也为 Board 实例设置了代理，因此需要使 ViewController 类遵守 BoardButtonInputDelegate协议，如下所示：

```
class ViewController: UIViewController,BoardButtonInputDelegate
```

最后，实现协议方法，代码如下：

```
func boardButtonClick(content: String) {
    //如果是这些功能按钮，则进行功能逻辑处理
    if content == "AC" || content == "Delete" || content == "=" {
        //进行功能逻辑处理
        screen.refreshHistory()
    }else{
        screen.inputContent(content: content)
    }
}
```

运行工程，效果如图19-3和图19-4所示。

图 19-3　竖屏模式下的计算器界面　　　　　　　图 19-4　横屏模式下的计算器界面

至此，简易计算器项目的界面部分已经基本开发完成，后面会与读者一起进行逻辑处理类的封装。将逻辑与界面分离和提供接口的编程方式是面向对象开发的关键，读者在练习时要深入体会。

19.3　计算器计算逻辑的设计

首先，读者需要对Screen类做一些完善。例如当用户点击清空按钮时，输入的计算表达就应该被清空。当用户点击回退按钮时，上一次输入的字符就应该被清空。在Screen类中添加如下方法：

```
//清空显示屏中当前输入的信息
func clearContent()  {
    inputString = ""
}
//删除显示屏中上次输入的字符
func deleteInput() {
    if inputString.count>0 {
        inputString.remove(at: inputString.index(before:
inputString.endIndex))
        inputLabel?.text = inputString
    }
}
```

对于计算功能的实现，可以采取这样的思路：用户输入的本是一串表达式字符串，我们可以通过一个解析方法将字符串中的运算符和操作数分离开来，然后自左向右依次进行计算。需要注意，实际的数学运算会有运算优先级的控制，本项目作为简易计算器的演示，不再做复杂的优先级逻辑控制，计算方式一律采用从左向右依次计算的方式，有兴趣的读者可以自行实现优先级功能。

在项目中新建一个类文件，使其继承自NSObject类，并命名为CalculatorEngine。将其作为计算引擎工具类，实现如下：

```
class CalculatorEngine: NSObject {
    //运算符集合
    let funcArray:CharacterSet = ["+","-","*","/","^","%"]
    func calculatEquation(equation:String)->Double  {
```

```swift
//以运算符进行分隔获取到所有数字
let elementArray = equation.components(separatedBy: funcArray)
//设置一个运算标记游标
var tip = 0
//运算结果
var result:Double = Double(elementArray[0])!
//遍历计算表达式
for char in equation{
    switch char {
    //进行加法运算
    case "+":
        tip += 1
        if elementArray.count>tip {
            result+=Double(elementArray[tip])!
        }
    //进行减法运算
    case "-":
        tip += 1
        if elementArray.count>tip {
        result-=Double(elementArray[tip])!
        }
    //进行乘法运算
    case "*":
        tip += 1
        if elementArray.count>tip {
        result*=Double(elementArray[tip])!
        }
    //进行除法运算
    case "/":
        tip += 1
        if elementArray.count>tip {
            result/=Double(elementArray[tip])!
        }
    //进行取余运算
    case "%":
        tip += 1
        if elementArray.count>tip {
            result = Double(Int(result)%Int(elementArray[tip])!)
        }
    //进行指数运算
    case "^":
        tip += 1
        if elementArray.count>tip {
            let tmp = result
            for _ in 1..<Int(elementArray[tip])! {
                result*=tmp
            }
        }
    default:
```

```
            break
        }
    }
    return result
    }
}
```

在ViewController类中添加两个属性：一个计算引擎实例，另一个刷新输入标识，代码如下：

```
//计算引擎实例
let calculator = CalculatorEngine()
//这个输入是否需要刷新显示屏
var isNew = false
```

isNew属性的主要作用是标记本次输入是否需要将显示屏已有的内容清除。当用户完成一次计算后，计算结果会显示在显示屏上。此时如果用户继续输入，则进行下一轮的计算，显示屏上次的计算结果应该被清空。

修改ViewController类中实现的协议方法boardButtonClick()，代码如下：

```
func boardButtonClick(content: String) {
    if content == "AC" || content == "Delete" || content == "=" {
        //功能逻辑
        switch content {
        case "AC":
            screen.clearContent()
            screen.refreshHistory()
        case "Delete":
            screen.deleteInput()
        case "=":
            let result = calculator.calculatEquation(equation:
screen.inputString)
            //先刷新历史
            screen.refreshHistory()
            //清除输入的内容
            screen.clearContent()
            //将结果输入
            screen.inputContent(content: String(result))
            isNew = true
        default:
            screen.refreshHistory()
        }

    }else{
        if isNew {
            screen.clearContent()
            isNew = false
        }
        screen.inputContent(content: content)
    }
}
```

运行工程，测试计算器的工作是否正常，例如进行如下运算：

```
((7-2+5)/2×3%10)^2
```

运算结果如图19-5所示。

图 19-5　测试计算器的运算功能

19.4　为应用添加图标与启动页

一款应用程序只完成功能开发还不算完整，上线运营的应用程序都需要有一个图标和启动页。图标会出现在iOS设备的桌面上，而启动页在用户打开应用程序时会作为启动闪屏。

打开Calculator工程，选中工程中的Assets.xcassets文件夹，其中会自动生成一个AppIcon目录，如果没有生成，读者可以手动创建这个目录，如图19-6所示。

AppIcon目录中陈列了各种尺寸的图标坑位，读者只需要将相应尺寸的图标拖入相应的坑位即可。如图19-7所示，再次运行项目，就可以看到在模拟器桌面上该应用程序的图标已经被替换为设置的图片。

Xcode会自动为开发者创建一个LaunchScreen.storyboard文件，这个文件和普通的Storyboard功能一致，只不过它用来作为启动页面展示，在应用程序启动加载时会有短暂的闪屏效果，读者可以在其中做任意修改来自定义个性化的启动页面。

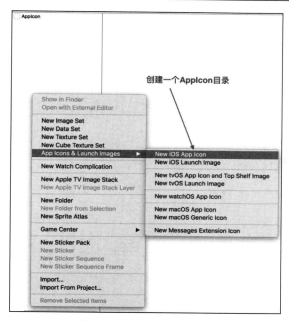

图 19-6　创建 AppIcon 目录

图 19-7　设置各种尺寸的图标素材

第 20 章

实战二：点滴生活记事本

理论所不能解决的疑难问题，实践将为你解决。

——路备维希·安德列斯·费尔巴哈

本章将以一款记事本软件为例向读者讲解关于多界面商业应用的开发流程，并更加深入地在项目实战开发中应用数据库技术。本章也会向读者介绍更多UI控件的封装与交互技巧。

通过本章，你将学习到：

- 封装灵活可复用的九宫格控件。
- 熟练操作数据库技术。
- 将增、删、改同步到数据库。
- 多界面应用程序界面之间的传值与交互技巧。

20.1 项目工程的搭建

在项目开始之前，开发者应该先明确项目的需求，熟悉项目的交互方式与逻辑功能，才能够正确地选择适合项目的框架。一般情况下，产品经理会将完整的项目需求文档与产品原型图交给开发者，开发者需要结合UI设计的界面效果图来选择技术方案以完成项目的开发。对于点滴生活记事本项目，它应该具备如下几项功能：

（1）记录可以被分组，首页将显示所有分组，例如生活记事、工作记事等。

（2）灵活地创建与删除分组。

（3）当用户选择某一个分组时，会进入该分组的记事列表，列表中的记录应该按时间先后进行排序。

（4）可以灵活地新建、修改与删除记事。

（5）持久化保存用户的所有记事以及分组信息。

分析上述5条需求可知，点滴生活记事本项目至少应该有3个界面，分别为分组界面、记事列表界面和记事详情界面。这种多界面且具有层级关系结构的应用采用导航控制器作为项目的主体结构最合适不过了。

使用Xcode开发工具创建一个工程，并将其命名为NoteBook。此项目依然采用SnapKit框架进行自动布局，因此我们使用CocoaPods将SnapKit框架加入工程或者直接将下载好的SnapKit源码拖进工程目录。

需要注意，系统默认生成的工程模板是以UIViewController作为应用程序入口的，需要修改为以UINavigationController 为 应 用 程 序 入 口 。 单 击 Main.storyboard文件，将其中的视图控制器删除，拖入一个NavigationController，勾选Is Initial View Controller复选框，将其作为应用程序的入口，如图20-1所示。

在Main.storyboard中拖入的NavigationController控件中自带一个TableViewController作为根视图控制器，将其删除，拖入一个ViewController，并将其设置为NavigationController 的 根 视 图 控 制 器 。 选 中 NavigationController，并按住Ctrl键不放，将鼠标拖动至ViewController，在 弹 出 的 菜 单 中 选 择 root view controller，如图20-2所示。

图 20-1　将 NavigationController 设置为入口

完成上述操作后，还需要将此视图控制器与ViewController类进行关联，选中此视图控制器，将其Custom Class选项中的Class设置为ViewController，如图20-3所示。

图 20-2　设置导航控制器的根视图控制器

图 20-3　将 Storyboard 中的视图控制器关联到类

完成项目基本结构的搭建后，可以对导航栏进行一些自定义配置。在Main.storyboard中选择Navigation Bar，如图20-4所示。在右侧的设置栏中将导航栏的颜色设置为橙色，将导航栏上标题的文字颜色设置为白色，如图20-5所示。

选中Navigation Item控件，将导航按钮的颜色风格也设置为白色，如图20-6所示。

  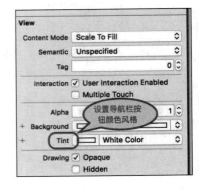

图20-4　选择Navigation Bar导航栏　图 20-5　设置导航栏背景与标题颜色　图 20-6　设置导航按钮的颜色

之后在项目的Info.plist文件中增加一个键View controller-based status bar appearance，且值为NO，如此设置可以将状态栏设置为不透明，如图20-7所示。

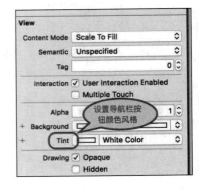

图20-7　将状态栏设置为不透明

在工程配置文件中将状态栏风格改为Light，如图20-8所示。

来到ViewController类，在viewDidLoad()方法中设置导航标题，代码如下：

```
override func viewDidLoad() {
    super.viewDidLoad()
    self.title = "点滴生活"
}
```

图 20-8 将状态栏风格设置为 Light

运行工程，效果如图20-9所示。

图 20-9 搭建的项目工程框架

20.2 主页记事分组视图的开发

记事分组视图采用九宫格的排布方式布局。需要注意，当用户添加的分组数很多时，分组界面会超出屏幕，此时应该支持滚动浏览。因此，UIScrollView是开发此功能控件的不二之选。

首先在Xcode工程中创建一个新的类文件，使其继承自UIScrollView，并命名为HomeView。因为生活点滴记事本项目无须支持横屏，所以这里采用绝对布局的方式进行九宫格的排布。实现HomeView类的代码如下：

```swift
import UIKit
class HomeView: UIScrollView {
    //定义列间距
    let interitemSpacing = 15
    //定义行间距
    let lineSpacing = 25
    //用于存放所有分组标题的数据
    var dataArray:Array<String>?
    //用于存放所有分组按钮的数组
    var itemArray:Array<UIButton> = Array<UIButton>()
    //提供一个更新布局的方法
    func updateLayout(){
        //根据视图尺寸计算每个按钮的宽度
        let itemWidth = (self.frame.size.width-CGFloat(4*interitemSpacing))/3
        //计算每个按钮的高度
        let itemHeight = itemWidth/3*4
        //先将界面上已有的按钮移除
        itemArray.forEach({ (element) in
            element.removeFromSuperview()
        })
        //移除数组所有元素
        itemArray.removeAll()
        //进行布局
        if dataArray != nil && dataArray!.count>0{
            //遍历数据
            for index in 0..<dataArray!.count {
                let btn = UIButton(type: .system)
                btn.setTitle(dataArray![index], for: .normal)
                //计算按钮位置
                btn.frame = CGRect(x: CGFloat(interitemSpacing)+CGFloat
(index%3)*(itemWidth+CGFloat(interitemSpacing)), y: CGFloat(lineSpacing)
+CGFloat(index/3) * (itemHeight+CGFloat(lineSpacing)), width: itemWidth, height:
itemHeight)
                btn.backgroundColor = UIColor(red: 1, green: 242/255.0, blue:
216/255.0, alpha: 1)
                //设置按钮圆角
                btn.layer.masksToBounds = true
                btn.layer.cornerRadius = 15
                btn.setTitleColor(UIColor.gray, for: .normal)
                btn.tag = index
                btn.addTarget(self, action: #selector(btnClick),
for: .touchUpInside)
                self.addSubview(btn)
                    //将按钮实例添加到数组中
                itemArray.append(btn)
            }
            //设置滚动视图内容尺寸
            self.contentSize = CGSize(width: 0, height: itemArray.last!.frame.
origin.y+itemArray.last!.frame.size.height+CGFloat(lineSpacing))
        }
```

```
    }
    //按钮的触发方法
    @objc func btnClick(btn:UIButton)  {
        print(dataArray![btn.tag])
    }
}
```

上面的示例代码中，先将按钮的交互方法btnClick()实现按钮标题的打印测试。后面在进行界面交互与传值时会再次用到这个方法，届时再来补充。

在ViewController类中增加一个HomeView类型的属性，如下：

```
var homeView:HomeView?
```

修改viewDidLoad()方法如下：

```
override func viewDidLoad() {
    super.viewDidLoad()
    self.title = "点滴生活"
    //取消导航栏对页面布局的影响
    self.edgesForExtendedLayout = UIRectEdge()
    self.installUI()
}
```

需要注意，将UIViewController类实例的edgesForExtendedLayout属性设置为UIRectEdge()后，该视图控制器界面的控件布局都将自动空出导航栏的位置。

实现installUI()方法如下：

```
func installUI() {
    //对 homeView 属性进行实例化
    homeView = HomeView(frame: CGRect(x: 0, y:
0, width: self.view.frame.size.width, height:
self.view.frame.size.height-64))
    self.view.addSubview(homeView!)
    //测试创建分组
    homeView?.dataArray = ["生活","工作","学习
","会议列表","健身计划","生活","工作","学习","会议列表","
健身计划","生活","工作","学习","会议列表","健身计划"]
    //进行 homeView 的布局
    homeView?.updateLayout()
}
```

运行工程，效果如图20-10所示。可以看到，超出屏幕的按钮以滚动方式查看，点击按钮后，Xcode控制台会将按钮的标题打印输出。

图20-10　记事分组视图的开发效果

20.3　添加分组功能的开发

本节将和读者一起开发记事分组的功能。首先需要在首页的导航栏上添加一个功能按钮，当用户点击这个按钮的时候，将弹出一个警告框，用户可以输入分组名称，这样的功能可以采用 UIAlertController 进行开发。

要进行分组界面的动态修改，需要在 ViewController 类中创建一个 dataArray 属性，用来存放用户的记事分组信息，如下：

```
var dataArray:Array<String>?
```

在 viewDidLoad() 方法中对 dataArray 属性进行初始化操作，这里可以先写一组静态数据，以便测试，后面做数据持久化开发的时候会从数据库中读取数据。viewDidLoad() 方法实现如下：

```
override func viewDidLoad() {
    super.viewDidLoad()
    self.title = "点滴生活"
    //取消导航栏对页面布局的影响
    self.edgesForExtendedLayout = UIRectEdge()
    dataArray = ["生活","工作","学习","会议列表","健身计划"]
    self.installUI()
}
```

同样，对 homeView 中 dataArray 属性的赋值进行修改，并在 installUI() 方法中添加创建导航功能按钮的代码，如下：

```
func installUI() {
    homeView = HomeView(frame: CGRect(x: 0, y: 0, width: self.view.frame.
size.width, height: self.view.frame.size.height-64))
    self.view.addSubview(homeView!)
    homeView?.dataArray = dataArray
    homeView?.updateLayout()
    //进行导航功能按钮的创建
    installNavigationItem()
}
```

实现 installNavagationItem() 方法如下：

```
func installNavigationItem() {
    //创建导航功能按钮，将其风格设置为添加风格
    let barButtonItem = UIBarButtonItem(barButtonSystemItem: .add, target:
self, action: #selector(addGroup))
    self.navigationItem.rightBarButtonItem = barButtonItem
}
```

实现导航功能按钮的交互方法 addGroup() 如下：

```
@objc func addGroup() {
```

```
//创建 UIAlertController 实例，风格设置为 alert 风格
let alertController = UIAlertController(title: "添加记事分组", message: "
添加的分组名不能与已有分组重复或为空", preferredStyle: .alert)
//向警告框中添加一个文本输入框
alertController.addTextField { (textField) in
    textField.placeholder = "请输入记事分组名称"
}
//向警告框中添加一个取消按钮
let alertItem = UIAlertAction(title: "取消", style: .cancel, handler:
{(UIAlertAction) in
    return
})
//向警告框中添加一个确定按钮
let alertItemAdd = UIAlertAction(title: "确定", style: .default, handler:
{(UIAlertAction) -> Void in
        //进行有效性判断
        var exist = false
        self.dataArray?.forEach({ (element) in
            //如果此分组已经存在，或者用户输入为空
            if element == alertController.textFields?.first!.text ||
alertController.textFields?.first!.text?.count==0 {
                exist = true
            }
        })
        if exist {
            return
        }
        //将用户添加的分组名称追加进 dataArray 中
        self.dataArray?.append(alertController.textFields!.first!.text!)
        //进行 homeView 的刷新
        self.homeView?.dataArray = self.dataArray
        self.homeView?.updateLayout()

})
alertController.addAction(alertItem)
alertController.addAction(alertItemAdd)
//展示警告框
self.present(alertController, animated: true,
completion: nil)
    }
```

　　完成上述代码后，运行工程，测试添加分组功能，效果如图20-11
所示。

图 20-11　用户添加分组功能

20.4　数据库引入与记事分组信息的持久化

上一节完成的添加记事分组功能还有一些小问题，这些数据并没有被持久化保存，当用户关掉应用程序再次启动时，之前添加的分组信息就都消失了。本节将在项目中引入数据库技术，并将用户的分组信息进行持久化保存。

前面的章节已向读者介绍过SQLite数据库的相关应用，但是直接操作SQLite数据库除了要写复杂的SQL语句外，还需要借助Objective-C语言作为中介，十分不便。本节将向读者介绍另一个小巧的SQLite操作库SQLite.swift，其以面向对象的思路将一些数据库操作封装成类方法，读者可以直接调用相关方法来进行表的创建、删除，数据的插入、修改、删除以及查询等操作，并且不需写复杂的SQL语句。

通过CocoaPods引入SQLite.swift库，需要在Podfile文件中添加如下文本：

```
pod 'SQLite.swift'
```

之后，不要忘记执行pod install命令来安装新增的依赖库。

首先在工程中创建一个新的类文件，使其继承自NSObject，并命名为DataManager。DataManager类专门用来管理数据，本节首先实现对用户分组数据的数据库读取操作，实现DataManager类如下：

```swift
//导入SQLite模块
import SQLite
class DataManager: NSObject {
    //创建一个数据库操作对象属性
    static var sqlHandle:Connection?
    //标记是否已经打开数据库
    static var isOpen = false
    //提供一个对分组数据进行存储的类方法
    class func saveGroup(name:String){
        //判断数据库是否打开，如果没有打开，进行打开数据库操作
        if !isOpen {
            self.openDataBase()
        }
        //进行数据的插入
        let groupTable = Table("group")
        let groupName = Expression<String?>("groupName")
        let insert = groupTable.insert(groupName <- name)
        let _ = try! sqlHandle?.run(insert)
    }
    //提供一个获取所有分组数据的类方法
    class func getGroupData()->[String]{
        if !isOpen {
            self.openDataBase()
        }
        var array = Array<String>()
        let groupTable = Table("group")
```

```
        //进行查询数据操作
        for group in try! sqlHandle!.prepare(groupTable) {
            //遍历查询到的数据，赋值进结果数组中
            let name = Expression<String?>("groupName")
            if let n = try? group.get(name) {
                array.append(n)
            }
        }
        return array
    }

    //打开数据库的方法
    class func openDataBase(){
        //获取沙盒路径
        let path = NSSearchPathForDirectoriesInDomains(.documentDirectory,
.userDomainMask, true).first!
        //进行文件名的拼接
        let file = path + "/DataBase.sqlite"
        //打开数据库，如果数据库不存在就进行创建
        sqlHandle =  try? Connection(file)
        //创建存储表
        let groupTable = Table("group")
        //设置表字段
        let name = Expression<String?>("groupName")
        let id = Expression<Int64>("id")
        //执行建表
        let _ = try? sqlHandle?.run(groupTable.create(block: { (t) in
            t.column(id, primaryKey: true)
            t.column(name)
        }))
        //设置数据库打开标志
        isOpen=true
    }
}
```

由于DataManager类中的方法都封装成了类方法，因此在使用时无须创建DataManager实例，并且其中的sqlHandle属性也为静态属性，可以在整个工程中共享。ViewController类中有两个地方需要修改：一个是在viewDidLoad()方法中，原先是静态的分组数据，现在需要将其修改为由DataManager类提供；另一个是当用户添加分组时，除了需要刷新界面布局外，还需要将新添加的分组写入数据库。

修改viewDidLoad()方法如下：

```
override func viewDidLoad() {
    super.viewDidLoad()
    self.title = "点滴生活"
    //取消导航栏对页面布局的影响
    self.edgesForExtendedLayout = UIRectEdge()
    //从 DataManager 中获取分组数据
    dataArray = DataManager.getGroupData()
```

```
        self.installUI()
    }
```

修改addGroup()方法如下：

```
    @objc func addGroup() {
        let alertController = UIAlertController(title: "添加记事分组", message: "
添加的分组名不能与已有分组重复或为空", preferredStyle: .alert)
        alertController.addTextField { (textField) in
            textField.placeholder = "请输入记事分组名称"
        }
        let alertItem = UIAlertAction(title: "取消", style: .cancel, handler:
{(UIAlertAction) in
            return
        })
        let alertItemAdd = UIAlertAction(title: "确定", style: .default, handler:
{(UIAlertAction) -> Void in
            //进行判断
            var exist = false
            self.dataArray?.forEach({ (element) in
                if element == alertController.textFields?.first!.text ||
alertController.textFields?.first!.text?.count==0 {
                    exist = true
                }
            })
            if exist {
                return
            }
            self.dataArray?.append(alertController.textFields!.first!.text!)
            self.homeView?.dataArray = self.dataArray
            self.homeView?.updateLayout()
            //将添加的分组写入数据库
            DataManager.saveGroup(name: alertController.
textFields!.first!.text!)

        })
        alertController.addAction(alertItem)
        alertController.addAction(alertItemAdd)
        self.present(alertController, animated: true, completion: nil)
    }
```

20.5 记事列表界面的搭建

点滴生活记事本应用的首页是九宫格布局的记事分组界面，点击相应的分组按钮会跳转到记事列表页。首先，每条记事应该包含这些信息：标题、时间、所在分组、记事内容以及一个记事主键。因此，可以将记事封装成数据模型，这样数据库的存储与界面的渲染都会更加容易。

在Xcode工程中新创建一个类文件，使其继承自NSObject，并命名为NoteModel。将其作为记事的数据模型类，根据上面的分析，在其中添加如下属性：

```
class NoteModel: NSObject {
    //记事时间
    var time:String?
    //记事标题
    var title:String?
    //记事内容
    var body:String?
    //所在分组
    var group:String?
    //主键
    var noteId:Int?
    //这个方法用于将数据模型属性直接转换为字典
    func toDictionary() -> Dictionary<String,Any> {
        var dic:[String:Any] = ["time":time!,"title":title!,"body":body!,
"ownGroup":group!]
        if let id = noteId {
            dic["noteId"] = id
        }
        return dic
    }
}
```

记事列表界面可以采用UITableViewController进行实现，UITableViewController中自带
UITableView视图控件，并且做好了协议遵守与代理设置的相关操作，开发者直接在其子类中实现
相关协议方法即可。在工程中创建一个新的类文件，使其继承自UITableViewController，并命名
为NoteListTableViewController。在NoteListTableViewController类中添加两个属性，分别作为列表
数据填充的数据源与当前列表分组名，如下：

```
//数据源数组
var dataArray = Array<NoteModel>()
//当前分组
var name:String?
```

在NoteListTableViewController的viewDidLoad()方法中编写如下初始化代码：

```
override func viewDidLoad() {
    super.viewDidLoad()
    //设置导航栏标题
    self.title = name
    //模拟创建 10 条数据
    for _ in 0...10 {
        let model = NoteModel()
        model.time = "2016.11.11"
        model.title = "狂欢购物节"
        model.body = "购物清单........."
        dataArray.append(model)
    }
    //进行导航按钮的加载
    installNavigationItem()
```

```
    }
```

实现 installNavigationItem() 方法如下：

```
func installNavigationItem() {
    let addItem = UIBarButtonItem(barButtonSystemItem: .add, target: self,
action: #selector(addNote))
    let deleteItem = UIBarButtonItem(barButtonSystemItem: .trash, target:
self, action: #selector(deleteGroup))
    self.navigationItem.rightBarButtonItems = [addItem,deleteItem]
}
```

暂且将 addNote() 与 deleteGroup() 进行空实现，代码如下：

```
@objc func addNote() {

}
@objc func deleteGroup() {

}
```

实现必要的 UITableView 协议方法如下：

```
//设置分区数为1
override func numberOfSections(in tableView: UITableView) -> Int {
    return 1
}
//设置行数为数据源中的数据个数
override func tableView(_ tableView: UITableView, numberOfRowsInSection
section: Int) -> Int {
    return dataArray.count
}
//进行数据载体 Cell 的设置
override func tableView(_ tableView: UITableView, cellForRowAt indexPath:
IndexPath) -> UITableViewCell {
    let cellID = "noteListCellID"
    var cell = tableView.dequeueReusableCell(withIdentifier: cellID)
    if cell == nil {
        cell = UITableViewCell(style: .value1, reuseIdentifier: cellID)
    }
    let model = dataArray[indexPath.row]
    cell?.textLabel?.text = model.title
    cell?.detailTextLabel?.text = model.time
    cell?.accessoryType = .disclosureIndicator
    return cell!
}
```

完成了记事列表的开发，还需要将其与首页进行交互关联。当点击相应分组按钮时，跳转到对应分组的记事列表。由于按钮的点击事件是封装在 HomeView 类中的，因此需要借助代理设计模式将用户的交互事件交由 ViewController 类来处理。首先在 HomeView 类中定义一个协议如下：

```
protocol HomeButtonDelegate {
```

```
func homeButtonClick(title:String)
}
```

在HomeView类中添加如下代理属性：

```
var homeButtonDelegate:HomeButtonDelegate?
```

修改按钮的触发方法btnClick()如下：

```
@objc func btnClick(btn:UIButton)  {
    if homeButtonDelegate != nil {
        homeButtonDelegate?.homeButtonClick(title: dataArray![btn.tag])
    }
}
```

为ViewController类添加遵守协议的代码：

```
class ViewController:
UIViewController,HomeButtonDelegate
```

将HomeView的homeButtonDelegate设置为当前ViewController本身，如下：

```
homeView?.homeButtonDelegate = self
```

实现协议方法如下：

```
func homeButtonClick(title:String){
    let controller = NoteListTableViewController()
    controller.name = title

self.navigationController?.pushViewController(controller,
animated: true)
}
```

图 20-12　记事列表界面

运行工程，效果如图20-12所示。

20.6　新建记事功能的开发

前面设计了记事数据模型，在进行存储与读取时，应该将数据库中的表与其进行关联。在DataManager类中添加相关方法如下：

```
//导入 SQLite 模块
import SQLite

class DataManager: NSObject {
    //创建一个数据库操作对象属性
    static var sqlHandle:Connection?
    //标记是否经已打开数据库
```

```swift
static var isOpen = false
//提供一个对分组数据进行存储的类方法
class func saveGroup(name:String){
    //判断数据库是否打开，如果没有打开，进行打开数据库操作
    if !isOpen {
        self.openDataBase()
    }
    //进行数据的插入
    let groupTable = Table("group")
    let groupName = Expression<String?>("groupName")
    let insert = groupTable.insert(groupName <- name)
    let _ = try! sqlHandle?.run(insert)
}
//提供一个获取所有分组数据的类方法
class func getGroupData()->[String]{
    if !isOpen {
        self.openDataBase()
    }
    var array = Array<String>()
    let groupTable = Table("group")
    //进行查询数据操作
    for group in try! sqlHandle!.prepare(groupTable) {
        //遍历查询到的数据，赋值进结果数组中
        let name = Expression<String?>("groupName")
        if let n = try? group.get(name) {
            array.append(n)
        }
    }
    return array
}


//添加记事的方法
class func addNote(note:NoteModel){
    if !isOpen {
        self.openDataBase()
    }
    //进行数据的插入
    let noteTable = Table("noteTable")
    let ownGroup = Expression<String?>("ownGroup")
    let body = Expression<String?>("body")
    let title = Expression<String?>("title")
    let time = Expression<String?>("time")
    let insert = noteTable.insert(ownGroup <- note.group, body <- note.body,
title <- note.title, time <- note.time)
```

```
        let _ = try! sqlHandle?.run(insert)
    }

    //根据分组获取记事的方法
    class func getNote(group:String)->[NoteModel]{
        if !isOpen {
            self.openDataBase()
        }

        //进行查询数据操作
        let noteTable = Table("noteTable")
        var array = Array<NoteModel>()
        let ownGroup = Expression<String?>("ownGroup")
        for note in try!
sqlHandle!.prepare(noteTable.filter(ownGroup.like(group))) {
            //遍历查询到的数据，赋值进结果数组中
            let ownGroup = Expression<String?>("ownGroup")
            let body = Expression<String?>("body")
            let nId = Expression<Int64>("id")
            let title = Expression<String?>("title")
            let time = Expression<String?>("time")
            let model = NoteModel()
            if let n = try? note.get(nId) {
                model.noteId = Int(n)
            }
            if let n = try? note.get(ownGroup) {
                model.group = n
            }
            if let n = try? note.get(body) {
                model.body = n
            }
            if let n = try? note.get(title) {
                model.title = n
            }
            if let n = try? note.get(time) {
                model.time = n
            }
            array.append(model)
        }
        return array
    }

    //打开数据库的方法
    class func openDataBase(){
```

```
        //获取沙盒路径
        let path = NSSearchPathForDirectoriesInDomains(.documentDirectory,
.userDomainMask, true).first!
        //进行文件名的拼接
        let file = path + "/DataBase.sqlite"
        //打开数据库，如果数据库不存在就进行创建
        sqlHandle = try? Connection(file)
        //创建目录存储表
        let groupTable = Table("group")
        //设置表字段
        let name = Expression<String?>("groupName")
        let id = Expression<Int64>("id")
        //执行建表
        let _ = try? sqlHandle?.run(groupTable.create(block: { (t) in
            t.column(id, primaryKey: true)
            t.column(name)
        }))
        // 创建记事存储表
        let noteTable = Table("noteTable")
        let nId = Expression<Int64>("id")
        let ownGroup = Expression<String?>("ownGroup")
        let body = Expression<String?>("body")
        let title = Expression<String?>("title")
        let time = Expression<String?>("time")
        //执行建表
        let _ = try? sqlHandle?.run(noteTable.create(block: { (t) in
            t.column(nId, primaryKey: true)
            t.column(ownGroup)
            t.column(body)
            t.column(title)
            t.column(time)
        }))
        //设置数据库打开标志
        isOpen=true
    }
}
```

在 Xcode 工程中创建一个新的类，使其继承自 UIViewController，并命名为 NoteInfoViewController。其将作为编辑记事内容的详情界面，其中代码如下：

```
import UIKit
//导入 SnapKit 自动布局框架
import SnapKit
class NoteInfoViewController: UIViewController {
```

```swift
        //当前编辑的记事数据模型
        var noteModel:NoteModel?
        //标题文本框
        var titleTextField:UITextField?
        //记事内容文本视图
        var bodyTextView:UITextView?
        //记事所属分组
        var group:String?
        var isNew = false
        override func viewDidLoad() {
            super.viewDidLoad()
            //消除导航对布局的影响
            self.edgesForExtendedLayout = UIRectEdge()
            self.view.backgroundColor = UIColor.white
            self.title = "记事"
            //监听键盘事件
            NotificationCenter.default.addObserver(self, selector: #selector
(keyBoardBeShow), name: UIResponder.keyboardWillShowNotification, object: nil)
            NotificationCenter.default.addObserver(self, selector: #selector
(keyBoardBeHidden), name: UIResponder.keyboardWillHideNotification, object: nil)
            //进行界面的加载
            installUI()
            //进行导航功能按钮的加载
            installNavigationItem()
        }


    func installNavigationItem(){
        //创建两个导航功能按钮，用于保存与删除记事
        let itemSave = UIBarButtonItem(barButtonSystemItem: .save, target: self,
action: #selector(addNote))
        let itemDelete = UIBarButtonItem(barButtonSystemItem: .trash, target:
self, action: #selector(deleteNote))
        self.navigationItem.rightBarButtonItems = [itemSave,itemDelete]
    }
    //添加记事
    @objc func addNote(){
        //如果是新建记事，进行数据库数据的新增
        if isNew {
            if titleTextField?.text != nil && titleTextField!.text!.count>0  {
                noteModel = NoteModel()
                noteModel?.title = titleTextField?.text!
                noteModel?.body = bodyTextView?.text
                //将当前时间进行格式化
                let dateFormatter = DateFormatter()
```

```
                      dateFormatter.dateFormat = "yyyy-MM-dd HH:mm:ss"
                      noteModel?.time = dateFormatter.string(from: Date())
                      noteModel?.group = group
                      DataManager.addNote(note: noteModel!)
                      self.navigationController!.popViewController(animated: true)
                  }
              }
          }
          //删除记事，暂时空实现
          @objc func deleteNote(){

          }
          //当键盘出现时会调用的方法
          @objc func keyBoardBeShow(notification:Notification) {
              let userInfo = notification.userInfo!
              let frameInfo = userInfo[UIResponder.keyboardFrameEndUserInfoKey] as
AnyObject
              //获取到键盘高度
              let height = frameInfo.cgRectValue.size.height
              //进行布局的更新
              bodyTextView?.snp.updateConstraints({ (maker) in
                  maker.bottom.equalTo(-30-height)
              })
              UIView.animate(withDuration: 0.3, animations: { () in
                  self.view.layoutIfNeeded()
              })
          }
          //当键盘消失时会调用的方法
          @objc func keyBoardBeHidden(notification:Notification)  {
              bodyTextView?.snp.updateConstraints({ (maker) in
                  maker.bottom.equalTo(-30)
              })
              UIView.animate(withDuration: 0.3, animations: { () in
                  self.view.layoutIfNeeded()
              })
          }
          //当用户点击屏幕非文本区域时，进行收键盘操作
          override func touchesEnded(_ touches: Set<UITouch>, with event: UIEvent?) {
              bodyTextView?.resignFirstResponder()
              titleTextField?.resignFirstResponder()
          }
          //在析构方法中移除通知的监听
          deinit {
              NotificationCenter.default.removeObserver(self)
```

```
    }
    //进行界面加载
    func installUI()  {
        titleTextField = UITextField()
        self.view.addSubview(titleTextField!)
        titleTextField?.borderStyle = .none
        titleTextField?.placeholder = "请输入记事标题"
        titleTextField?.snp.makeConstraints({ (maker) in
            maker.top.equalTo(30)
            maker.left.equalTo(30)
            maker.right.equalTo(-30)
            maker.height.equalTo(30)
        })
        let line = UIView()
        self.view.addSubview(line)
        line.backgroundColor = UIColor.gray
        line.snp.makeConstraints { (maker) in
            maker.left.equalTo(15)
            maker.top.equalTo(titleTextField!.snp.bottom).offset(5)
            maker.right.equalTo(-15)
            maker.height.equalTo(0.5)
        }
        bodyTextView = UITextView()
        bodyTextView?.layer.borderColor = UIColor.gray.cgColor
        bodyTextView?.layer.borderWidth = 0.5
        self.view.addSubview(bodyTextView!)
        bodyTextView?.snp.makeConstraints({ (maker) in
            maker.left.equalTo(30)
            maker.right.equalTo(-30)
            maker.top.equalTo(line.snp.bottom).offset(10)
            maker.bottom.equalTo(-30)
        })
    }
}
```

上面的示例代码中，需要注意：对于可进行长文本输入的界面，在移动端一般都会遇到这样一种情况，即弹出的虚拟键盘遮挡了用户输入的视线。处理这个问题通常会采用将界面整体上移或者重新布局两种方式。在键盘将要弹出或隐藏时，iOS系统的通知中心会分别发出keyboardWillShowNotification与keyboardWillHideNotification通知，开发者可以监听这两个通知来进行界面的重新布局，防止键盘遮挡用户的视线。

NoteInfoViewController除了作为新建记事的编辑界面外，也可以复用，作为对已有记事进行修改时的编辑界面。由于插入与更新对应数据库中两种完全不同的操作，因此使用isNew来标记。关于修改部分的功能开发，后面会继续介绍。

前面完成的NoteListTableViewController列表数据模拟的是静态数据，修改viewDidLoad()方法如下：

```
override func viewDidLoad() {
    super.viewDidLoad()
    self.title = name
    installNavigationItem()
    //从数据库中读取记事
    dataArray = DataManager.getNote(group: name!)
}
```

现在NoteListTableViewController类中的addNote方法如下：

```
func addNote() {
    let infoViewController = NoteInfoViewController()
    infoViewController.group = name!
    infoViewController.isNew = true
    self.navigationController?.pushViewController(infoViewController, animated:
true)
}
```

运行工程，添加一条记事，效果如图20-13和图20-14所示。

图 20-13　编辑记事界面

图 20-14　添加记事后的列表界面

20.7　更新记事与删除记事功能的开发

上一节完成的新建记事功能还有一些小问题，当用户保存记事后，虽然跳转到了记事列表界面，但记事列表界面并没有刷新。其实，数据库中已经有了新添加的记事数据，只是没有在界面上体现而已。对于这个问题，开发者需要在每次出现记事列表界面时进行数据的刷新操作，刚好可以在UIViewController类实例的生命周期方法中进行这样的操作，在NoteListTableViewController类中覆写如下方法：

```
override func viewWillAppear(_ animated: Bool) {
    super.viewWillAppear(true)
    dataArray = DataManager.getNote(group: name!)
    self.tableView.reloadData()
}
```

而viewDidLoad()中的加载数据的代码就可以注释了，没有必要读取两次数据。

在DataManager类中扩充几个方法，用来对数据库中的数据进行修改和删除，代码如下：

```
//更新一条记事内容
class func updateNote(note:NoteModel){
    if !isOpen {
        self.openDataBase()
    }
    //根据主键ID来进行更新
    let noteTable = Table("noteTable")
    let nId = Expression<Int64>("id")
    let alice = noteTable.filter(nId == Int64(note.noteId!))
    let ownGroup = Expression<String?>("ownGroup")
    let body = Expression<String?>("body")
    let title = Expression<String?>("title")
    let time = Expression<String?>("time")
    let _ = try? sqlHandle?.run(alice.update(ownGroup <- note.group, body <-
note.body, title <- note.title, time <- note.time))
}


//删除一条记事
class func deleteNote(note:NoteModel){
    if !isOpen {
        self.openDataBase()
    }
    let noteTable = Table("noteTable")
    let nId = Expression<Int64>("id")
    let alice = noteTable.filter(nId == Int64(note.noteId!))
    let _ = try? sqlHandle?.run(alice.delete())
}


//删除一个分组，将其下所有记事删除
class func deleteGroup(name:String){
    if !isOpen {
        self.openDataBase()
    }
    //首先删除分组下所有记事
    let noteTable = Table("noteTable")
    let ownGroup = Expression<String?>("ownGroup")
    let alice = noteTable.filter(ownGroup == name)
    let _ = try? sqlHandle?.run(alice.delete())

    let groupTable = Table("group")
    let gName = Expression<String?>("groupName")
    let gAlice = groupTable.filter(gName == name)
```

```
        //再删除分组
        let _ = try? sqlHandle?.run(gAlice.delete())
    }
```

修改NoteInfoViewController类中的addNote()方法，为其扩展更新记事的功能，代码如下：

```
@objc func addNote(){
    //判断是不是新建记事
    if isNew {
        if titleTextField?.text != nil && titleTextField!.text!.count>0 {
            noteModel = NoteModel()
            noteModel?.title = titleTextField?.text!
            noteModel?.body = bodyTextView?.text
            let dateFormatter = DateFormatter()
            dateFormatter.dateFormat = "yyyy-MM-dd HH:mm:ss"
            noteModel?.time = dateFormatter.string(from: Date())
            noteModel?.group = group
            DataManager.addNote(note: noteModel!)
            self.navigationController!.popViewController(animated: true)
        }
    //进行更新记事逻辑的编写
    }else{
        if titleTextField?.text != nil && titleTextField!.text!.count>0 {
            noteModel?.title = titleTextField?.text!
            noteModel?.body = bodyTextView?.text
            let dateFormatter = DateFormatter()
            dateFormatter.dateFormat = "yyyy-MM-dd HH:mm:ss"
            noteModel?.time = dateFormatter.string(from: Date())
            DataManager.updateNote(note:noteModel!)
            self.navigationController!.popViewController(animated: true)
        }
    }
}
```

实现NoteInfoViewController类中的deleteNote()方法如下：

```
@objc func deleteNote(){
    let alertController = UIAlertController(title: "警告", message: "您确定要
删除此条记事么？", preferredStyle: .alert)
    let action = UIAlertAction(title: "取消", style: .cancel, handler: nil)
    let action2 = UIAlertAction(title: "删除", style: .destructive, handler:
{(UIAlertAction) -> Void in
            //如果不是新建记事，再进行删除操作
        if !self.isNew {
            DataManager.deleteNote(note: self.noteModel!)
            self.navigationController!.popViewController(animated: true)
        }
    })
    alertController.addAction(action)
    alertController.addAction(action2)
    self.present(alertController, animated: true, completion: nil)
```

```
    }
```

需要注意，如果是编辑已有的记事，那么当用户进入记事详情列表后，记事原本的标题和内容都应该填充在编辑界面的相应位置，因此开发者需要在NoteInfoViewController类的InstallUI()方法最后添加如下代码：

```
if !isNew {
    titleTextField?.text = noteModel?.title
    bodyTextView?.text = noteModel?.body
}
```

完善了NoteInfoViewController类后，还需要对NoteListTableViewController类进行一些修改。首先，当用户点击某条记事后，要跳转到记事详情界面，实现协议方法如下：

```
override func tableView(_ tableView: UITableView, didSelectRowAt indexPath:
IndexPath) {
    //取消当前 Cell 的选中状态
    tableView.deselectRow(at: indexPath, animated: true)
    let infoViewController = NoteInfoViewController()
    infoViewController.group = name!
    infoViewController.isNew = false
    infoViewController.noteModel = dataArray[indexPath.row]
    self.navigationController?.pushViewController(infoViewController,
animated: true)
}
```

实现NoteListTableViewController类中的deleteGroup()方法如下：

```
@objc func deleteGroup() {
    let alertController = UIAlertController(title: "警告", message: "您确定要
删除此分组下所有记事么？", preferredStyle: .alert)
    let action = UIAlertAction(title: "取消", style: .cancel, handler: nil)
    let action2 = UIAlertAction(title: "删除", style: .destructive, handler:
{(UIAlertAction) -> Void in
            DataManager.deleteGroup(name: self.name!)
            self.navigationController!.popViewController(animated: true)

    })
    alertController.addAction(action)
    alertController.addAction(action2)
    self.present(alertController, animated: true, completion: nil)
}
```

同样，当用户删除整个分组后，应该跳转到应用程序的主页，此时主页也应该进行刷新操作，在ViewController类中覆写如下方法：

```
override func viewWillAppear(_ animated: Bool) {
    super.viewWillAppear(animated)
    dataArray = DataManager.getGroupData()
    self.homeView?.dataArray = dataArray
    self.homeView?.updateLayout()
}
```

viewDidLoad()中加载数据的操作也可以注释掉了。

至此，点滴生活记事本的所有功能已经开发完毕相信通过对本章内容的学习，大家对界面间交互、数据库操作以及独立控件的封装等开发中常用的技术会有更深的体会。最后，别忘了添加图标与启动界面，一款完整的点滴生活记事本应用程序就开发完了。运行工程，好好体验一下你的劳动成果吧！

第21章

实战三：《中国象棋》游戏

思维就是与自己交谈。

——乌纳穆诺

简易计算器项目的学习主要是为了帮助读者熟练界面的自动布局技术，点滴生活记事本项目的学习主要是为了帮助读者更深入地了解控件封装、多界面交互传值与数据库操作等技术。本章将以一款游戏软件《中国象棋》为例，侧重向读者介绍开发中的逻辑部分的处理方法。通过本章的学习，相信能够帮助读者更加轻松地分析出逻辑性很强的项目的开发思路。

通过本章，你将学习到：

- 音频技术在项目开发中的应用。
- 单例设计模式在开发中的应用。
- 落棋算法分析。
- 游戏胜负条件判定的分析。
- 控件的独立封装与组合使用。
- 代码的优化与重构技巧。

21.1 项目工程的搭建与音频模块的开发

本节将向读者介绍iOS开发中音频文件的播放技术。在iOS开发框架中包含一个名为AVFoundation的框架，这个框架封装了许多用于处理音视频相关的类，使用它们，开发者可以十分轻松地在项目中引用音视频数据。

使用Xcode开发工具创建一个工程并将其命名为ChineseChess。一般的游戏都有背景音乐，《中国象棋》游戏也不例外。类似《中国象棋》这样的游戏，可以配一首古典风格的轻音乐作为背景音乐，循环播放。在工程中引入音频文件十分简单，读者可以直接将下载好的MP3格式的文件拖入工程目录中，这里需要注意，在引入文件时，需要勾选Copy items if needed与当前工程ChineseChess复选框，选中Create groups单选按钮，如图21-1所示。

　　背景音乐是整个游戏级别的功能，其并不属于某一个界面或者某一个类。当用户对背景音乐进行开、关操作时，也应该作用于整个游戏。由于这样的特点，可以在项目中创建一个音频引擎类，采用单例的设计模式，使得此引擎被整个项目所共享。

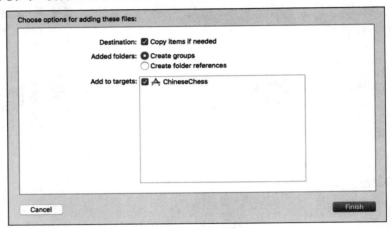

图 21-1　向工程中引入文件

> **提　示**
>
> 所谓单例设计模式，是指这个类在整个应用程序运行期间只能被实例化一次。换句话讲，采用单例模式的类，其中的数据也被整个应用共享。以背景音乐播放为例，A 界面和 B 界面都有可能打开或者关闭音效，当用户在 A 界面关闭音效后，来到 B 界面，音乐也不会播放，同理，如果用户在 B 界面打开了音效，回到 A 界面后，音效也是打开状态，这种逻辑就叫作数据共享。

　　在工程中创建一个新的类，使其继承自NSObject类，并将其命名为MusicEngine。这个音乐引擎类采用单例的设计模式，为了保证开发者在使用这个类时只能创建一个实例，因此需要将其构造方法私有化，并且提供一个返回单例对象的属性，MusicEngine类实现如下：

```swift
import UIKit
import AVFoundation
class MusicEngine: NSObject {
    //音频引擎单例
    static let sharedInstance = MusicEngine()
    //音频播放器
    var player:AVAudioPlayer?

    private override init() {
        //获取音频文件，forResource参数为工程中的音频文件名，需要为MP3格式
        let path = Bundle.main.path(forResource: "bgMusic", ofType: "mp3")
        let data = try! Data(contentsOf: URL(fileURLWithPath: path!))
        player = try! AVAudioPlayer(data: data)
```

```
        //进行音频的预加载
        player?.prepareToPlay()
        //设置音频循环播放次数
        player?.numberOfLoops = -1
    }
    //提供一个开始播放背景音频的方法
    func playBackgroundMusic() {
        //如果音频没有在播放，再进行播放
        if !player!.isPlaying {
            player?.play()
        }

    }
    //提供一个停止播放背景音频的方法
    func stopBackgroundMusic() {
    //如果音频正在播放，再进行停止
        if player!.isPlaying {
            player?.stop()
        }
    }
}
```

　　AVAudioPlayer是一个专门用来播放音频文件的类，需要注意，其numberOfLoops属性用于设置循环播放的次数，如果设置为0，则默认不循环播放，只播放一次；如果设置为负数，则会无限循环播放。

　　在工程中再新建一个类，使其继承自NSObject，并将其命名为UserInfoManager。这个类的主要作用是将用户的设置信息本地持久化。例如用户关闭了背景音乐，退出游戏后再次进入，背景音乐也是关闭的。借助系统的UserDefaults类可以轻松实现用户偏好设置的本地持久化，UserInfoManager类实现如下：

```
class UserInfoManager: NSObject {
    //获取用户音频设置状态
    class func getAudioState() -> Bool {
        let isOn = UserDefaults.standard.string(forKey: "audioKey")
        if let on = isOn {
            if on == "on" {
                return true
            }else{
                return false
            }
        }
        return true
    }
    //进行用户音频设置状态的存储
    class func setAudioState(isOn:Bool){
        if isOn {
            UserDefaults.standard.set("on", forKey: "audioKey")
        }else{
            UserDefaults.standard.set("off", forKey: "audioKey")
```

```
        }
        UserDefaults.standard.synchronize()
    }
}
```

游戏的首页一般会作为欢迎界面，可以在Main.storyboard中对首页ViewController做一些简单的布局，以方便演示。首页只填充了一张背景图片，并添加了一个游戏名称标题和两个功能按钮，标题采用的是UILabel控件，按钮采用的是UIButton控件。然后对其进行自动布局以约束位置，效果如图21-2所示。

图 21-2　游戏首页的布局

将两个按钮以及响应的触发方法与ViewController类进行关联，实现ViewController类如下：

```
import UIKit
class ViewController: UIViewController {
    //从StoryBoard关联进来的视图控件
    @IBOutlet weak var startGame: UIButton!
    @IBOutlet weak var musicButton: UIButton!
    override func viewDidLoad() {
        super.viewDidLoad()
        //读取用户音频设置状态
        if UserInfoManager.getAudioState() {
            musicButton.setTitle("音乐:开", for: .normal)
            //进行音频播放
            MusicEngine.sharedInstance.playBackgroundMusic()
        }else{
            musicButton.setTitle("音乐:关", for: .normal)
            //停止音频播放
            MusicEngine.sharedInstance.stopBackgroundMusic()
        }
    }
    //从StoryBoard关联进来的功能按钮触发方法
    @IBAction func startGameClick(_ sender: UIButton) {

    }
```

```
//用户点击音频设置按钮后，进行状态的切换
@IBAction func musicButtonClick(_ sender: UIButton) {
    if UserInfoManager.getAudioState() {
        musicButton.setTitle("音乐:关", for: .normal)
        UserInfoManager.setAudioState(isOn:false)
        MusicEngine.sharedInstance.stopBackgroundMusic()
    }else{
        musicButton.setTitle("音乐:开", for: .normal)
        UserInfoManager.setAudioState(isOn:true)
        MusicEngine.sharedInstance.playBackgroundMusic()
    }
}
```

运行工程，点击音效开关按钮，可以验证对音频的开关控制。

21.2　《中国象棋》棋子控件的开发

对于类似《中国象棋》这样的游戏软件的开发乍看起来十分复杂，需要控制棋子的布局、用户落子的交互、胜负判定等，但如果将它们分解开来，抽象成类，不同的类来完成不同的功能，并设计得当，那么看似复杂的功能就会拨云见日，豁然开朗，这也是面向对象开发的精髓之处。

对于《中国象棋》这类游戏，在开发时依然可以采用简易计算器项目的开发思路：将逻辑与界面分离开来。棋子、棋盘都属于界面的开发范畴，不同棋子的行棋规则、胜负判定则属于逻辑开发的范畴。本节将带领读者进行棋子控件的开发。

首先，在工程中新建一个类，使其继承自UIButton类，并将其命名为ChessItem。实现ChessItem类如下：

```
import UIKit
class ChessItem: UIButton {
    //这个属性标记棋子的选中状态
    var selectedState:Bool = false
    //这个属性标记是否为红方棋子
    var isRed = true
    //提供一个自定义的构造方法
    init(center:CGPoint) {
        //根据屏幕尺寸决定棋子大小
        let screenSize = UIScreen.main.bounds.size
        let itemSize = CGSize(width: (screenSize.width-40)/9-4, height:
(screenSize.width-40)/9-4)
        super.init(frame: CGRect(origin: CGPoint(x: center.x-itemSize.width/2, y:
center.y-itemSize.width/2), size: itemSize))
        installUI()
    }
    //进行棋子 UI 的设计
    func installUI() {
```

```
        self.backgroundColor = UIColor.white
        self.layer.masksToBounds = true
        self.layer.cornerRadius = ((UIScreen.main.bounds.size.width-40)/ 9-4)/2
        self.layer.borderWidth = 0.5
    }
    //设置棋子标题，isOwn 属性决定是己方或敌方
    func setTitle(title:String,isOwn:Bool) {
        self.setTitle(title, for: .normal)
        if isOwn {
            self.layer.borderColor = UIColor.red.cgColor
            self.setTitleColor(UIColor.red, for: .normal)
            self.isRed = true
        }else{
            self.layer.borderColor = UIColor.green.cgColor
            self.setTitleColor(UIColor.green, for: .normal)
            //敌方的棋子要进行 180 度旋转
            self.transform = CGAffineTransform(rotationAngle:
CGFloat(Double.pi))
            self.isRed = false
        }
    }
    //将棋子设置为选中状态
    func setSelectedState()  {
        if !selectedState {
            selectedState = true
            self.backgroundColor = UIColor.purple
        }
    }
    //将棋子设置为非选中状态
    func setUnselectedState(){
        if selectedState {
            selectedState = false
            self.backgroundColor = UIColor.white
        }

    }
    //必要构造方法
    required init?(coder aDecoder: NSCoder) {
        fatalError("init(coder:) has not been implemented")
    }
}
```

上一节完成了对游戏欢迎界面的开发，但是开始游戏的功能并没有实现，在工程中新建一个类作为游戏界面类，使其继承自UIViewController，并命名为GameViewController。可以在其中对编写的棋子类进行效果验证，实现GameViewController类如下：

```
import UIKit
class GameViewController: UIViewController {
    override func viewDidLoad() {
        super.viewDidLoad()
```

```
        self.view.backgroundColor = UIColor.white
        //对棋子样式进行测试
        let item1 = ChessItem(center: CGPoint(x: 100, y: 100))
        item1.setTitle(title: "兵", isOwn: true)
        let item2 = ChessItem(center: CGPoint(x: 200, y: 100))
        item2.setTitle(title: "卒", isOwn: false)
        self.view.addSubview(item1)
        self.view.addSubview(item2)
        item1.addTarget(self, action: #selector(itemClick), for: .touchUpInside)
    }
    //测试棋子选中状态
    @objc func itemClick(item:ChessItem)  {
        if item.selectedState {
            item.setUnselectedState()
        }else{
            item.setSelectedState()
        }
    }
}
```

在ViewController类中实现startGameClick()方法如下：

```
    @IBAction func startGameClick(_ sender: UIButton) {
        let gameController = GameViewController()
        gameController.modalPresentationStyle = .overFullScreen
        self.present(gameController, animated: true, completion: nil)
    }
```

运行工程，效果如图21-3所示。

图 21-3　棋子控件的开发

21.3 《中国象棋》棋盘控件的开发

仔细观察中国象棋的棋盘结构，可以发现其实际上是由10行9列的网络组成的，本节将采用绘图的方式来进行《中国象棋》棋盘的绘制。在iOS开发中，系统框架提供了CoreGraphics模块，用来进行二维图形的绘制十分方便。首先在工程中新建一个类文件，使其继承自UIView，并命名为ChessBoard，将其作为《中国象棋》游戏的棋盘类。

首先在ChessBoard类中添加一个属性，用于棋盘绘制以及界面棋子的摆放，添加属性如下：

```
//根据屏幕宽度计算网格大小
let Width = (UIScreen.main.bounds.size.width-40)/9
//红方所有棋子
let allRedChessItemsName = ["車","馬","相","士","帥","士","相","馬","車","炮","炮","兵","兵","兵","兵","兵"]
//绿方所有棋子
let allGreenChessItemsName = ["车","马","象","仕","将","仕","象","马","车","炮","炮","卒","卒","卒","卒","卒"]
//棋盘上所剩下的红方棋子对象
var currentRedItem = Array<ChessItem>()
//棋盘上所剩下的绿方棋子对象
var currentGreenItem = Array<ChessItem>()
```

任何一个UIView的子类都可以覆写父类的draw()方法，draw()方法用来绘制视图，在ChessBoard类中覆写draw()方法如下：

```
override func draw(_ rect: CGRect) {
    //获取当前视图的图形上下文
    let context = UIGraphicsGetCurrentContext()
    //设置绘制线条的颜色为黑色
    context?.setStrokeColor(UIColor.black.cgColor)
    //设置绘制线条的宽度为0.5个单位
    context?.setLineWidth(0.5)
    //进行水平线的绘制
    for index in 0...9 {
        //通过移动点来确定每行的起点
        context?.move(to: CGPoint(x: Width/2, y:Width/2+Width*CGFloat(index)))
        //从左向右绘制水平线
        context?.addLine(to: CGPoint(x: rect.size.width-Width/2, y:Width/2+Width*CGFloat(index)))
        context?.drawPath(using: .stroke)
    }
    //进行竖直线的绘制
    for index in 0..<9 {
        //最左边和最右边的线贯穿始终
        if index==0 || index==8 {
            context?.move(to: CGPoint(x: Width/2+Width*CGFloat(index), y:
```

```
Width/2))
                        context?.addLine(to: CGPoint(x: Width*CGFloat(index)+Width/2, y:
rect.size.height-Width/2))
                    //中间的先以楚河汉界为分隔
                    }else{
                        context?.move(to: CGPoint(x: Width/2+Width*CGFloat(index), y:
Width/2))
                        context?.addLine(to: CGPoint(x: Width*CGFloat(index)+Width/2, y:
rect.size.height/2-Width/2))
                        context?.move(to: CGPoint(x: Width/2+Width*CGFloat(index), y:
rect.size.height/2+Width/2))
                        context?.addLine(to: CGPoint(x: Width*CGFloat(index)+Width/2, y:
rect.size.height-Width/2))
                    }
                }
            //绘制双方主帅田字格
            context?.move(to: CGPoint(x: Width/2+Width*3, y: Width/2))
            context?.addLine(to: CGPoint(x: Width/2+Width*5, y: Width/2+Width*2))
            context?.move(to: CGPoint(x: Width/2+Width*5, y: Width/2))
            context?.addLine(to: CGPoint(x: Width/2+Width*3, y: Width/2+Width*2))
            context?.move(to: CGPoint(x: Width/2+Width*3, y: Width*10-Width/2))
            context?.addLine(to: CGPoint(x: Width/2+Width*5, y: Width*10-Width/
2-Width*2))
            context?.move(to: CGPoint(x: Width/2+Width*5, y:Width*10-Width/2))
            context?.addLine(to: CGPoint(x: Width/2+Width*3, y:
Width*10-Width/2-Width*2))
            context?.drawPath(using: .stroke)
        }
```

为ChessBoard类提供一个自定义的构造方法，代码如下：

```
    init(origin:CGPoint) {
        //根据屏幕宽度计算棋盘宽度
        super.init(frame: CGRect(x: origin.x, y: origin.y, width: UIScreen.main.
bounds.size.width-40, height: Width*10))
        //设置棋盘背景色
        self.backgroundColor = UIColor(red: 1, green: 252/255.0, blue: 234/255.0,
alpha: 1)
        //楚河汉界标签
        let label1 = UILabel(frame: CGRect(x: Width, y: Width*9/2, width: Width*3,
height: Width))
        label1.backgroundColor = UIColor.clear
        label1.text = "楚河"
        let label2 = UILabel(frame: CGRect(x: Width*5, y: Width*9/2, width: Width*3,
height: Width))
        label2.backgroundColor = UIColor.clear
        label2.text = "漢界"
        label2.transform = CGAffineTransform(rotationAngle: CGFloat(Double.pi))
        self.addSubview(label1)
        self.addSubview(label2)
        //进行游戏重置
```

```
        reStartGame()
    }
```

需要注意，如果提供了自定义的构造方法，就必须实现父类中的必要构造方法，可以采用空实现的方式，代码如下：

```
    required init?(coder aDecoder: NSCoder) {
        fatalError("init(coder:) has not been implemented")
    }
```

游戏重置方法reStartGame()主要用于清除棋盘残局，重新开局将，棋子摆放在棋盘上，开始新的一局游戏，reStartGame()方法实现如下：

```
    func reStartGame(){
        //清理残局
        currentGreenItem.forEach { (item) in
            item.removeFromSuperview()
        }
        currentRedItem.forEach { (item) in
            item.removeFromSuperview()
        }
        currentRedItem.removeAll()
        currentGreenItem.removeAll()
        //棋子布局
        var redItem:ChessItem?
        var greenItem:ChessItem?
        //红绿双方各有 16 个棋子
        for index in 0..<16 {
            //进行非兵、非炮棋子的布局
            if index<9 {
                //红方布局
                redItem = ChessItem(center: CGPoint(x: Width/2+Width*
CGFloat(index), y: Width*10-Width/2))
                redItem!.setTitle(title: allRedChessItemsName[index], isOwn:
true)
                //绿方布局
                greenItem = ChessItem(center: CGPoint(x: Width/2+Width*
CGFloat(index), y: Width/2))
                greenItem!.setTitle(title: allGreenChessItemsName[index], isOwn:
false)
            //进行炮棋子的布局
            }else if index<11 {
                if index==9 {
                    redItem = ChessItem(center: CGPoint(x: Width/2+Width, y:
Width*10-Width/2-Width*2))
                    redItem!.setTitle(title: allRedChessItemsName[index], isOwn:
true)
                    greenItem = ChessItem(center: CGPoint(x: Width/2+Width, y:
Width/2+Width*2))
                    greenItem!.setTitle(title: allGreenChessItemsName[index],
isOwn: false)
```

```
                }else{
                    redItem = ChessItem(center: CGPoint(x: Width*9-Width/2-Width,
y: Width*10-Width/2-Width*2))
                    redItem!.setTitle(title: allRedChessItemsName[index], isOwn:
true)
                    greenItem = ChessItem(center: CGPoint(x: Width*9-Width/2-Width,
y: Width/2+Width*2))
                    greenItem!.setTitle(title: allGreenChessItemsName[index],
isOwn: false)
                }
            //进行兵棋子的布局
            }else{
                //红方布局
                redItem = ChessItem(center: CGPoint(x: Width/2+Width*2
*CGFloat(index-11), y: Width*10-Width/2-Width*3))
                    redItem!.setTitle(title: allRedChessItemsName[index], isOwn:
true)
                //绿方布局
                greenItem = ChessItem(center: CGPoint(x: Width/2+Width*2*
CGFloat(index-11), y: Width/2+Width*3))
                    greenItem!.setTitle(title: allGreenChessItemsName[index], isOwn:
false)
            }
            //将棋子添加到当前视图
            self.addSubview(redItem!)
            self.addSubview(greenItem!)
            //将棋子添加进数组
            currentRedItem.append(redItem!)
            currentGreenItem.append(greenItem!)
            //添加用户交互方法
            redItem?.addTarget(self, action: #selector(itemClick), for:
.touchUpInside)
            greenItem?.addTarget(self, action: #selector(itemClick), for:
.touchUpInside)
        }
    }
```

关于用户交互方法，本节先不做过多处理，为验证效果可以将其简单实现，代码如下：

```
@objc func itemClick(item:ChessItem){
    item.setSelectedState()
}
```

修改GameViewController类中的viewDidLoad()方法如下，用以验证棋盘的编写是否正确：

```
class GameViewController: UIViewController {
    //为 GameViewController 类提供一个棋盘属性
    var  chessBoard:ChessBoard?
    override func viewDidLoad() {
        super.viewDidLoad()
        //为游戏界面添加一个背景图案
        let bgImage = UIImageView(image: UIImage(named: "gameBg"))
```

```
        bgImage.frame = self.view.frame
        self.view.addSubview(bgImage)
        self.view.backgroundColor = UIColor.white
        //构造棋盘对象
        chessBoard = ChessBoard(origin: CGPoint(x: 20, y: 80))
        //添加到当前视图
        self.view.addSubview(chessBoard!)
    }
}
```

运行工程，效果如图21-4所示。

图 21-4　中国象棋游戏棋盘的开发

21.4　"兵"与"卒"行棋逻辑的开发

《中国象棋》游戏中最核心的部分在于行棋规则。关于行棋规则的开发采用这样的策略：当玩家选中本方棋子时，棋盘上会标记出此棋子可以行走到的所有位置，可以是某个空位置，也可以是敌方棋子所在的位置。用户选择某一个位置后，棋子再进行移动，如果此位置有敌方棋子，则敌方棋子将被吃掉。

首先封装一个标记类作为棋子可以进行移动的标记点，在工程中新建一个继承自UIButton的类，并将其命名为**TipButton**，实现如下：

```
import UIKit
//该类用于标记当前选中的棋子可以移动到的位置
class TipButton: UIButton {
    //提供一个自定义的构造方法
    init(center:CGPoint){
        super.init(frame: CGRect(x: center.x-10, y: center.y-10, width: 20, height:
```

```
20))
            installUI()
    }
    //加载UI
    func installUI() {
        self.layer.masksToBounds = true
        self.layer.cornerRadius = 10
        self.backgroundColor = UIColor.orange
    }
    required init?(coder aDecoder: NSCoder) {
        fatalError("init(coder:) has not been implemented")
    }
}
```

对于不同类型棋子的行棋规则、红绿双方交替行棋的逻辑以及胜负判定逻辑等,都应独立到一个专门用于处理逻辑的类中,可以将其称为游戏引擎类。ChessBoard类提供棋子空间上移动的方法,但是它并不应该包含太多算法逻辑。同样,在游戏引擎类中应该着重处理相关算法,而不应该计算棋子在空间上的坐标。因此,读者可以理解为,要将游戏引擎类与ChessBoard类关联起来,使得游戏引擎可以控制棋子的移动,就需要将棋盘上每一个可以落棋的点组成一个二维矩阵,例如棋盘最左上方的点可以描述为(0,0),向右依次为(1,0)、(2,0)等,向下依次为(0,1)、(0,2)等。

上一节中开发的ChessBoard类并没有完善,其添加了棋子的用户交互事件,却没有将事件传递出来,在ChessBoard.swift文件中添加一个代理协议,用于传递事件,代码如下:

```
protocol ChessBoardDelegate {
    //当用户点击某个棋子时触发的方法
    func chessItemClick(item:ChessItem)
    //当棋子移动完成后触发的方法
    func chessMoveEnd()
}
```

在ChessBoard类中添加几个属性,如下:

```
//代理
var delegate:ChessBoardDelegate?
//棋盘上所有可以行棋的位置标记的实例数组
var tipButtonArray = Array<TipButton>()
//当前行棋的棋子可以前进的矩阵位置
var currentCanMovePosition = Array<(Int,Int)>()
```

修改ChessBoard类的itemClick()方法如下:

```
@objc func itemClick(item:ChessItem){
    if delegate != nil {
        delegate?.chessItemClick(item: item)
    }
}
```

在ChessBoard类中添加如下几个方法:

```
//取消所有棋子的选中状态
func cancelAllSelect() {
```

```
        currentRedItem.forEach { (item) in
            item.setUnselectedState()
        }
        currentGreenItem.forEach { (item) in
            item.setUnselectedState()
        }
    }
    //将棋子坐标映射为二维矩阵中的点
    func transfromPositionToMatrix(item:ChessItem) -> (Int,Int) {
        let res = (Int(item.center.x-Width/2)/Int(Width),Int(item.center.
y-Width/2)/Int(Width))
        return res
    }
    //获取棋盘上所有红方棋子在二维矩阵中位置的数组
    func getAllRedMatrixList()->[(Int,Int)] {
        var list = Array<(Int,Int)>()
        currentRedItem.forEach { (item) in
            list.append(self.transfromPositionToMatrix(item: item))
        }
        return list
    }
    //获取棋盘上所有绿方棋子在二维矩阵中位置的数组
    func getAllGreenMatrixList()->[(Int,Int)] {
        var list = Array<(Int,Int)>()
        currentGreenItem.forEach { (item) in
            list.append(self.transfromPositionToMatrix(item: item))
        }
        return list
    }
    //将可以移动到的位置进行标记
    func wantMoveItem(positions:[(Int,Int)],item:ChessItem) {
        //如果是红方在路径上有己方棋子，则不能移动
        var list:Array<(Int,Int)>?
        if item.isRed {
            list = getAllRedMstrixList()
        }else{
            list = getAllGreenMstrixList()
        }
        currentCanMovePosition.removeAll()
        positions.forEach { (position) in
            if list!.contains(where: { (pos) -> Bool in
                if pos == position {
                    return true
                }
                return false
            }) {
            }else{
                currentCanMovePosition.append(position)
            }
        }
```

```swift
            //将可以进行前进的位置使用按钮进行标记
            tipButtonArray.forEach { (item) in
                item.removeFromSuperview()
            }
            tipButtonArray.removeAll()
            for index in 0..<currentCanMovePosition.count {
                //将矩阵转换成位置坐标
                let position = currentCanMovePosition[index]
                let center = CGPoint(x: CGFloat(position.0)*Width+Width/2, y:
CGFloat(position.1)*Width+Width/2)
                let tip = TipButton(center: center)
                tip.addTarget(self, action: #selector(moveItem), for:
.touchUpInside)
                tip.tag = 100+index
                self.addSubview(tip)
                tipButtonArray.append(tip)
            }
        }
        //获取所有红方棋子的矩阵数组
        func getAllRedMstrixList()->[(Int,Int)] {
            var list = Array<(Int,Int)>()
            currentRedItem.forEach { (item) in
                list.append(self.transfromPositionToMatrix(item: item))
            }
            return list
        }
        //获取所有绿方棋子的矩阵数组
        func getAllGreenMstrixList()->[(Int,Int)] {
            var list = Array<(Int,Int)>()
            currentGreenItem.forEach { (item) in
                list.append(self.transfromPositionToMatrix(item: item))
            }
            return list
        }


        @objc func moveItem(tipButton:TipButton) {
            //得到要移动到的位置
            let position = currentCanMovePosition[tipButton.tag-100]
            //转换成坐标
            let point = CGPoint(x: CGFloat(position.0)*Width+Width/2, y:
CGFloat(position.1)*Width+Width/2)
            //找到被选中的棋子
            var isRed:Bool?
            currentRedItem.forEach { (item) in
                if item.selectedState {
                    isRed = true
                    //进行动画移动
                    UIView.animate(withDuration: 0.3, animations: {
                        item.center = point
                    })
```

```
            }
        }
        currentGreenItem.forEach { (item) in
            if item.selectedState {
                isRed = false
                //进行动画移动
                UIView.animate(withDuration: 0.3, animations: {
                    item.center = point
                })
            }
        }
        //检查是否有敌方棋子，如果有，就吃掉该棋子
        var shouldDeleteItem:ChessItem?
        if isRed! {
            currentGreenItem.forEach({ (item) in
                if transfromPositionToMatrix(item: item) == position {
                    shouldDeleteItem = item
                }
            })
        }else{
            currentRedItem.forEach({ (item) in
                if transfromPositionToMatrix(item: item) == position {
                    shouldDeleteItem = item
                }
            })
        }
        if let it = shouldDeleteItem {
            it.removeFromSuperview()
            if isRed!{
                currentGreenItem.remove(at: currentGreenItem.firstIndex(of:
it)!)
            }else{
                currentRedItem.remove(at: currentRedItem.firstIndex(of: it)!)
            }
        }
        //将标记删除
        tipButtonArray.forEach { (item) in
            item.removeFromSuperview()
        }
        tipButtonArray.removeAll()
        if delegate != nil {
            delegate?.chessMoveEnd()
        }
    }
```

在工程中创建一个新的类，使其继承自NSObject，命名为GameEngine，将其作为《中国象棋》游戏的游戏引擎类，实现如下：

```
//需要遵守 ChessBoardDelegate 协议
class GameEngine: NSObject,ChessBoardDelegate {
    //当前游戏棋盘
```

```swift
var gameBoard:ChessBoard?
//设置是否红方先走，默认红方先走
var redFirstMove = true
//标记当前需要行棋的一方
var shouldRedMove = true
init(board:ChessBoard) {
    gameBoard = board
    super.init()
    gameBoard?.delegate = self
}
//开始游戏的方法
func startGame() {
    gameBoard?.reStartGame()
}
//设置先行棋的一方
func setRedFirstMove(red:Bool) {
    redFirstMove = red
    shouldRedMove = red
}
//用户点击某个棋子后的回调
func chessItemClick(item: ChessItem) {
    //判断所点击的棋子是否属于应该行棋的一方
    if shouldRedMove {
        if item.isRed {
            gameBoard?.cancelAllSelect()
            item.setSelectedState()
        }else{
            return
        }
    }else{
        if !item.isRed {
            gameBoard?.cancelAllSelect()
            item.setSelectedState()
        }else{
            return
        }
    }
    //进行行棋算法
    checkCanMove(item: item)
}
//检测可以移动的位置
func checkCanMove(item:ChessItem) {
    //进行"兵"行棋算法
    if item.title(for: .normal) == "兵" {
        //获取棋子在二维矩阵中的位置
        let position = gameBoard!.transfromPositionToMatrix(item: item)
        //如果没过界，"兵"只能前进
        var wantMove=Array<(Int,Int)>()
        if position.1>4 {
            wantMove = [(position.0,position.1-1)]
```

```
            }else{
                //左右前
                if position.0>0 {
                    wantMove.append((position.0-1,position.1))
                }
                if position.0<8 {
                    wantMove.append((position.0+1,position.1))
                }
                if position.1>0 {
                    wantMove.append((position.0,position.1-1))
                }
            }
            //交换给棋盘类进行移动提示
            gameBoard?.wantMoveItem(positions: wantMove, item: item)
        }
        if item.title(for: .normal) == "卒" {
            //获取棋子在二维矩阵中的位置
            let position = gameBoard!.transfromPositionToMatrix(item: item)
            //如果没过界，"卒"只能前进
            var wantMove=Array<(Int,Int)>()
            if position.1<5 {
                wantMove = [(position.0,position.1+1)]
            }else{
                //左右前
                if position.0>0 {
                    wantMove.append((position.0-1,position.1))
                }
                if position.0<8 {
                    wantMove.append((position.0+1,position.1))
                }
                if position.1<9 {
                    wantMove.append((position.0,position.1+1))
                }
            }
            //交换给棋盘类进行移动提示
            gameBoard?.wantMoveItem(positions: wantMove, item: item)
        }
    }
    //一方行棋完成后，换另一方行棋
    func chessMoveEnd() {
        shouldRedMove = !shouldRedMove
        gameBoard?.cancelAllSelect()
    }
}
```

上面实现的游戏引擎类中目前只实现了棋子"兵"和"卒"的行棋算法，后面只需根据不同
类型的棋子设计不同的算法即可。GameViewController中的代码修改如下：

```
class GameViewController: UIViewController {
    //棋盘
    var chessBoard:ChessBoard?
```

```
//游戏引擎
var gameEngine:GameEngine?

override func viewDidLoad() {
    super.viewDidLoad()
    let bgImage = UIImageView(image: UIImage(named: "gameBg"))
    bgImage.frame = self.view.frame
    self.view.addSubview(bgImage)
    self.view.backgroundColor = UIColor.white
    chessBoard = ChessBoard(origin: CGPoint(x: 20, y: 80))
    self.view.addSubview(chessBoard!)
    //进行游戏引擎的实例化
    gameEngine = GameEngine(board: chessBoard!)
}
}
```

运行工程,可以进行双方兵卒的行棋测试,效果如图21-5和图21-6所示。

图 21-5 兵卒的行棋测试(1)

图 21-6 兵卒的行棋测试(2)

21.5 "将"与"士"相关棋子行棋逻辑的开发

读者通过上一节的学习,已经完成了整个象棋游戏中最核心的逻辑部分,之后只需要根据不同类型的棋子设计不同的行棋算法以及完成胜负的校验即可。"将"和"士"棋子的行棋规则很简单,实现起来也十分容易,读者只需要根据二维矩阵约束其边界条件即可。在GameEngine类的checkCanMove()方法的最后追加如下代码:

```
if item.title(for: .normal) == "士" {
    //获取棋子在二维矩阵中的位置
    let position = gameBoard!.transfromPositionToMatrix(item: item)
    //士在将格内沿对角线行棋
    var wantMove=Array<(Int,Int)>()
```

```
        //在左上、右上、左下、右下 4 个方向行棋
        if position.0<5 && position.1>7 {
            wantMove.append((position.0+1,position.1-1))
        }
        if position.0>3 && position.1<9 {
            wantMove.append((position.0-1,position.1+1))
        }
        if position.0>3 && position.1>7 {
            wantMove.append((position.0-1,position.1-1))
        }
        if position.0<5 && position.1<9 {
            wantMove.append((position.0+1,position.1+1))
        }
        //交给棋盘类进行移动提示
        gameBoard?.wantMoveItem(positions: wantMove, item: item)
    }
    if item.title(for: .normal) == "仕" {
        //获取棋子在二维矩阵中的位置
        let position = gameBoard!.transfromPositionToMatrix(item: item)
        //士在将格内沿对角线行棋
        var wantMove=Array<(Int,Int)>()
        //在左上、右上、左下、右下 4 个方向行棋
        if position.0<5 && position.1<2 {
            wantMove.append((position.0+1,position.1+1))
        }
        if position.0>3 && position.1>0 {
            wantMove.append((position.0-1,position.1-1))
        }
        if position.0>3 && position.1<2 {
            wantMove.append((position.0-1,position.1+1))
        }
        if position.0<5 && position.1>0 {
            wantMove.append((position.0+1,position.1-1))
        }
        //交给棋盘类进行移动提示
        gameBoard?.wantMoveItem(positions: wantMove, item: item)
    }
    if item.title(for: .normal) == "帅" {
        //获取棋子在二维矩阵中的位置
        let position = gameBoard!.transfromPositionToMatrix(item: item)
        //在将格内移动，上下左右移动
        var wantMove=Array<(Int,Int)>()
        if position.1<9 {
            wantMove.append((position.0,position.1+1))
        }
        if position.1>7 {
            wantMove.append((position.0,position.1-1))
        }
        if position.0<5 {
            wantMove.append((position.0+1,position.1))
```

```
        }
        if position.0>3 {
            wantMove.append((position.0-1,position.1))
        }
        //交给棋盘类进行移动提示
        gameBoard?.wantMoveItem(positions: wantMove, item: item)
    }
    if item.title(for: .normal) == "将" {
        //获取棋子在二维矩阵中的位置
        let position = gameBoard!.transfromPositionToMatrix(item: item)
        //在将格内移动，上下左右移动
        var wantMove=Array<(Int,Int)>()
        if position.1<2 {
            wantMove.append((position.0,position.1+1))
        }
        if position.1>0 {
            wantMove.append((position.0,position.1-1))
        }
        if position.0<5 {
            wantMove.append((position.0+1,position.1))
        }
        if position.0>3 {
            wantMove.append((position.0-1,position.1))
        }
        //交给棋盘类进行移动提示
        gameBoard?.wantMoveItem(positions: wantMove, item: item)
    }
```

上面的示例代码又追加了4个if语句块，"将"和"帅"只能上、下、左、右移动，每次只能移动一步，并且只能在一个2×2的网格中移动。同样，"士"和"仕"这样的棋子也只能在这个网格中移动，但其需要按照对角线方向移动，每次移动一步。运行工程，效果如图21-7所示。

图 21-7　将、士这类棋子的行棋逻辑开发

21.6　"象"与"马"相关棋子行棋逻辑的开发

　　"象"和"马"这类棋子的行棋算法要比前面章节介绍的棋子略微复杂。因为除了要计算可能行棋到的位置外，还需要额外考虑"塞象眼"与"别马蹄"的情况。

　　所谓"塞象眼"，是指在田字格的中心如果有棋子，那么无论是己方还是敌方，"象"都无法朝这个方向移动；所谓"别马蹄"，是指"日"字起点的正方向一格如果有棋子，那么无论是己方还是敌方，都会阻止"马"朝这个方向移动。

　　在GameEngine类的checkCanMove()方法最后追加如下代码：

```
if item.title(for: .normal) == "相" {
    //获取棋子在二维矩阵中的位置
    let position = gameBoard!.transfromPositionToMatrix(item: item)
    var wantMove=Array<(Int,Int)>()
    let redList = gameBoard!.getAllRedMstrixList()
    let greenList = gameBoard!.getAllGreenMstrixList()
    //左上 右上 左下 右下
    if position.0-2>=0 && position.1-2>4 {
        //判断是否有棋子塞象眼
        if redList.contains(where: { (pos) -> Bool in
            return pos == (position.0-1,position.1-1)
        }) || greenList.contains(where: { (pos) -> Bool in
            return pos == (position.0-1,position.1-1)
        }){
            //塞象眼，不添加此位置
        }else{
            wantMove.append((position.0-2,position.1-2))
        }
    }
    if position.0+2<=8 && position.1+2<=9 {
        //判断是否有棋子塞象眼
        if redList.contains(where: { (pos) -> Bool in
            return pos == (position.0+1,position.1+1)
        }) || greenList.contains(where: { (pos) -> Bool in
            return pos == (position.0+1,position.1+1)
        }){
            //塞象眼，不添加此位置
        }else{
            wantMove.append((position.0+2,position.1+2))
        }
    }
    if position.0+2<=8 && position.1-2>4 {
        //判断是否有棋子塞象眼
        if redList.contains(where: { (pos) -> Bool in
            return pos == (position.0+1,position.1-1)
        }) || greenList.contains(where: { (pos) -> Bool in
            return pos == (position.0+1,position.1-1)
```

```
        }){
            //塞象眼，不添加此位置
        }else{
            wantMove.append((position.0+2,position.1-2))
        }
    }
    if position.0-2>=0 && position.1+2<=9 {
        //判断是否有棋子塞象眼
        if redList.contains(where: { (pos) -> Bool in
            return pos == (position.0-1,position.1+1)
        }) || greenList.contains(where: { (pos) -> Bool in
            return pos == (position.0-1,position.1+1)
        }){
            //塞象眼，不添加此位置
        }else{
            wantMove.append((position.0-2,position.1+2))
        }
    }
    //交换给棋盘类进行移动提示
    gameBoard?.wantMoveItem(positions: wantMove, item: item)
}
if item.title(for: .normal) == "象" {
    //获取棋子在二维矩阵中的位置
    let position = gameBoard!.transfromPositionToMatrix(item: item)
    var wantMove=Array<(Int,Int)>()
    let redList = gameBoard!.getAllRedMstrixList()
    let greenList = gameBoard!.getAllGreenMstrixList()
    //左上、右上、左下、右下
    if position.0-2>=0 && position.1-2>=0 {
        //判断是否有棋子塞象眼
        if redList.contains(where: { (pos) -> Bool in
            return pos == (position.0-1,position.1-1)
        }) || greenList.contains(where: { (pos) -> Bool in
            return pos == (position.0-1,position.1-1)
        }){
            //塞象眼，不添加此位置
        }else{
            wantMove.append((position.0-2,position.1-2))
        }
    }
    if position.0+2<=8 && position.1+2<=4 {
        //判断是否有棋子塞象眼
        if redList.contains(where: { (pos) -> Bool in
            return pos == (position.0+1,position.1+1)
        }) || greenList.contains(where: { (pos) -> Bool in
            return pos == (position.0+1,position.1+1)
        }){
            //塞象眼，不添加此位置
        }else{
            wantMove.append((position.0+2,position.1+2))
```

```
            }
        }
        if position.0+2<=8 && position.1-2>=0 {
            //判断是否有棋子塞象眼
            if redList.contains(where: { (pos) -> Bool in
                return pos == (position.0+1,position.1-1)
            }) || greenList.contains(where: { (pos) -> Bool in
                return pos == (position.0+1,position.1-1)
            }){
                //塞象眼，不添加此位置
            }else{
                wantMove.append((position.0+2,position.1-2))
            }
        }
        if position.0-2>=0 && position.1+2<=4 {
            //判断是否有棋子塞象眼
            if redList.contains(where: { (pos) -> Bool in
                return pos == (position.0-1,position.1+1)
            }) || greenList.contains(where: { (pos) -> Bool in
                return pos == (position.0-1,position.1+1)
            }){
                //塞象眼，不添加此位置
            }else{
                wantMove.append((position.0-2,position.1+2))
            }
        }
        //交换给棋盘类进行移动提示
        gameBoard?.wantMoveItem(positions: wantMove, item: item)
    }
    if item.title(for: .normal) == "马" || item.title(for: .normal) == "馬" {
        //获取棋子在二维矩阵中的位置
        let position = gameBoard!.transfromPositionToMatrix(item: item)
        var wantMove=Array<(Int,Int)>()
        let redList = gameBoard!.getAllRedMstrixList()
        let greenList = gameBoard!.getAllGreenMstrixList()
        // 以日字行走 8 个方向，上、下、左、右各两个方向
        if position.0-1>=0 && position.1-2>=0 {
            if (redList.contains(where: { (pos) -> Bool in
                return pos == (position.0,position.1-1)
            })) || (greenList.contains(where: { (pos) -> Bool in
                return pos == (position.0,position.1-1)
            })) {

            }else{
                wantMove.append((position.0-1,position.1-2))
            }
        }
        if position.0+1<=8 && position.1-2>=0 {
            if (redList.contains(where: { (pos) -> Bool in
                return pos == (position.0,position.1-1)
```

```
        })) || (greenList.contains(where: { (pos) -> Bool in
            return pos == (position.0,position.1-1)
        })) {

        }else{
            wantMove.append((position.0+1,position.1-2))
        }
    }
    if position.0+2<=8 && position.1-1>=0 {
        if (redList.contains(where: { (pos) -> Bool in
            return pos == (position.0+1,position.1)
        })) || (greenList.contains(where: { (pos) -> Bool in
            return pos == (position.0+1,position.1)
        })) {

        }else{
            wantMove.append((position.0+2,position.1-1))
        }
    }
    if position.0+2<=8 && position.1+1<=9 {
        if (redList.contains(where: { (pos) -> Bool in
            return pos == (position.0+1,position.1)
        })) || (greenList.contains(where: { (pos) -> Bool in
            return pos == (position.0+1,position.1)
        })) {

        }else{
            wantMove.append((position.0+2,position.1+1))
        }
    }
    if position.0+1<=8 && position.1+2<=9 {
        if (redList.contains(where: { (pos) -> Bool in
            return pos == (position.0,position.1+1)
        })) || (greenList.contains(where: { (pos) -> Bool in
            return pos == (position.0,position.1+1)
        })) {

        }else{
            wantMove.append((position.0+1,position.1+2))
        }
    }
    if position.0-1>=0 && position.1+2<=9 {
        if (redList.contains(where: { (pos) -> Bool in
            return pos == (position.0,position.1+1)
        })) || (greenList.contains(where: { (pos) -> Bool in
            return pos == (position.0,position.1+1)
        })) {

        }else{
            wantMove.append((position.0-1,position.1+2))
```

```
        }
    }
    if position.0-2>=0 && position.1+1<=9 {
        if (redList.contains(where: { (pos) -> Bool in
            return pos == (position.0-1,position.1)
        })) || (greenList.contains(where: { (pos) -> Bool in
            return pos == (position.0-1,position.1)
        })) {

        }else{
            wantMove.append((position.0-2,position.1+1))
        }
    }
    if position.0-2>=0 && position.1-1>=0 {
        if (redList.contains(where: { (pos) -> Bool in
            return pos == (position.0-1,position.1)
        })) || (greenList.contains(where: { (pos) -> Bool in
            return pos == (position.0-1,position.1)
        })) {

        }else{
            wantMove.append((position.0-2,position.1-1))
        }
    }
    //交换给棋盘类进行移动提示
    gameBoard?.wantMoveItem(positions: wantMove, item: item)
}
```

上面的示例代码虽然长，但是逻辑十分清晰，理解起来并不复杂。开发者首先计算出棋子可以走的位置，之后通过判断关键位置（如"象眼"等）是否有棋子来决定此行棋位置是否有效。运行工程，效果如图21-8和图21-9所示。

图 21-8 马走日逻辑　　　　　　　　　　　图 21-9 象飞田逻辑

21.7　"车"与"炮"棋子行棋逻辑的开发

在《中国象棋》游戏中，行棋规则最复杂的棋子就是"车"与"炮"了。"车"的行棋规则为走直线且无距离限制地移动，直到遇到己方棋子，或吃掉敌方棋子。"炮"的行棋规则与"车"有些类似，不同的是如果要吃掉敌方棋子，中间必须有一个棋子作为炮台。关于车的行棋逻辑，可以通过条件循环的方式实现，在GameEngine类的checkCanMove()方法中追加如下代码：

```
if item.title(for: .normal) == "车" || item.title(for: .normal) == "車" {
    //获取棋子在二维矩阵中的位置
    let position = gameBoard!.transfromPositionToMatrix(item: item)
    var wantMove=Array<(Int,Int)>()
    let redList = gameBoard!.getAllRedMstrixList()
    let greenList = gameBoard!.getAllGreenMstrixList()
    //车可以沿水平和竖直两个方向行棋
    //水平方向分为左和右
    var temP = position
    while temP.0-1>=0 {
        //如果有棋子，则退出循环
        if (redList.contains(where: { (pos) -> Bool in
            return pos == (temP.0-1,temP.1)
        })) || (greenList.contains(where: { (pos) -> Bool in
            return pos == (temP.0-1,temP.1)
        })){
            wantMove.append((temP.0-1,temP.1))
            break
        }else{
            wantMove.append((temP.0-1,temP.1))
        }
        temP.0 -= 1
    }
    temP = position
    while temP.0+1<=8 {
        //如果有棋子，则退出循环
        if (redList.contains(where: { (pos) -> Bool in
            return pos == (temP.0+1,temP.1)
        })) || (greenList.contains(where: { (pos) -> Bool in
            return pos == (temP.0+1,temP.1)
        })){
            wantMove.append((temP.0+1,temP.1))
            break
        }else{
            wantMove.append((temP.0+1,temP.1))
        }
        temP.0 += 1
    }
    temP = position
```

```
        while temP.1+1<=9 {
            //如果有棋子，则退出循环
            if (redList.contains(where: { (pos) -> Bool in
                return pos == (temP.0,temP.1+1)
            })) || (greenList.contains(where: { (pos) -> Bool in
                return pos == (temP.0,temP.1+1)
            })){
                wantMove.append((temP.0,temP.1+1))
                break
            }else{
                wantMove.append((temP.0,temP.1+1))
            }
            temP.1 += 1
        }
        temP = position
        while temP.1-1>=0 {
            //如果有棋子，则退出循环
            if (redList.contains(where: { (pos) -> Bool in
                return pos == (temP.0,temP.1-1)
            })) || (greenList.contains(where: { (pos) -> Bool in
                return pos == (temP.0,temP.1-1)
            })){
                wantMove.append((temP.0,temP.1-1))
                break
            }else{
                wantMove.append((temP.0,temP.1-1))
            }
            temP.1 -= 1
        }
        //交给棋盘类进行移动提示
        gameBoard?.wantMoveItem(positions: wantMove, item: item)
    }
```

上面的代码通过while循环进行"车"棋子4个方向的循环，temP作为循环临时变量，需要注意每次循环后都要将其值重置。当循环过程中遇到一个棋子时，无论是己方还是敌方，添加此位置后直接跳出循环。ChessBoard类会处理此处，如果是己方棋子，则不能行走，如果是敌方棋子，则可以吃掉敌方棋子。

"炮"棋子的行棋逻辑与"车"相似，不同的是当找到行棋路线上的一颗棋子后，这个棋子并不会被算入可行棋位置，循环需要继续，直到找到线路上的第二个棋子为止。还有一点读者需要注意，在"炮"的行棋路线上一旦出现一个棋子，这个棋子之后的空位也不能算入可行棋位置，示例代码如下：

```
if item.title(for: .normal) == "炮" {
    //获取棋子在二维矩阵中的位置
    let position = gameBoard!.transfromPositionToMatrix(item: item)
    var wantMove=Array<(Int,Int)>()
    let redList = gameBoard!.getAllRedMstrixList()
    let greenList = gameBoard!.getAllGreenMstrixList()
    //炮可以沿水平和竖直两个方向行棋
```

```
//水平方向分为左和右
var temP = position
var isFirst = true
while temP.0-1>=0 {
    //如果有棋子，则找出其后面的最近一个棋子，之后退出循环
    if (redList.contains(where: { (pos) -> Bool in
        return pos == (temP.0-1,temP.1)
    })) || (greenList.contains(where: { (pos) -> Bool in
        return pos == (temP.0-1,temP.1)
    })){
        if !isFirst {
            wantMove.append((temP.0-1,temP.1))
            break
        }
        isFirst = false
    }else{
        if isFirst {
            wantMove.append((temP.0-1,temP.1))
        }
    }
    temP.0 -= 1
}
temP = position
isFirst = true
while temP.0+1<=8 {
    //如果有棋子，则退出循环
    if (redList.contains(where: { (pos) -> Bool in
        return pos == (temP.0+1,temP.1)
    })) || (greenList.contains(where: { (pos) -> Bool in
        return pos == (temP.0+1,temP.1)
    })){
        if !isFirst {
            wantMove.append((temP.0+1,temP.1))
            break
        }
        isFirst = false
    }else{
        if  isFirst {
            wantMove.append((temP.0+1,temP.1))
        }

    }
    temP.0 += 1
}
temP = position
isFirst=true
while temP.1+1<=9 {
    //如果有棋子，则退出循环
    if (redList.contains(where: { (pos) -> Bool in
        return pos == (temP.0,temP.1+1)
```

```
        })) || (greenList.contains(where: { (pos) -> Bool in
            return pos == (temP.0,temP.1+1)
        })){
            if !isFirst {
                wantMove.append((temP.0,temP.1+1))
                break
            }
            isFirst = false
        }else{
            if isFirst {
                wantMove.append((temP.0,temP.1+1))
            }


        }
        temP.1 += 1
    }
    temP = position
    isFirst = true
    while temP.1-1>=0 {
        //如果有棋子，则退出循环
        if (redList.contains(where: { (pos) -> Bool in
            return pos == (temP.0,temP.1-1)
        })) || (greenList.contains(where: { (pos) -> Bool in
            return pos == (temP.0,temP.1-1)
        })){
            if !isFirst {
                wantMove.append((temP.0,temP.1-1))
                break
            }
            isFirst = false
        }else{
            if isFirst {
                wantMove.append((temP.0,temP.1-1))
            }


        }
        temP.1 -= 1
    }
    //交给棋盘类进行移动提示
    gameBoard?.wantMoveItem(positions: wantMove, item: item)
}
```

上面的示例使用了临时变量isFirst来标记行棋路线上出现的挡路棋子是否为第一颗。运行工程，效果如图21-10所示。

图 21-10　"车"与"炮"棋子行棋逻辑的开发

21.8　胜负判定逻辑开发与游戏功能完善

截至上一节，我们已经完成了中国象棋游戏的所有核心部分，接下来对功能进行完善。首先来完善ChessBoard类中的reStartGame()方法，这个方法用于清理和重置棋盘。在设计时，只做了棋子的重置操作，随着项目开发的深入，棋盘上不止会布局棋子，在游戏过程中还会添加很多预行棋位置的提示按钮，因此需要在reStartGame()方法的开头添加如下代码：

```
//清理所有提示点
tipButtonArray.forEach { (item) in
    item.removeFromSuperview()
}
tipButtonArray.removeAll()
//取消所有棋子的选中
self.cancelAllSelect()
```

关于游戏的胜负判定逻辑也十分简单，在《中国象棋》游戏中，只要有一方的将或帅被敌方吃掉，就判此方为输。首先在ChessBoardDelegate协议中添加一个游戏结束的回调方法，代码如下：

```
protocol ChessBoardDelegate {
    func chessItemClick(item:ChessItem)
    func chessMoveEnd()
    //结束游戏回调，参数如果传入 true，代表红方胜利
    func gameOver(redWin:Bool)
}
```

之后将ChessBoard类的MoveItem()方法修改如下，在其中添加判定胜负的逻辑：

```
@objc func moveItem(tipButton:TipButton) {
    //得到要移动到的位置
    let position = currentCanMovePosition[tipButton.tag-100]
```

```swift
        //转换成坐标
        let point = CGPoint(x: CGFloat(position.0)*Width+Width/2, y:
CGFloat(position.1)*Width+Width/2)
        //找到被选中的棋子
        var isRed:Bool?
        currentRedItem.forEach { (item) in
            if item.selectedState {
                isRed = true
                //进行动画移动
                UIView.animate(withDuration: 0.3, animations: {
                    item.center = point
                })
            }
        }
        currentGreenItem.forEach { (item) in
            if item.selectedState {
                isRed = false
                //进行动画移动
                UIView.animate(withDuration: 0.3, animations: {
                    item.center = point
                })
            }
        }
        //检查是否有敌方棋子，如果有则吃掉敌方棋子
        var shouldDeleteItem:ChessItem?
        if isRed! {
            currentGreenItem.forEach({ (item) in
                if transfromPositionToMatrix(item: item) == position {
                    shouldDeleteItem = item
                }
            })
        }else{
            currentRedItem.forEach({ (item) in
                if transfromPositionToMatrix(item: item) == position {
                    shouldDeleteItem = item
                }
            })
        }
        if let it = shouldDeleteItem {
            it.removeFromSuperview()
            if  isRed!{
                currentGreenItem.remove(at: currentGreenItem.index(of: it)!)
            }else{
                currentRedItem.remove(at: currentRedItem.index(of: it)!)
            }
            //进行胜负判定
            if it.title(for: .normal) == "将"{
                if delegate != nil {
                    delegate!.gameOver(redWin: true)
                }
```

```
            }
            if it.title(for: .normal) == "帅"{
                if delegate != nil {
                    delegate!.gameOver(redWin: false)
                }
            }
        }
        tipButtonArray.forEach { (item) in
            item.removeFromSuperview()
        }
        tipButtonArray.removeAll()
        if delegate != nil {
            delegate?.chessMoveEnd()
        }
    }
```

GameEngine类也需要做一些修改：首先当胜负判定生效后，ChessBoard类会通过协议通知GameEngine类，游戏引擎除了要将游戏结束外，还需要将胜负的状态传递给GameViewController来做一些界面上的提示。因此，这里可以在GameEngine.swift文件中创建一个协议，代码如下：

```
protocol GameEngineDelegate {
    func gameOver(redWin:Bool)
    //当前行棋的一方改变时调用
    func couldRedMove(red:Bool)
}
```

在GameEngine类中添加两个属性如下：

```
    var delegate:GameEngineDelegate?
    //开始游戏的标记
    var isStarting = false
```

修改GameEngine类的startGame()方法如下：

```
func startGame()  {
    isStarting = true
    gameBoard?.reStartGame()
    shouldRedMove = redFirstMove
    if delegate != nil {
        delegate?.couldRedMove(red: shouldRedMove)
    }
}
```

在GameEngine类中实现gameOver()方法如下：

```
func gameOver(redWin: Bool) {
    //将游戏结束
    isStarting = false
    //将胜负状态传递给界面
    if delegate != nil {
        delegate?.gameOver(redWin: redWin)
    }
```

```
        }
```

最后，需要在GameViewController类中进行界面的相关控制，使GameViewController类遵守GameEngineDelegate协议，如下所示：

```
class GameViewController: UIViewController,GameEngineDelegate
```

在GameViewController类中添加如下属性：

```
    //开始游戏按钮
    var startGameButton:UIButton?
    //切换先手方按钮
    var settingButton:UIButton?
    //胜负提示
    var tipLabel = UILabel()
```

将GameViewController类中的viewDidLoad()方法实现如下：

```
    override func viewDidLoad() {
        super.viewDidLoad()
        let bgImage = UIImageView(image: UIImage(named: "gameBg"))
        bgImage.frame = self.view.frame
        self.view.addSubview(bgImage)
        self.view.backgroundColor = UIColor.white
        chessBoard = ChessBoard(origin: CGPoint(x: 20, y: 80))
        self.view.addSubview(chessBoard!)
        //进行游戏引擎的实例化
        gameEngine = GameEngine(board: chessBoard!)
        gameEngine!.delegate = self

        startGameButton = UIButton(type: .system)
        startGameButton?.frame = CGRect(x: 40, y: self.view.frame.size. height-80,
width: self.view.frame.size.width/2-80, height: 30)
        startGameButton?.backgroundColor = UIColor.green
        startGameButton?.setTitle("开始游戏", for: .normal)
        startGameButton?.setTitleColor(UIColor.red, for: .normal)
        self.view.addSubview(startGameButton!)
        startGameButton?.addTarget(self, action: #selector(startGame), for:
.touchUpInside)

        settingButton = UIButton(type: .system)
        settingButton?.frame = CGRect(x: self.view.frame.size.width/2+40, y:
self.view.frame.size.height-80, width: self.view.frame.size.width/2-80, height: 30)
        settingButton?.setTitle("红方行棋", for: .normal)
        settingButton?.backgroundColor = UIColor.green
        settingButton?.setTitleColor(UIColor.red, for: .normal)
        self.view.addSubview(settingButton!)
        settingButton?.addTarget(self, action: #selector(settingGame), for:
.touchUpInside)

        tipLabel.frame = CGRect(x: self.view.frame.size.width/2-100, y: 200,
width: 200, height: 60)
```

```
    tipLabel.backgroundColor = UIColor.clear
    tipLabel.font = UIFont.systemFont(ofSize: 25)
    tipLabel.textColor = UIColor.red
    tipLabel.textAlignment = .center
    tipLabel.isHidden = true
    self.view.addSubview(tipLabel)
}
```

实现startGame()与settingGame()方法，代码如下：

```
@objc func startGame(btn:UIButton){
    tipLabel.isHidden = true
    gameEngine?.startGame()
    settingButton?.backgroundColor = UIColor.gray
    settingButton?.isEnabled = false
    btn.setTitle("重新开局", for: .normal)
}
@objc func settingGame(btn:UIButton){
    if btn.title(for: .normal)=="红方行棋" {
        gameEngine?.setRedFirstMove(red: false)
        btn.setTitle("绿方行棋", for: .normal)
    }else{
        gameEngine?.setRedFirstMove(red: true)
        btn.setTitle("红方行棋", for: .normal)
    }
}
```

实现协议中的方法，代码如下：

```
func gameOver(redWin:Bool){
    if redWin {
        tipLabel.text = "红方胜"
        tipLabel.textColor = UIColor.red
    }else{
        tipLabel.text = "绿方胜"
        tipLabel.textColor = UIColor.green
    }
    tipLabel.isHidden = false
    settingButton?.isEnabled = true
    settingButton?.backgroundColor=UIColor.green
}
func couldRedMove(red: Bool) {
    if red {
        settingButton?.setTitle("红方行棋", for: .normal)
    }else{
        settingButton?.setTitle("绿方行棋", for: .normal)
    }
}
```

运行工程，界面效果如图21-11所示。

图 21-11　胜负判定逻辑的开发

21.9　拆分冗长的 checkCanMove()方法

在开发过程中保持代码的清晰与简洁十分重要，开发软件的过程是不断地对软件进行优化的过程。在软件工程中，有一种专门的术语叫作重构，其核心思想是提倡开发者在开发新的功能前，先将不利于新功能添加的设计进行重构优化，而不是将新的代码强加在旧的代码中。关于判定一段代码是否需要进行优化，可以从以下几个方面进行分析：

（1）方法的命名是否可以使读者直观地了解其作用。

（2）是否生产了过多的局部变量。

（3）循环或者分支语句是否进行了3层以上的嵌套。

（4）函数的代码行数是否过长。

（5）相同作用的变量是否多次创建。

（6）相似功能的代码块是否重复编写。

对于一个函数，多长算是合适呢？一般来说，一个函数的长度不超过一屏是比较合适的，这样对于阅读此函数的开发者来说，不需要上下滚动翻看即可概览整个函数的功能，如果对这个条件放宽一些，笔者个人以为80行以内的函数都可以接受。读者也可以根据自己的情况来设定一个临界的行数，但是最好不要超过80行。反观《中国象棋》游戏中的GameEngine类，其中的checkCanMove()方法是十分失败的，首先其行数超过了500行，这是一个十分恐怖的数字，对于以后的功能修改和Bug锁定都将十分困难。除此之外，其中还有大量的常量和变量重复，例如几乎每个if代码块中都创建了position、wantMove、redList、redList这些功能完全一样的量值。其中相似逻辑的重复代码块也多到可怕，例如每个if块中都有进行行棋路线的边界检查，只是边界检查条件不同而已。

通过上面的分析，我们可以将整个中国象棋的棋子分为两类：一类是如"车"和"炮"这样需要循环确定路径的；还有一类是其他棋子，它们的可移动位置是枚举出来的。因此在处理时也可以分为两部分。对于可枚举行棋的普通棋子，可以在GameEngine类中添加一个路径数组，方便使用，在GameEngine类中添加如下属性：

```
let checkMoveDic:[String:[[(Int,Int)]]] = [
    "兵":[[(0,-1)],[(0,-1),(-1,0),(1,0)]],//第一个元素是没过界前的可行算法，第二
个元素是过界之后的
    "卒":[[(0,1)],[(0,1),(-1,0),(1,0)]],
    "将":[[(0,1),(0,-1),(1,0),(-1,0)]],
    "帅":[[(0,1),(0,-1),(1,0),(-1,0)]],
    "仕":[[(1,1),(-1,-1),(-1,1),(1,-1)]],
    "士":[[(1,1),(-1,-1),(-1,1),(1,-1)]],
    "相":[[(2,2),(-2,-2),(2,-2),(-2,2)]],
    "象":[[(2,2),(-2,-2),(2,-2),(-2,2)]],
    "马":[[(1,2),(1,-2),(2,1),(2,-1),(-1,2),(-1,-2),(-2,1),(-2,-1)]],
    "馬":[[(1,2),(1,-2),(2,1),(2,-1),(-1,2),(-1,-2),(-2,1),(-2,-1)]]
]
```

修改GameEngine类的checkCanMove()方法如下：

```
func checkCanMove(item:ChessItem) {
    //获取棋子在二维矩阵中的位置
    let position = gameBoard!.transfromPositionToMatrix(item: item)
    let name = item.title(for: .normal)!
    var wantMoveList:[(Int,Int)]?
    if name != "车" && name != "車" && name != "炮" {
        //判别棋子是否过界
        if (item.isRed && position.1<5)||(!item.isRed && position.1>4) {
            //过界
            if checkMoveDic.count>1 {
                wantMoveList = checkMoveDic[name]!.last
            }else{
                wantMoveList = checkMoveDic[name]!.first
            }
        }else{
            //没过界
            wantMoveList = checkMoveDic[name]!.first
        }
         calculateNormalItemPosition(wantMove: wantMoveList!, position:
position,item: item)
    }else{
        calculateSpecItemPosition(item: item)
    }
}
```

实现calculateNormalItemPosition()方法与calculateSpecItemPosition()方法如下：

```
func calculateSpecItemPosition(item:ChessItem) {
    //获取棋子在二维矩阵中的位置
    let position = gameBoard!.transfromPositionToMatrix(item: item)
    var wantMove=Array<(Int,Int)>()
    let redList = gameBoard!.getAllRedMstrixList()
    let greenList = gameBoard!.getAllGreenMstrixList()
```

```
if item.title(for: .normal) == "车" || item.title(for: .normal) == "車" {
    //车可以沿水平和竖直两个方向行棋
    //水平方向分为左和右
    var temP = position
    while temP.0-1>=0 {
        //如果有棋子，则退出循环
        if (redList.contains(where: { (pos) -> Bool in
            return pos == (temP.0-1,temP.1)
        })) || (greenList.contains(where: { (pos) -> Bool in
            return pos == (temP.0-1,temP.1)
        })){
            wantMove.append((temP.0-1,temP.1))
            break
        }else{
            wantMove.append((temP.0-1,temP.1))
        }
        temP.0 -= 1
    }
    temP = position
    while temP.0+1<=8 {
        //如果有棋子，则退出循环
        if (redList.contains(where: { (pos) -> Bool in
            return pos == (temP.0+1,temP.1)
        })) || (greenList.contains(where: { (pos) -> Bool in
            return pos == (temP.0+1,temP.1)
        })){
            wantMove.append((temP.0+1,temP.1))
            break
        }else{
            wantMove.append((temP.0+1,temP.1))
        }
        temP.0 += 1
    }
    temP = position
    while temP.1+1<=9 {
        //如果有棋子，则退出循环
        if (redList.contains(where: { (pos) -> Bool in
            return pos == (temP.0,temP.1+1)
        })) || (greenList.contains(where: { (pos) -> Bool in
            return pos == (temP.0,temP.1+1)
        })){
            wantMove.append((temP.0,temP.1+1))
            break
        }else{
            wantMove.append((temP.0,temP.1+1))
        }
        temP.1 += 1
    }
    temP = position
    while temP.1-1>=0 {
```

```
        //如果有棋子，则退出循环
        if (redList.contains(where: { (pos) -> Bool in
            return pos == (temP.0,temP.1-1)
        })) || (greenList.contains(where: { (pos) -> Bool in
            return pos == (temP.0,temP.1-1)
        })){
            wantMove.append((temP.0,temP.1-1))
            break
        }else{
            wantMove.append((temP.0,temP.1-1))
        }
        temP.1 -= 1
    }
}
if item.title(for: .normal) == "炮" {
    //炮可以沿水平和竖直两个方向行棋
    //水平方向分为左和右
    var temP = position
    var isFirst = true
    while temP.0-1>=0 {
        //如果有棋子，则找出其后面最近的一颗棋子，之后退出循环
        if (redList.contains(where: { (pos) -> Bool in
            return pos == (temP.0-1,temP.1)
        })) || (greenList.contains(where: { (pos) -> Bool in
            return pos == (temP.0-1,temP.1)
        })){
            if !isFirst {
                wantMove.append((temP.0-1,temP.1))
                break
            }
            isFirst = false
        }else{
            if isFirst {
                wantMove.append((temP.0-1,temP.1))
            }
        }
        temP.0 -= 1
    }
    temP = position
    isFirst = true
    while temP.0+1<=8 {
        //如果有棋子，则退出循环
        if (redList.contains(where: { (pos) -> Bool in
            return pos == (temP.0+1,temP.1)
        })) || (greenList.contains(where: { (pos) -> Bool in
            return pos == (temP.0+1,temP.1)
        })){
            if !isFirst {
                wantMove.append((temP.0+1,temP.1))
                break
```

```
            }
            isFirst = false
        }else{
            if  isFirst {
                wantMove.append((temP.0+1,temP.1))
            }


        }
        temP.0 += 1
    }
    temP = position
    isFirst=true
    while temP.1+1<=9 {
        //如果有棋子，则退出循环
        if (redList.contains(where: { (pos) -> Bool in
            return pos == (temP.0,temP.1+1)
        })) || (greenList.contains(where: { (pos) -> Bool in
            return pos == (temP.0,temP.1+1)
        })){
            if !isFirst {
                wantMove.append((temP.0,temP.1+1))
                break
            }
            isFirst = false
        }else{
            if isFirst {
                wantMove.append((temP.0,temP.1+1))
            }


        }
        temP.1 += 1
    }
    temP = position
    isFirst = true
    while temP.1-1>=0 {
        //如果有棋子，则退出循环
        if (redList.contains(where: { (pos) -> Bool in
            return pos == (temP.0,temP.1-1)
        })) || (greenList.contains(where: { (pos) -> Bool in
            return pos == (temP.0,temP.1-1)
        })){
            if !isFirst {
                wantMove.append((temP.0,temP.1-1))
                break
            }
            isFirst = false
        }else{
            if isFirst {
                wantMove.append((temP.0,temP.1-1))
            }
```

```
            }
            temP.1 -= 1
        }
    }
    //交给棋盘类进行移动提示
    gameBoard?.wantMoveItem(positions: wantMove, item: item)
}
func calculateNormalItemPosition(wantMove:[(Int,Int)],position:(Int,Int),
item:ChessItem) {
    //构造行棋位置数组
    var couldMove=Array<(Int,Int)>()
    let name = item.title(for: .normal)!
    let redList = gameBoard!.getAllRedMstrixList()
    let greenList = gameBoard!.getAllGreenMstrixList()
    if name == "兵" || name == "卒" {
        wantMove.forEach({ (pos) in
            let newPos = (position.0+pos.0,position.1+pos.1)
            if newPos.0<0 || newPos.0>8 || newPos.1<0 || newPos.1>9 {

            }else{
                couldMove.append(newPos)
            }
        })
    }
    if name == "将" || name == "仕" {
        wantMove.forEach({ (pos) in
            let newPos = (position.0+pos.0,position.1+pos.1)
            if newPos.0<3 || newPos.0>5 || newPos.1<0 || newPos.1>2 {

            }else{
                couldMove.append(newPos)
            }
        })
    }
    if name == "帅" || name == "士" {
        wantMove.forEach({ (pos) in
            let newPos = (position.0+pos.0,position.1+pos.1)
            if newPos.0<3 || newPos.0>5 || newPos.1<7 || newPos.1>9 {

            }else{
                couldMove.append(newPos)
            }
        })
    }
    if name == "相" {
        wantMove.forEach({ (pos) in
            let newPos = (position.0+pos.0,position.1+pos.1)
            if newPos.0<0 || newPos.0>8 || newPos.1<5 || newPos.1>9 {
```

```
            }else{
                if redList.contains(where: { (po) -> Bool in
                    return po == (position.0+pos.0/2,position.1+pos.1/2)
                }) || greenList.contains(where: { (po) -> Bool in
                    return po == (position.0+pos.0/2,position.1+pos.1/2)
                }){
                    //塞象眼，不添加此位置
                }else{
                    couldMove.append(newPos)
                }
            }
        })
    }
    if name == "象" {
        wantMove.forEach({ (pos) in
            let newPos = (position.0+pos.0,position.1+pos.1)
            if newPos.0<0 || newPos.0>8 || newPos.1<0 || newPos.1>4 {

            }else{
                if redList.contains(where: { (po) -> Bool in
                    return po == (position.0+pos.0/2,position.1+pos.1/2)
                }) || greenList.contains(where: { (po) -> Bool in
                    return po == (position.0+pos.0/2,position.1+pos.1/2)
                }){
                    //塞象眼，不添加此位置
                }else{
                    couldMove.append(newPos)
                }

            }
        })
    }
    if name=="馬" || name=="马" {
        wantMove.forEach({ (pos) in
            let newPos = (position.0+pos.0,position.1+pos.1)
            if newPos.0<0 || newPos.0>8 || newPos.1<0 || newPos.1>9 {

            }else{
                let tmpPo:(Int,Int)?
                if abs(pos.0)<abs(pos.1){
                    tmpPo = (position.0,position.1+pos.1/2)
                }else{
                    tmpPo = (position.0+pos.0/2,position.1)
                }
                if redList.contains(where: { (po) -> Bool in
                    return po == tmpPo!
                }) || greenList.contains(where: { (po) -> Bool in
                    return po == tmpPo!
                }){
                    //别马蹄，不添加此位置
```

```
        }else{
            couldMove.append(newPos)
        }

    }
  })
}
//交给棋盘类进行移动提示
gameBoard?.wantMoveItem(positions: couldMove, item: item)
}
```

　　运行工程，可以检验游戏的逻辑是否正确。优化后的功能和以前完全一致，但代码量少了将近一半。实际上，一个优秀的项目是在开发的过程中不断优化成型的，读者也需要培养这样的习惯。读者可以将此项目作为自己的重构练习，在此基础上继续进行优化。

附录A

CocoaPods 库管理工具的应用

在开发iOS应用时，开发者难免会使用到很多第三方类库，比如SnapKit、Alamofire等。有些第三方类库可能同时依赖于其他的系统库或者第三方库，如果手动下载和引入这些类库，管理起来会十分混乱。为了方便开发者对项目中使用的第三方类库进行高效管理，CocoaPods应运而生。

1. CocoaPods 的安装

在安装CocoaPods工具之前，需要先在本地安装Ruby环境，Ruby是一种面向对象的脚本语言。

首先安装RVM（Ruby Version Manager）Ruby版本管理工具。在终端使用如下命令进行安装：

```
curl -L get.rvm.io | bash -s stable
```

安装完成后，进行文件的加载，依次执行如下命令：

```
source ~/.bashrc
source ~/.bash_profile
source ~/.profile
```

可以使用rvm list known命令查看Ruby版本列表，如图A-1所示。
选择最新的版本进行安装，示例如下：

```
vm install 2.4
```

Ruby环境安装完成后，安装CocoaPods将十分简单，在终端直接输入如下命令进行安装：

```
sudo gem install cocoapods
```

出现如图A-2所示的提示，说明CocoaPods工具已经安装完成。

图 A-1　查看 Ruby 版本

图 A-2　安装完成 CocoaPods 工具

2. 使用 CocoaPods 安装第三方类库

CocoaPods工具安装完成后，下面引入第三方自动布局框架SnapKit。首先使用Xcode开发工具创建一个名为CocoaPodsTest的工程。在终端使用如下命令进入项目的根目录中：

cd项目的绝对路径

例如：

```
cd /Users/vip/Desktop/CocoaPodsTest
```

之后执行pod init命令，会在当前目录中创建一个标准的Podfile文件：

```
pod init
```

在CocoaPods仓库中查找需要安装的第三方类库，以SnapKit为例，执行如下命令：

```
pod search SnapKit
```

效果如图A-3所示。

图 A-3　搜索第三方库

可以看到，SnapKit库的新版本为3.0.2，复制pod　'SnapKit', '~>3.0.2'这句话，返回终端项目的根目录，使用vim Podfile来打开Podfile文件，如下：

```
vim Podfile
```

把pod　'SnapKit', '~>3.0.2'这句话粘贴在Podfile文件的指定位置，如图A-4所示。

图 A-4　设置要引入的第三方框架

之后将文件保存退出，回到终端命令输入界面。

提　示

Vim 是一款文件编辑工具，在打开文件后，按键盘上的 i 键可以进入编辑模式，编辑完成后，使用 Shift+;组合键后输入 wq 进行保存退出。

在当前目录下，使用pod install命令进行第三方类库的安装，如下：

```
pod install
```

如果安装成功，终端会显示如图A-5所示的效果。

图 A-5　第三方类库安装完成

之后需要注意，工程的目录文件会发生一些变化，开发者需要使用xcworkspace文件打开项目来进行项目的开发，如图A-6所示。

CocoaPods工具会自动帮助开发者进行依赖库的引用和安装，并且，如果需要ARC与MRC的混编，CocoaPods也会帮助开发者完成参数的配置。如果开发者需要引入其他第三方类库，只需在Podfile文件中继续添加需要安装的第三方类库名称与版本即可。

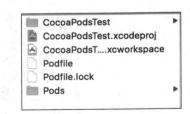

图 A-6　CocoaPods 管理的项目目录

提　示

在使用 sudo gem install cocoapods 命令进行 CocoaPods 工具的安装时，常常会因为网络原因导致安装失败，读者可以通过替换 Ruby 镜像的方法来解决，在终端依次执行如下命令：

```
gem sources --remove https://rubygems.org/
gem sources -a https://gems.ruby-china.org/
```

之后使用如下命令来检查Ruby镜像是否替换完成：

```
gem sources -l
```

如果终端显示如图A-7所示，则说明替换成功。

图 A-7　进行 Ruby 镜像替换

附录B

关键概念检索表

关键概念	释　义
个人 Apple ID	苹果公司会员账户
Xcode	MacOS、iOS、tvOS 与 watchOS 应用开发工具
playground	Swift 语言演练版
App Store	苹果应用官方市场
import	引入开发框架包
var	定义变量
let	定义常量
print()	Swift 语言中的打印函数
//	进行单行注释
/**/	进行多行注释
0b	二进制数据前缀
0o	八进制数据前缀
0x	十六进制数据前缀
bit	二进制位（0 或者 1）单位
B	字节单位（1B=8bit）
KB	千字节单位（1KB=2^10B）
MB	兆字节单位（1MB=2^10KB）
GB	吉字节单位（1GB=2^10MB）
TB	太字节单位（1TB=2^10GB）
UInt8	无符号 8 位整型数据
UInt16	无符号 16 位整型数据
UInt32	无符号 32 位整型数据
UInt64	无符号 64 位整型数据

（续表）

关键概念	释　义
Int8	8 位整型数据
Int16	16 位整型数据
Int32	32 位整型数据
Int64	64 位整型数据
Float	单精度浮点型数据
Double	双精度浮点型数据
Bool	布尔型数据
true	布尔真
false	布尔假
?	声明可选类型或 Optional 链
nil	可选类型空值 nil
!	对可选类型拆包或强制隐式拆包
If-let	可选值绑定结构
typealias	为类型取别名
String	字符串数据类型
MemoryLayout	内存分布信息
\0	转义空白符
\\	转义字符\
\t	转义制表符
\n	转义换行符
\r	转义回车符
\'	转义字符'
\"	转义字符"
\u{}	Unicode 码字符
isEmpty	判断字符串是否为空
Array	数组类型
Dictionary	字典类型
Set	集合类型
+	加号运算符或正号运算符
-	减号运算符或负号运算符
=	赋值运算符
*	乘号运算符
/	除号运算符
%	取余运算符
+=	复合加运算符
-=	复合减运算符
*=	复合乘运算符
/=	复合除运算符

（续表）

关键概念	释　义
%=	复合取余运算符
&&	逻辑与运算符
||	逻辑或运算符
!	逻辑非运算符
==	等于运算符
<	小于运算符
>	大于运算符
!=	不等于运算符
>=	不小于运算符
<=	不大于运算符
?:	条件运算符
??	空合运算符
…	闭区间运算符
..<	半开区间运算符
~=	包含运算符
for-in	循环遍历结构
while	条件循环结构（先判断条件，再执行循环）
repeat-while	条件循环结构（先执行循环，再判断条件）
if-else	条件选择结构
switch-case	多分支选择结构
continue	跳过本次循环
break	跳出当前循环
fallthrough	继续匹配 switch-case 结构中的下一个 case
return	从当前函数返回
throw	抛出异常
guard-else	守护中断结构
func	声明函数关键字
—	匿名变量标识符
inout	标记函数内部可修改外部参数
{()->Void in }	基础闭包结构
AnyObject	任意引用类型
Any	任意类型
@escaping	修饰逃逸闭包
@noescape	修饰非褒义闭包
@autoclosure	修饰自动闭包
&	按位与运算符
|	按位或运算符
~	按位取反运算符

（续表）

关键概念	释　义
<<	按位左移运算符
>>	按位右移运算符
^	按位异或运算符
&-	溢出减运算符
&+	溢出加运算符
&*	溢出乘运算符
prefix	自定义前缀运算符
infix	自定义中缀运算符
postfix	自定义后缀运算符
associativity	设置运算符结合性
precedence	设置运算符优先级
enum	枚举关键字
indirect	递归枚举关键字
struct	结构体关键字
class	类关键字
init	构造方法
deinit	析构方法
lazy	延迟加载属性关键字
willSet	属性监听器（将要赋值时）
didSet	属性监听器（已经赋值时）
static	声明静态属性或方法
subscript	下标方法
convenience	声明便利构造方法
super	父类关键字
required	声明必要构造方法
ARC	自动引用计数技术
MRC	手动引用计数
weak	弱引用关键字
unowned	无主引用关键字
Error	定义错误枚举
do-catch	异常捕获结构
try	异常映射 Optional 关键字
defer	延迟执行语句
is	类型检查关键字
as	类型转换关键字
protocol	定义协议
extension	定义扩展
UILabel	标签控件

（续表）

关键概念	释　义
UIButton	按钮控件
UIImageView	图片视图控件
UIImage	图片对象
UITextField	文本输入框控件
UISwitch	开关控件
UIPageControl	分页控制器控件
UISegmentedControl	分段控制器控件
UISlider	滑块控件
UIActivityIndicatorView	活动指示器控件
UIStepper	步进控制器控件
UIPickerView	选择器控件
UIDatePicker	时间选择器控件
UISearchBar	搜索栏控件
UIViewController	视图控制器
UINavigationController	导航控制器
UITabBarController	标签控制器
UIAlertController	警告视图控制器
UIWebView	网页视图
UIWebKit	网页视图框架
UIScrollView	滚动视图
UITableView	列表视图
UICollectionView	集合视图
UIPageViewController	分页视图控制器
Autolayout	自动布局技术
UserDefaults	本地持久化存储类